航天科技图书出版基金资助出版

陀螺寻北技术

夏　刚　主编

中国宇航出版社

·北京·

图书在版编目（CIP）数据

陀螺寻北技术 / 夏刚主编．--北京：中国宇航出版社，2015.10

ISBN 978-7-5159-0552-5

Ⅰ．①陀…　Ⅱ．①夏…　Ⅲ．①航空仪表-陀螺仪-研究　Ⅳ．①V241.5

中国版本图书馆 CIP 数据核字（2015）第 247454 号

责任编辑　阎　列
责任校对　祝延萍　　封面设计　宇星文化

出版发行　中国宇航出版社
社　址　北京市阜成路 8 号　　邮　编　100830
(010)60286808　　(010)68768548
网　址　www.caphbook.com
经　销　新华书店
发行部　(010)60286888　　(010)68371900
(010)60286887　　(010)60286804(传真)
零售店　读者服务部
(010)68371105
承　印　北京画中画印刷有限公司
版　次　2015 年 10 月第 1 版　　2015 年 10 月第 1 次印刷
规　格　880×1230　　开　本　1/32
印　张　11　　字　数　317 千字
书　号　ISBN 978-7-5159-0552-5
定　价　88.00 元

航天科技图书出版基金简介

航天科技图书出版基金是由中国航天科技集团公司于2007年设立的，旨在鼓励航天科技人员著书立说，不断积累和传承航天科技知识，为航天事业提供知识储备和技术支持，繁荣航天科技图书出版工作，促进航天事业又好又快地发展。基金资助项目由航天科技图书出版基金评审委员会审定，由中国宇航出版社出版。

申请出版基金资助的项目包括航天基础理论著作，航天工程技术著作，航天科技工具书，航天型号管理经验与管理思想集萃，世界航天各学科前沿技术发展译著以及有代表性的科研生产、经营管理译著，向社会公众普及航天知识、宣传航天文化的优秀读物等。出版基金每年评审1～2次，资助10～20项。

欢迎广大作者积极申请航天科技图书出版基金。可以登录中国宇航出版社网站，点击“出版基金”专栏查询详情并下载基金申请表；也可以通过电话、信函索取申报指南和基金申请表。

网址：http：//www.caphbook.com

电话：（010）68767205，68768904

《陀螺寻北技术》

编 委 会

主　编　夏　刚

副主编　陈东生　杨功流　高延滨
　　　　万彦辉　闵跃军

编　者　严小军　武俊勇　张沛晗
　　　　王丽芬　马瑞萍　李光春

序　一

伴随着我国经济的高速发展，中国正迈步在从一个航天大国向一个航天强国发展的道路上。这个过程中，航天技术对国民经济发展的巨大贡献有目共睹，它通过开拓性的先进技术手段改变了诸多产业部门较传统的生产方式，或是通过自身对相关技术产业的需求，带动了基础科学和应用科学的进步。航天技术及其产业这种跨多学科、多领域的综合性和自身技术研究的持续开拓性，决定了它蕴藏着巨大的直接或间接的经济效益与社会效益。它将不断地拓展人类生存的活动空间，推动各种资源的开发利用。

方位地理信息的获取是航天惯性技术中的重要分支，陀螺寻北技术是一种不依赖外部条件就能够测定真北方向的定向技术，在军事、航天、矿山、铁路、森林、建筑、海洋和测绘等部门及远程武器发射等领域日益得到广泛的应用。随着科学技术、经济建设和国防建设的迅速发展，对陀螺定向技术的需求愈来愈多。本书正是为适应上述形势而编写的，它从基础知识介绍开始，深入浅出地逐步论述了各种原理的寻北装置和系统设计的理论和方法、寻北系统的观测方法、应用实例等内容。

本书作者是我国航天领域和相关高校较早一批从事惯性寻北技术研究的专家和学者，在该领域从事研究工作多年。他们在阅读大量国内外文献的基础上，结合自己的研究成果撰写了这本学术专著。由于陀螺寻北技术有着广泛的应用前景，技术的发展还处在不断深入的阶段，因此还需要广大读者在阅读的过程中不吝批评指正，继续推动陀螺寻北技术在我国的研究、开发与应用，为提高我国航天技术的持续发展而共同奋斗。

包为民

中国科学院院士

序　二

“夫乘舟而惑者，不知东西，见斗极则悟矣”，寻北活动早已成为人类生活的重要组成部分。1852年法国物理学家傅科首次将高速回转体称作陀螺仪（gyroscope），并预言其可用于指示地球子午线；德国的安修茨和美国的斯佩里分别于1906年和1911年研制了舰船陀螺罗经，陀螺寻北由此进入实用阶段。第二次世界大战后，制导武器的发展推动了陀螺仪的进步，液浮、气浮、磁悬浮、动力调谐以及静电陀螺等应运而生；20世纪40年代后，基于Sagnac效应的激光和光纤陀螺及MEMES陀螺相继问世，陀螺寻北技术也不断得到进步。其中，以1949年德国克劳斯塔尔矿业学院研制的第一台电磁定中液浮单转子陀螺房寻北系统MW1型为标志，彻底掀开了陀螺寻北技术发展的历史篇章。

人类生存实践，经历了从点到面、从简单一维到今天海陆空天全方位的跨越。载体速度，从每小时十余千米，到每小时上百千米，到如今声速、超声速、第一/二/三宇宙速度，乃至希望飞越银河系的第四/五宇宙速度；人类生存安居，从地下洞穴、窝棚、地面民居院落的向阳散居到高楼村镇；人类探索活动，也从地表海面到地下涵洞海下深潜、上万米距离的挖掘对接，从短距离航行到长时间伏潜。这些不断演变的生产、生活实践，无不需要寻北技术。古人依赖相对不变、公认的明显而易于识别的天体、物、像，作为活动参照物。而现代，寻北已成为人类生存生活的重要组成部分，陀螺寻北技术更成为航天、航空、航海、兵器、通信、运输、能源等诸多领域的重要技术，是现代信息化多维战争精确对准、快速功防、机动打击的核心技术，以及国民经济建设、能源矿产探寻、水文地质资源测量、桥梁涵洞开凿的关键技术。陀螺寻北的确是一门既古老又年轻的技术。

从专业属性讲，陀螺寻北技术又是一门光、机、电结合技术，涵盖数学、物理、试验、工程应用等多学科理论和制造、测试，与一般基础科学有着较大差别，但有关这方面的专著一直匮乏。

本书正是为适应上述形势，较全面地介绍了陀螺寻北技术的研制意义、基本原理、相关概念和国内外发展趋势，介绍了与陀螺寻北技术相关的数学、力学基础知识，介绍了捷联和摆式原理的陀螺寻北仪的各项技术以及应用知识。希望本书能推动我国陀螺寻北技术基础理论和应用技术的深化、突破、创新、提高，能成为国内陀螺寻北技术专业领域最有工程实用价值的专业工具书，对从事陀螺寻北技术研究设计、测试标定、试验制造、教学测量、工程应用工作的工程技术工程师、管理工程师，以及高等院校相关专业师生、部队官兵起到一定的指导和借鉴作用。

任德民

2012 年冬月于北京

目　录

第 1 章　方位信息与寻北技术

寻北技术的不断发展，其内在动力源于人类在生产、生活中对地理方位信息的持续需求。寻北技术的发展历程，伴随着人类对地面、海洋、空间各个领域不断探索的过程。

1.1　方位信息与北向基准

1.1.1　方位信息及其意义

在人类的生活、生产实践中，地理方位是不可缺少的信息，因此，研究指示地理方位信息的技术及装置意义重大。辨别方向，这是地球上任何生活在三维空间中的生物都避免不了的必行之事。人类在进行日常的生产、生活活动时，哪怕是最原始的狩猎和采集也必须保证不能迷失方向。从古至今，人类建立方位基准的方法和技术，随着对客观世界不断深入的了解和认识也一直在不断发生着变化。最初，人类本身的器官，如眼睛可以帮助完成一般的辨向功能。但这种辨向导航系统是以外界参考物为方位基准的（比如以地面上的其他物体或日月星辰在天空中的位置为参考系），如果得不到可靠的参考基准就会出问题。指南针的发明是人类导航工具的一大进步，它以地球磁场为参考基准，不受人的器官感觉影响，也不受气候和时间的影响。以后，在指南针的基础上，又相继制成了磁罗盘等。它们使人类的活动范围从陆地扩大到了海洋。无线电技术的发展，使人们利用人造卫星和电磁波也可以获得方位基准，如无线电导航等，并且还达到了相当高的精度。

所谓寻北就是要找出相对地球的北向方位。早在古代人类就有依靠北斗星定向定位的历史，也出现了依靠恒星太阳定时定位的日晷这样的装置，还有依靠地球磁场找北的指南针等。现代导航领域中所提到的北向信息，常称作真北，是指北极与观测者相对位置的信息，确切是指观测者子午面与当地真地平面交线指向北极的方向。

1.1.2　地理上各种北向基准与参照物

进行方位信息度量的重要手段，就是建立相应的参照系和方位基准。在地球上，常见的可以用来作为参照物的基准特征主要有以下几种。

（1）北极

北极是指地球自转轴的北端，也就是北纬 90°的那一点。广义的北极也指北极地区，是指北极附近北纬 66°34′北极圈以内的地区。北冰洋是一片浩瀚的冰封海洋，周围是众多的岛屿以及北美洲和亚洲北部的沿海地区。

一个世纪以前，英国政府为了奖励北极探险者，曾拨出一笔资金，准备奖给第一个到达北极的探险家。资金虽然不多，但是却起到了很大的激励作用，许多探险家跃跃欲试，想摘到第一个到达北极点的桂冠，获得这一令人心驰神往的荣誉。这顶桂冠最终被美国海军中校、探险家罗伯特·皮尔里所获得。为了这顶桂冠，他几度向北极冲刺，才取得了成功。2010 年，中国的雪龙号极地科学考察船也在第四次北极科考活动中成功抵达了北极点。

（2）子午线

子午线也叫经线，是指在地面上连接两极的线，可以用来表示南北方向。经线与垂直它的纬线构成了地球上的坐标，即经纬网。地球上任意一点的位置都可以用一条经线和纬线的交叉点来表示。所有经线的长度都是相等的。

本初子午线，即零度经线，也称格林威治子午线或格林尼治子午线，是位于英国格林尼治天文台的一条经线。本初子午线的东西两边分别定为东经和西经，于 180°相遇。

本初子午线的确定也经历了漫长的历史过程。历史上英国所使用的航海图，零度经线1676年曾经定在伦敦圣保罗大教堂，后定点在格林尼治天文台。在中国，清朝康熙四十八年清政府确定了京城中轴线为零度经线。当精确测定经度成为航海的关键问题后，英国第一个研究出了简易测定航海中船舶方位的方法。1767年，根据格林尼治天文台提供的数据绘制的英国航海历出版，这份航海历上的零度经线就是通过格林尼治天文台的经线。1850年，美国政府决定在航海图中采用格林尼治子午线取代通过华盛顿的零度经线作为本初子午线。1853年，俄国海军宣布不再使用本国的零度经线编制航海历，而采用格林尼治子午线为本初子午线。到了1883年，除了法国编制的地图，其余国家的地图几乎都是采用格林尼治经线作为零度经线，这条公认的零度经线的地位从此确立。

（3）北极星

在天空导航的场合，真北由天球体的北极来标示；而在多数以实用为目的的场合，北极星就是真北的位置。

北极星为一颗恒星，属于小熊星座，距地球约400光年，是夜空人类能看到的亮度和位置较稳定的恒星。由于北极星最靠近正北的方位，千百年来地球上的人类一直靠北极星的星光作为导航信息。当你从赤道越往北走，会发现天空的星星在头顶上越悬越高，直到发现北半球天空中最大的星座——大熊星座（在我国称为北斗七星）正好悬在你的头顶上，那时你所站的位置也就是北极了。所以，古希腊人说到北方总要和熊（arktos）联系起来，而北极的名称“arctic”在希腊语中的意思就是“熊站在头顶的地方”。

北极星离地球北天极很近，差不多正对着地轴，从地球上看，它的位置几乎不变，从而可以靠它来辨别方向。但由于岁差，处于北极星地位的恒星并不是永远不变的某一颗星，现在是小熊座α星，到公元14 000年将是织女星，并且每25 800年，极星便循环一次。比如，在麦哲伦航海的时代，北极星距离地球北天极有约3.5°的角度差，而到今天，北极星更靠近北天极了，角度差只有42′，还不到

1°。天文学家根据地轴摇摆和恒星的引力计算，到公元 2100 年，北极星距离北天极将只有 27′，不到半度。然后，北极星就将逐渐远离北天极。

（4）磁北极与磁偏角

指南针所指示的北向即为磁北。由于地球的磁场两极与地理上的南北两极不重合，因此指南针指示的北向为磁北，而非真北，且磁北会随着位置和时间的不同而变化。

地磁极接近南极和北极，但并不和南极、北极重合，一个约在北纬 72°/西经 96°处，一个约在南纬 70°/东经 150°处。磁北极距地理北极大约相差 1 500 km，在一天中磁北极的位置也是不停地变化，它的轨迹大约为一椭圆形，磁北极平均每天向北移动 40 m。2005 年有报道提出磁北极目前已经进入俄罗斯境内。

磁偏角即磁北与正北之间的夹角。在我国，磁偏角最大可以达到 6°，一般情况为 2°～3°。除了部分磁力异常的地区外，一般在我国磁偏角均为西偏，并且在各个地点还是不断按规律随时间变化的。例如，2000 年测得北京地区磁偏角约为西偏 6°05′，拉萨为东偏 0°12′，如在 2000 年后使用磁偏角，还必须按照偏东每年增加 1′、偏西每年减少 1′来修正。

1.2　寻北技术的发展历程

迄今为止，在人类不断探索获取地球方位信息的过程中，寻北技术手段得到了不断的发展，从依赖地球外部环境到能够自主获得，从为古人粗略地指示方向到服务于精密制导的现代交通工具和武器，经历了极为丰富的发展历程。在本书重点介绍的陀螺寻北与陀螺罗经装置以外，还存在着利用地磁、天文、无线电等多种多样的寻北技术门类和分支。

1.2.1 指南针

指南针是用以判别方位最简单的一种仪器。它的前身是中国古代四大发明之一的司南（见图1-1）。指南针的主要组成部分是一根装在轴上可以自由转动的磁针。磁针在地磁场的作用下能保持在磁子午线的切线方向上。磁场的北极粗略指向地理的北极，利用这一特性就可以以一定精度辨别方向。指南针在古代航海、大地测量、旅行及军事方面都有着很广泛的应用。

图1-1 司南

指南针的发明是中国劳动人民在长期的实践中对物体磁性认识的结果。在生产劳动过程中，人们接触了磁铁矿，开始了对磁性质的了解。人们首先发现了磁石吸引铁的性质，后来又发现了磁石的指向性，经过多方面的实验和研究，终于发明了实用的指南针。指南针辗转传入欧洲后，在航海历史发展进程中发挥了不可替代的作用。

1.2.2 磁罗经

磁罗经又称磁罗盘，是一种测定方向基准的仪器，用于确定航向和观测物标方位（见图1-2）。它是在中国古代的司南、指南针基础上逐步发展而成的，是利用磁针受地磁作用稳定指北的特性制成的指示地理方向的仪器。

图 1-2　磁罗经

磁罗经主要由若干平行排列的磁针、刻度盘和磁误差校正装置组成，磁针固装在刻度盘背面，地磁的磁力作用使磁针的两端指向地磁的南北极，从而达到指向的目的。磁罗经常在船舶和飞机上作导航用。

在我国古代，由于航运事业的发展，逐渐采用磁罗盘导航，并有了所谓“针路”的记载，表示船行应取的方向。早期飞机上也装有磁罗盘，但是由于飞机上钢铁构件和电气设备所形成的磁场干扰影响很大，必须采用补偿的方法以抵消飞机本身的磁场对磁罗盘的干扰。

磁罗经是目前船舶必须装备的航海仪器之一。磁罗经技术在高科技条件下不断地发展，已由单一的指向功能，发展成为多功能磁罗经导航的综合系统。

磁罗经有多种类型，从构造来分，磁罗经有四种，即台式、桌式、移动式和反映式。从使用场所来分，磁罗经有航空磁罗盘和船用磁罗经两种。从结构来分，磁罗经又可分为干罗经和液体罗经等。

(1) 普通的液体磁罗经与复示磁罗经

普通液体磁罗经通过磁感应探头或光电传感器将罗盘所示航向

的角度信号转换成电信号，送到需要航向信息的部位后，再转换成机械转角信号，带动刻度盘转动，重现船舶航向，这种磁罗经为复示磁罗经。

（2）固态电子磁罗经

固态磁罗经利用高灵敏度的磁场探测器件，直接敏感地磁，获得有关航向的电信号，经 A/D 转换并经微处理器计算后，给出船舶的数字航向。

（3）磁导航系统

磁导航系统是以磁罗经等为传感器的导航系统，它需要输入磁罗经、电磁计程仪等的信号，用以导航定位。磁导航系统是潜艇，特别是常规潜艇比较适合的导航系统。

1.2.3 磁通门传感器与磁通定向

磁通定向是利用磁通门现象精确测量载体各个方向的地磁分量，进而解算出载体相对于地磁北的方向的方法，可以依据此方法使用磁通门传感器构成一类磁通定向的数字罗盘。

磁通门传感器是一种结构坚固、精确度高、灵敏度高的便携式磁场测试仪器，可以满足用户监视快速移动的磁场和测量电线周围的磁场。磁通门计的高稳定性、高线性度和高精度性，使其成为测量高精度弱磁场的最优选择。

磁通门现象是一种普遍存在的电磁感应现象，磁通门探头是一种特殊变压器，当传感器安装在载体上时，它除了敏感激磁磁场外，还敏感周围的合成磁场。将磁通门二轴探头分别对准载体纵、横二轴安装，并使其零位对准载体纵轴。图 1-3 中 E_{2X} 和 E_{2Y} 分别为磁通门探头感应二次谐波的感应电势，经过磁通门电路后又分别形成 X 轴和 Y 轴方向上的感应信号模拟量 E_X 和 E_Y，再经过多路选择开关送至 A/D 转换器和中央处理器，经过转换和计算便得到航向数字信号。

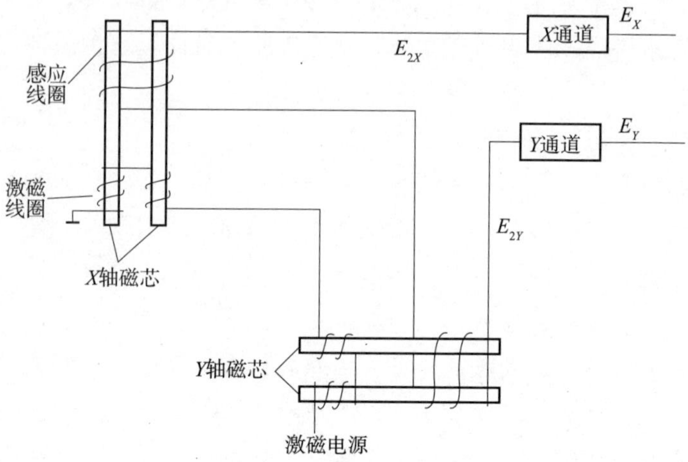

图 1-3　磁通门传感器

1.2.4　无线电测向

无线电导航是一类已知规定航线前提下的定位与定向方法，即利用无线电引导飞行器沿规定航线连续定位，在规定时间到达目的地的航线技术。利用无线电波的传播特性可测定飞行器的导航参量（方位、距离和速度），算出与规定航线的偏差，由驾驶员或自动驾驶仪操纵飞行器消除偏差，以保持飞行器飞行在正确航线。

电磁传播的基本特性为：电磁波在均匀理想媒介中，沿直线即最短路径传播；电磁波在自由空间的传播速度是恒定的；电磁波在传播路线上遇到障碍物或在不连续媒介的界面上传播时会发生反射。无线电导航利用了电磁传播的上述特性，通过对无线电的接收、发射和处理，导航设备能测量出所在载体相对于导航台的方向、距离、距离差、速度等导航参量。无线电导航通过测量无线电导航台发射电磁波的时间、相位、幅度、频率参量，可确定运动载体相对于导航台的方位、距离和距离差等几何参量，从而确定运动载体与导航台之间的相对位置关系，据此实现对运动载体的定位和导航。

无线电导航的优点是不受时间、天气限制，精度高，作用距离远，定位时间短，设备简单可靠；缺点是导航时必须辐射和接收无线电波，容易被发现和干扰，且需要载体外的导航台支持，一旦导航台失效，与之对应的导航设备便无法使用。

1.2.5　双 GPS 定向

全球定位系统（GPS）是由美国军方从 20 世纪 70 年代开始研制，历时 20 余年，耗资 200 亿美元，于 1994 年全面建成的具有在海、陆、空进行全方位实时三维导航与定位能力的卫星导航与定位系统。GPS 由空间卫星网、地面控制与用户设备三大部分组成。用户设备，即 GPS 用户接收机，其主要功能是能够让 GPS 天线捕获到按一定卫星截止角所选择的待测卫星，并跟踪这些卫星的运行。当接收机捕获到跟踪的卫星信号后，即可测量出接收天线至卫星的伪距离和距离的变化率，解调出卫星轨道参数等数据。根据这些数据，计算机就可按定位解算方法进行定位计算，进而得到用户所在地理位置的纬度、高度、速度、时间等信息。

双 GPS 定向的原理即在 GPS 定位信息的基础上，用多个接收机的信息进一步解算方位信息，一般由两个 GPS 接收机、两个测量型天线和以嵌入式处理器为核心的计算机组成。两个 GPS 作为卫星信号传感器，通过两个测量天线接收 GPS 系统信息，利用载波测量技术和快速求解整周模糊度技术，计算机解算出两个 GPS 接收机天线所处位置和两天线相位中心连线与真北之间的夹角。双 GPS 定向原理见图 1－4。

利用两台 GPS 卫星信号接收机的原始数据输出，通过载波相位快速差分定位软件，精确解算出两个天线中心的相对位置坐标 X 和 Y

$$X = X_2 - X_1;\quad Y = Y_2 - Y_1$$

则有

$$\alpha = \arctan(Y/X)$$

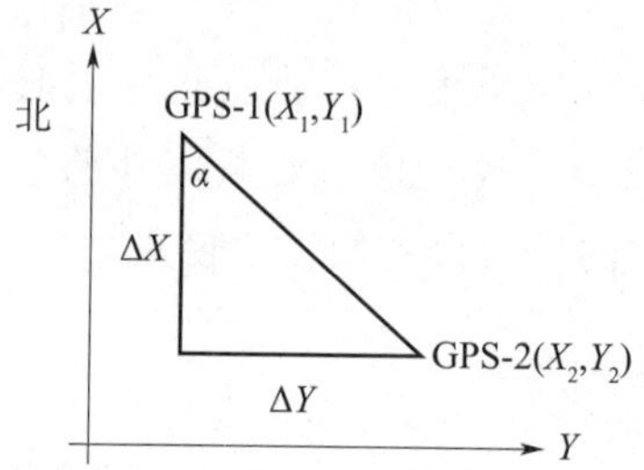

图 1-4　双 GPS 定向

依据 X 和 Y 的正负取值及 α 的大小，即可得到两个天线中心连线的方位角 A_Z，并同时给出两个天线中心的 WGS-84 坐标，通过坐标变换和投影变换可转换为当地的平面直角坐标，进而实现定向。

1.2.6　天文定向

天文测定方位技术的精度高，是一般测绘、军事等领域测地作业最常用的方法，但它受天气、观测时间等条件的影响较大。如炮兵天文测定方位是通过在白天观测太阳或在夜间观测北极星来获得方位的，当遇到雨雾天气、沙尘天气以及其他观测障碍（如在丛林中）的情况下，观测作业就难以实施。而且，为了保证观测精度，太阳高度法、太阳时角法有观测时间的要求，太阳高度法宜观测的时间是当地时间日出 1 h 后至 10：00 和 14：00 至日落前 1 h；太阳时角法则在当地时间 11：00 至 13：00 不宜观测。对于北极星时角法，由于北极星距地球遥远，经纬仪的望远镜视场又较小，在实际观测时，寻找通视北极星较困难，通常需进行辅助计算。总之，天文测定方位的方法精度虽高但局限性大，常常不能满足全天候测地保障作业的要求。

第 2 章　陀螺寻北技术概述

惯性器件在定位定向领域的应用是惯性技术重要的分支，它的出现使寻北技术水平得到了极大的提高，丰富了寻北技术的手段。惯性器件以其独特的优势在许多领域得到了广泛的应用。

2.1　陀螺寻北技术研究的意义

随着人类活动范围的不断扩大，从地面到天空，从地球附近直到外层空间，运动的速度也在不断增加——由每小时几千米的步行，发展到每秒几千米至几十千米的宇宙飞行。所有这一切都使得导航技术日趋复杂。在飞机、舰艇等运动物体上，不但人的感觉器官对导航无能为力，就是一些简单仪表也不能胜此重任。

以外界参考物体为基准的导航方法，都有一个共同弱点，就是容易受外界环境的影响。比如，地球磁场会受到来自外太空的带电离子云团，如太阳风的干扰和影响而发生磁暴现象；而无线电导航在辐射和接收电磁波时具有暴露性，因而也易受到干扰。如果不以外界参考为基准，而在运动物体内部建立起导航基准，那将是非常理想的。这就是所谓的自主式导航。

随着科学技术的进步，以及人们根据多年的研究发现，传统的寻北方法无论在定位精度，还是设备的体积、形状，以及周围环境对它的影响等方面都存在着很大的弱点。进入 20 世纪以来，以德国科学家安修茨（Hermann Anschuetz）博士 1904 年成功研制出首台陀螺仪、1908 年发明了世界上第一台陀螺罗经——指北陀螺仪为标志，人类揭开了惯性技术研究的新篇章，惯性寻北技术也随之得到发展。

惯性导航就是一种自主式导航。它以自身内部运动的物体为基础建立定向基准，不受外界环境的干扰和影响。惯性导航的基础是陀螺、加速度计等惯性器件，利用陀螺测量载体的转动，利用加速度计测量载体的移动。

惯性寻北技术是惯性技术领域的重要组成部分，尤其在军事方面是现代信息化战争中确保武器系统快速、机动、精确打击的重要保障技术之一。因此，国际上众多发达国家均在发展高性能战略、战术武器的同时，投入大量的人力、物力研制和开发高精度、快速寻北系统。随着精确测量技术的发展，寻北定位也形成了诸多方法，包括：惯性法、天文观测法、大地测量法、卫星定位法、参照物法等多种高精度寻北方法。但是，在坑道、水下等复杂地形和复杂天候以及战争环境等特殊条件下，天文观测法、大地测量法、卫星定位法和参照物法都会不同程度受到上述条件的制约，或者精度低，或者根本无法实施。只有惯性法才能不受自然条件或环境的干扰，独立完成寻北任务，而且具有连续工作时间长、精度高等特点。因此，对惯性寻北方法的研究有其独特的应用价值。

近年来，伴随着导航技术的发展，低成本、快速、高精度陀螺寻北系统凭借着上述独特的优点在许多领域已经得到了广泛的应用，除了在航空、航天、航海导航及武器制导等方面具有非常重要的应用价值外，在其他诸如隧道施工、矿山开采、大地测量、资源勘测等民用工程领域中也越来越显示出广阔的应用前景。因此，开展陀螺寻北技术的研究在当前军事、民用领域的应用都具有重要的意义。

2.2 惯性寻北技术的分类

2.2.1 基本分类

陀螺是惯性寻北技术中关键的部件，其寻北原理可分为两类：一类是基于摆式陀螺罗盘原理的陀螺罗经和陀螺经纬仪；另一类是直接测量地球速率的捷联式陀螺寻北仪。其中，陀螺经纬仪精度较高，但是测量时间较长。相比之下陀螺寻北仪的精度比不上陀螺经纬仪，但它有显著的优点，即反应速度较快。另外，20 世纪 80 年代还出现了非陀螺惯性测量单元，它从方案上避开了成本较高的陀螺，使得制造成本大幅度降低，有较好的开发前景，但是目前仍然处于研究阶段。

现有的惯性寻北仪按其定位方式大致可以分为三种：罗经式、捷联式和非陀螺式，下面分别加以介绍。

（1）罗经式

罗经式寻北利用摆式罗经原理，通过陀螺主轴围绕子午线作简谐振荡的特性测量北向。按罗经式寻北技术具体的应用可分为陀螺经纬仪寻北和陀螺罗经寻北两类。陀螺经纬仪寻北是利用陀螺主轴围绕子午线作简谐振荡的规律测量摆动中心，找出子午线方向。因为它靠地球自转产生的陀螺力矩使陀螺仪重心偏离铅垂线产生重力矩，而重力矩产生的进动和地球自转产生的相对运动进行相互作用，因而使转子轴围绕子午线作椭圆周期运动。目前使用时间最长、测量精度高、应用广泛的陀螺经纬仪便是由悬挂式二自由度摆式陀螺构成。陀螺摆式寻北系统精度较高，定向时间一般都比较长，其典型产品有德国 WBK 矿山测量研究所的 GYROMAT 2000 型，该仪器精度为 3″，找北时间为 9 min。而陀螺罗经寻北则是在陀螺经纬仪无阻尼振荡的基础上施加阻尼，使得陀螺主轴向子午线方向衰减，从而最终稳定指北。陀螺罗经寻北的典型产品有：美国的 MK29，法国的 MCV－3，还有我国的 PL－m 等，英国、俄罗斯、日本等国有较为先进的研制能力，当然也有较为先进的陀螺罗经寻北产品。我国在这方面的研究起步晚，从总体上看与上面几个国家相比还存在着一定的差距。

（2）捷联式

捷联式陀螺寻北仪是利用陀螺敏感地球自转角速度分量，并由此计算出载体纵轴向与真北的夹角。这种寻北仪的核心部件一般是两个加速度计和一个动力调谐陀螺仪。通过将两个加速度计和陀螺的输出经过 A/D 转换，计算出载体的姿态角，从而实施寻北。通常选用的动力调谐陀螺仪精度适中、体积较小、成本较低，基于此，捷联式陀螺寻北仪的结构较为简单，启动速度较快，但精度偏低。捷联式陀螺寻北仪典型的产品为美国 Smiths 公司研制的 2XDTG 解析调平寻北仪，定向精度为 7.8′，寻北时间为 3 min。为了减小陀螺漂移对寻北精度的影响，一般采用有针对性的各种寻北方案，这样可以抵消陀螺常值漂移的影响。至于陀螺随机漂移造成的影响，可以通过误差分析、误差补偿、滤波等方法解决。随着新型陀螺，如静电陀螺、激光陀螺、光纤陀螺等的出现，也为捷联式陀螺寻北仪的研究注入了新的活力，但是由于这些新型陀螺的结构、成本等因素的影响，使得在很多应用领域这些新型陀螺还是不能完全取代动调陀螺。

(3) 非陀螺式

随着人们对非陀螺惯性测量技术与器件及其在寻北系统中的应用更加深入的研究，以及加速度计制造技术的进一步发展，自从 20 世纪 80 年代出现了非陀螺惯性测量单元（nongyroscopic inertial measurement unit，NIMU）以来，人们对这方面的研究更加重视，主要是由于它摒弃了昂贵的陀螺，从而使制造成本大为下降。非陀螺惯性测量装置利用科氏（Coriolis）效应，通过旋转或振动线加速度计来测量角速度，将这种技术用于对地球速率的测量，即可构成非陀螺寻北系统。与陀螺仪定向系统相比，非陀螺惯性测量装置不存在有陀螺仪的漂移问题，因此它可以应用在某些特殊场合。非陀螺寻北是一种新的寻北方式，其测量精度主要依赖于加速度计的精度。

目前非陀螺惯性寻北的研究中主要是以加速度计为测量元件，对它的研究也很多，清华大学就提出了铅垂轴系速率台方案，后来又有哈尔滨工业大学的铅垂正弦速率方案和水平轴系速率台方案等。研究发现几种方案各有利弊，暂时还没有成形的产品，但这些研究也说明对于加速度计寻北的研究已经取得了很大的进展。

2.2.2　基本原理

地球以恒定的自转角速度 ω_e 绕地轴旋转。对于地球上纬度为 φ 的某点，在该点地球自转的角速度可以分解为两个分量，水平分量 $\omega_{e1}=\omega_e\cos\varphi$ 沿地球经线指向真北，垂直分量 $\omega_{e2}=\omega_e\sin\varphi$ 沿地球垂线垂直向上，见图 2-1。可见，利用惯性技术测量或者敏感到地球自转角速度的水平分量即可获得地球上被测点的北向信息，这就是陀螺寻北技术的核心原理。

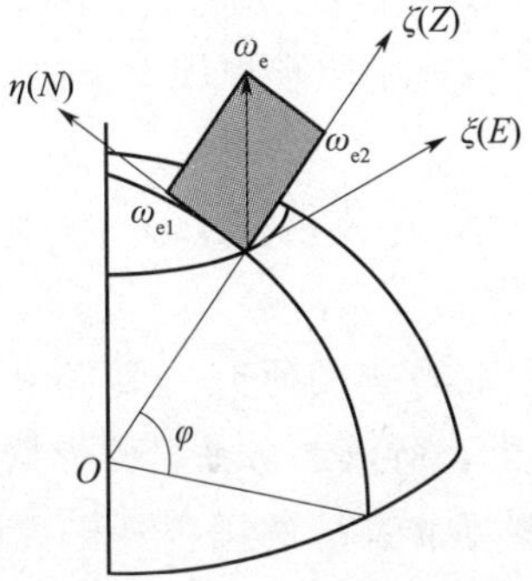

图 2-1　地速分量

(1) 捷联式原理

捷联式寻北仪也称为解析式寻北仪，不同于摆式寻北仪，它不用陀螺摆绕子午面摆动寻北。用自由陀螺仪，使陀螺主轴水平，并用平衡回路（或称锁定回路）给陀螺加矩，使陀螺仪主轴稳定在陀螺仪壳体的中间，记录再平衡回路的电流，即得陀螺仪控制的角速率。陀螺仪稳定在水平面不动，这时对陀螺仪的施矩速率就是地球自转角速率水平分量 $\omega_e\cos\varphi$，在陀螺仪输入轴方向上的分量为 $\omega_e\cos\varphi\sin A$。知道当地的纬度，就可以计算出陀螺偏离真北的方位角 A。

为了消除陀螺漂移的影响，可以采取多位置稳定的方法，经过数据处理，可以把漂移的影响抵消掉，得到精确的真北。用捷联式方法寻北，结构相对简单，再由于计算机技术的进步，相对稳定几个方位就可以方便地显示出真北方位。

捷联式寻北仪还可以直接由先进的光学陀螺等角速率陀螺构成。机械陀螺仪从启动到漂移稳定要有一定的启动、稳定的时间，因而光学陀螺是寻北仪理想的惯性元件。

（2）摆式陀螺罗盘原理

一般的陀螺仪在地球自转的作用下，其主轴的高度角和方位角在不停地变化，不能指示地理方位。陀螺经纬仪中的陀螺仪是采用悬挂且重心下移的摆式陀螺仪，利用地球引力特性和敏感地球自转角速度的水平分量，使其主轴跟踪地理子午面，从而测量出真北。

2.3 陀螺寻北系统的发展历史、现状与趋势

国内外对于陀螺寻北系统的研究主要集中在陀螺经纬仪、陀螺罗经/陀螺罗盘的研究上，所以本书也主要依据这些陀螺寻北系统而展开介绍。下面对这些寻北系统的国内外研究和发展趋势进行简要介绍。

2.3.1 历史与现状

2.3.1.1 陀螺经纬仪

陀螺经纬仪由陀螺仪和经纬仪两部分组成。经纬仪 1730 年由英国人发明，经历金属经纬仪的漫长发展过程，20 世纪 20 年代发展成为光学经纬仪，60 年代后期进入电子经纬仪阶段，进而发展成为具备测角、测距、获取三维坐标等功能的电子速测仪，目前经纬仪达到了相当先进的水平，并向智能化方向发展。陀螺仪是陀螺经纬仪的主体，主导着整机的发展进程。陀螺仪的概念由法国物理学家傅科（Foucault）于 1852 年提出，1906 年德国人安修茨制成航海陀螺罗盘，1911 年美国人史帕瑞完成了类似的工作，从而为测量陀螺仪的出现奠定了基础。1920 年德国人舒勒试制测量陀螺仪。经过第

二次世界大战后的技术发展，1949 年德国研制出与经纬仪连成一体的子午线指示仪 MW1，继而又制成了 MW2、MW3、MW4a 等型子午线指示仪，这些早期的陀螺经纬仪定向时间长，操作不方便，不久就被淘汰。

现代陀螺经纬仪，按定向精度分为 10″以外的工程级和 10″以内的精密级两档，定向原理除英美曾用速度式外一般都为摆式，陀螺仪与经纬仪结合使用，其方式有下挂式和上架式两类。下挂式仪器是在材料科学和电子技术进步的基础上于 20 世纪 50 年代末发展起来的，至今几乎所有精密级仪器和自动化程度较高的仪器均属此类。上架式仪器随着陀螺马达的小型化也在这一时期得到发展，工程用仪器多属于此类。

陀螺经纬仪的主要技术指标是一次定向的精度和时间，尤其是军用仪器更强调快速性和抗振性，并要求其具有轻巧和可靠等性能。经过 50 多年的发展，陀螺经纬仪已能基本满足这些要求。德国的 WBK 厂一直走在陀螺经纬仪技术发展的前列，推出过 MW、KT、TK 等系列产品和划时代的 GYROMAT 系列，德国的 BGT 厂也拥有自动化的 MK 系列产品。匈牙利的 MOM 光学厂从 20 世纪 60 年代开始生产陀螺经纬仪，瑞士和日本也拥有性能很好的批产仪器。我国对陀螺经纬仪的研究工作始于 1956 年，典型型号有 JT－15、DTJ－Ⅱ、JT91－200 型等。另外，英国、美国、苏联和加拿大也都拥有自己的型号产品。

美国陆军导弹研究与发展司令部和利尔西格勒公司共同开发、研制的 MARCS（主方位基准校准标准）型设备寻北精度小于 2″(1σ)，对准时间约 10 min。该设备利用悬挂的陀螺摆在无阻尼条件下绕子午线摆动的特性，在精确定时的四分之一摆动周期内将仪器从初始位置（15°范围之内）快速粗略定位于北向；精寻北主要原理是基于力反馈法，通过对陀螺灵敏部施加阻尼力矩，使动量矩轴逐渐静止在子午面来完成，一旦阻尼电流小于规定限值并稳定一段时间后，伺服系统关闭，发出对准信号。真北方位通过陀螺灵敏部上的反光镜传递出去。MARCS 系统的特点是动态寻北，测量精度完全取决于测量时间，导致影响测量误差的中间环节较少，但需要较复杂的传动和伺服系统及相当稳定的悬丝和馈电系统。

国外静态寻北的代表产品为德国 WBK 矿山测量研究所的 GYROMAT 2000 型陀螺经纬仪，该陀螺经纬仪为下挂式仪器，在 MW77 型基础上改为自动测量而成。它采用小角动量直流陀螺马达，集成电路驱动，蓄电池装在敏感元件组上，消除了供电系统扭力矩对自摆零位的影响。GYROMAT 2000 型陀螺经纬仪悬丝刚度系数高，截面大，零位重复指示偏差制动时为 0.7″～1″，不制动时为 0.3″～0.7″。GYROMAT 2000 型陀螺经纬仪测量原理是在一个完整的摆动周期内自动积分确定摆动周期，信号由光电装置检测并用微处理器处理，以数字方式读取参考方向的方位角。仪器实测精度为 ±3″，检测的常数随测站纬度变化不明显。通常公认 GYROMAT 代表着当今陀螺经纬仪的最高水平。目前，国际上主流陀螺经纬仪越来越向着全自动、高精度、快速找北的方向发展。

国内目前开发研制同类陀螺经纬仪的主要有中国航天科技集团公司和解放军总参西安测绘研究所等单位。根据目前了解的情况，我国产品在精度和寻北时间上与国外先进水平逐渐接近，但在便携化等产品实用性要求方面尚有距离。

2.3.1.2 陀螺罗经/陀螺罗盘

国外主要有三个系列的陀螺罗经。

德国人安修茨从 1906 年开始研制陀螺罗经，经过不断的完善，到 1930 年完成安修茨陀螺罗经系列原型。安修茨公司已生产了标准 1、2、3、4、4S、6、12、14、20 型等罗经产品，它们的主要特色是电子线路简单、可靠性好、工作寿命长。

1909 年，美国人斯佩里主要针对不同的舰船对象设计生产不同的罗经产品，例如军舰用的 MK23 型，大中型船用的 MK20、MK37 型，中小型船用的 SR50、SR120、SR130 型等。

1912 年，英国人布朗与伯里主要研制采用液浮扭丝支承陀螺仪和电磁摆伺服电机修正系统，其特点是结构简单、体积小、操作方便等。主要产品有 MK1、MK2、MK3、MK4、MK10、MK12 型等。

除此之外，还有挠性陀螺罗经、磁悬浮陀螺罗经和光学陀螺罗经等。

我国的陀螺罗经自 1958 年仿制航向Ⅲ型陀螺罗经以来，已有 4 个系列的 5 种陀螺罗经生产能力，主要有安修茨系列的航海型，斯佩里 MK 系列的 CLP 型、JYJD 型，还有结构简单、成本较低的 LH-3 型陀螺罗经。这些产品已能基本满足国内各类舰船的需要。近几年，随着科学技术的发展和国家的重视，我国在陀螺罗经研制方面已经取得了重大的发展。

2.3.2　未来发展趋势

陀螺寻北未来的技术发展趋势主要围绕如何进一步提高寻北精度、缩短寻北时间、紧凑系统结构三个重点展开。以陀螺经纬仪的设计为例，可以进一步开展的改进和创新如下。

在提高寻北精度方面：通过减少直至取消馈电游丝来避免干扰力矩对陀螺房的影响；通过优化陀螺电机的控制性能来降低电机耗散功率，从而进一步抑制陀螺房质心热偏移导致的零位变化；采用万向阻尼技术迅速消耗陀螺房章动能量，结合低噪声光电传感器伺服技术以保证对陀螺摆动数据采集的精度；设计最优估计算法，进一步抑制随机噪声和光电传感器非线性误差的影响。

在缩短寻北时间方面：通过设计新型同轴电磁阻尼器，快速限制陀螺房的摆动幅度；设计精密随动控制回路，提高粗寻北的精度和可靠性；进行动量矩控制，进一步缩短粗寻北时间。

在紧凑系统结构方面：采用高性能微处理器和嵌入式操作系统来简化线路方案；以高效的电控减速方案代替复杂的高减速比精密齿轮系；以内部总线网络代替低效的串口和不规范的数据流。通过这些技术的应用，推出结构紧凑、操作全自动化的产品，有效提高系统的实用性能。

2.3.3 各厂商产品情况汇总

陀螺寻北产品的相关研制厂家和产品情况，可参见表 2-1。

表 2-1 陀螺寻北产品的相关研制厂家和产品情况

型号名称	研制厂家	定向精度	反应时间	备注
AAMS	美国空军地球物理实验室，波士顿大学	±2.1″	80 min	
MARCS	美国利尔宇航设备公司	±2″	10 min	悬丝
MW77	德国 WBK	±5″	10 min	悬丝
GYROMAT 2000	德国 WBK	±3″	9 min	悬丝
NSK50	德国 TELDIX	±1′	4 min	
NFM	利顿公司	2′	2.4 min	动调陀螺
MOM G1-B21 GYMOG-B1A	匈牙利光学仪器厂	±3′		悬丝
G1-001	匈牙利 MOM 光学厂	3″～5″	30 min	悬丝
ГК30	乌克兰中央设计局	30″	5 min	磁悬浮
ГТ3	乌克兰中央设计局	3″	7 min	
GS908	英飞机公司	<3′	4 min	气浮陀螺
光纤陀螺动态寻北-1998	韩国海军研究院电子工程部	0.056°	5 min	光纤陀螺
Octans	法国 IXSEA	动态航向：±0.2° 纵横：0.01° 重复精度：±0.025°	4 min	光纤陀螺
GG1	瑞士 WILD	±60″ ±60″ ±20″	1.5 min 2 min 20 min	悬丝
光纤陀螺寻北	中国航天电子技术研究院	±3′～5′	5 min	光纤
悬丝式陀螺寻北仪	中国航天电子技术研究院	±30″	15 min	悬丝
TZB-3 气浮陀螺指北仪	中国航天电子技术研究院	±1′ ±30″	5 min 10 min	气浮

续表

型号名称	研制厂家	定向精度	反应时间	备注
TLZ-1 陀螺指北仪	中国航天电子技术研究院	23″	5 min	液浮
陀螺指北仪	中国航天电子技术研究院	10″	5 min	磁悬浮
陀螺指北仪	中国航天电子技术研究院		10 min	挠性
CFN 系列指北仪	中国电子科技集团公司第 26 研究所	±18′	3 min	
TXC-1 自动寻北仪	航天发射技术研究所	20″	8 min	悬丝
TXC-2 自动寻北仪	航天发射技术研究所	4′	4 min	挠性
TDJ83	航天发射技术研究所	±10″	20 min	悬丝
自动寻北仪	航空飞行自动控制研究所	10″	20 min	
JT-15	徐州光学仪器厂	15″	25 min	悬丝
TJ-93	中国船舶重工集团公司 707 研究所	10″	15 min	
AGT-1	中国船舶重工集团公司 707 研究所	15″	10 min	液浮
AGT-2	中国船舶重工集团公司 707 研究所	1″	5 min	液浮
TJ-84	煤炭科学研究院唐山分院	±15″	25 min	上架
静电陀螺寻北仪	清华大学	±10″	30 min	静电
寻北仪	青云仪表	0.3°	5 min	挠性
NSK50	德国 TELDIX	1′	4 min	

第 3 章　陀螺寻北技术基础

陀螺寻北技术是跨多专业、多领域的交叉学科，除了与目标方位信息测量相关的基础知识外，惯性器件及惯性技术的应用是其核心内容。陀螺仪与加速度计是最重要的两类惯性器件，是惯性寻北系统构成中最基础、最核心的部分。

3.1　常用度量与单位制

3.1.1　地理坐标

地理坐标是用经度、纬度表示地面点位置的球面坐标。地理坐标系以地轴为极轴，所有通过地球南北极的平面，均称为子午面。子午面与地球椭球面的交线，称为子午线或经线。所有通过地轴的平面，都和地球表面相交而成为椭圆，这就是经线圈。一条经线是一个半椭圆弧。所有垂直于地轴的平面与地球椭球面的交线，称为纬线。纬线是半径不同的圆，其中半径最大的纬线称为赤道。在地球仪上，通过伦敦格林尼治天文台原址的那条经线称为零度经线，也叫本初子午线。在地球仪上，与赤道平行的线叫纬线，纬线指示东西方向，所有纬线长度不相等，纬线标注的度数就是纬度；赤道纬度为零，赤道以北为北纬，赤道以南为南纬。在地球仪上，经纬线相互交织构成经纬网，用经度、纬度表示的地面上点的位置叫地理坐标。例如：我国首都北京位于北纬 40°和东经 116°的交点附近，昆明位于北纬 25°和东经 103°的交点附近。地理坐标中纬度是横坐标，经度是纵坐标。

由地球椭球体上任一点 M，引一垂直于点 M 地平线的直线，其与赤道面相交所构成的夹角称地理纬度。以赤道为 0°，向北、南两极各以 90°计算，向北称北纬，向南称南纬。M 点经线面与起始经线面间的夹角称为地理经度。以起始经线为 0°，国际上统一规定以通过英国伦敦格林尼治天文台的经线为起始经线，向东、西各以 180°计算，向东称东经，向西称西经。在地图上以内图廓和经纬线网（或分度带）的形式表示。在>1∶10 万地形图上，地理坐标网以图廓形式表现，图廓四角注记经纬度数值，内外图廓间绘有分度带。在小比例尺地图上和<1∶20 万地形图上，一般都直接绘有地理坐标网，并注有相应的经纬度数值，以此确定地区或地面点的地理位置。

3.1.2　角的量度及其单位制

角度的测量使用两种单位制：角度制和弧度制。

角度是用以量度角的单位，符号为“°”。一周角分为 360 等份，每份定义为 1 度（1°）。之所以采用 360 这一数值，是因为它容易被整除。360 除了 1 和自己，还有 22 个真因子（2、3、4、5、6、8、9、10、12、15、18、20、24、30、36、40、45、60、72、90、120、180），所以很多特殊角的角度都是整数。在实际应用中，整数的角度已经够精准。当需要更准确的角度值时，如天文学中量度星体或地球的经度和纬度，除了可用小数表示，还可以把角度细分为角分和角秒：1°为 60 角分（60′），1 角分为 60 角秒（60″）。例如 40.187 5° = 40°11′25″。要再准确一点的话，便用小数角秒表示，不再加设单位。

弧度（rad）是用弧长与半径之比来表示角度的。根据定义，在半径为 1 的圆周上，长度为 1 的弧长对应圆心的角度为 1 rad。

实际在角度的测量中，某些行业和领域由于表达弧度的特殊需要还常常使用另外两种单位制：密位制和百分度制。

（1）密位制

在军事领域实际应用中弧度这个单位太大，用起来很不方便，于是就产生了毫弧度（mrad）单位，1 rad＝1 000 mrad。它的意义为：在半径为 1 000 的圆周上，1 个单位的弧长（实际军事应用中指的是被观察物的高或宽）对应的圆心角为 1 mrad。对于 360°的圆周，

就有

$$360° = 2\pi\ (\text{rad}) = 2\,000\pi\ (\text{mrad})$$
$$\approx 2\,000 \times 3.141\,6\ (\text{mrad}) = 6\,283.2\ (\text{mrad})$$

因为 6 283.2 不是整数，用起来很不方便，于是人们便将它取整，俄罗斯将其取整为 6 000，法国、美国等西方国家将其取整为 6 400,也有的国家将其取整为 6 300，不过这么做的意义不大。取整后这个角度单位就不能称为毫弧度了，于是给它取了个新的名字叫 mil，中文称作密位。可见，密位制的使用是由毫弧度的需求转化来的，二者非常接近。于是就有

$$360° = 6\,000\ \text{mil}\ (\text{俄制})\ \text{或}\ 360° = 6\,400\ \text{mil}\ (\text{法制})$$

在过去因为没有计算工具，计算起来很不方便，取 6 000 后计算起来就很方便。而取为 6 400 的意义在于可方便地制作罗盘，因为 64 是 2 的 6 次方，6 400 等分 6 次后为 100。当然 100 还可以再二等分两次，得 25。

由于密位用起来很方便，所以当时被广泛用于航海和军事上，典型应用如炮兵瞄准的测地作业。例如，已知 1 mil＝0.06°＝0.001 047 rad≈0.001 rad。由于弧度是弧长与半径的比值，而且在角度很小的时候，近似有弧长≈弦长。所以，1 mil 可以粗略地看作 1 000 m 外，正对观察者的 1 m 长的物体张开的角度。

现在，随着计算机的广泛应用，计算已经不是问题，所以在有计算机的系统中不再使用 mil 作角度单位，而是直接用 mrad 了。

由于军事号令的特殊性，密位的记法也很特别，高位和低两位之间用一条短线隔开，比如：1 mil 写作：0—01；312 mil 写作：3—12；3 000 mil 写作：30—00。由于一个圆周（360°）等于 6 000 mil，所以容易知道 1 mil 等于 0.06°。把密位换算为角度，简单地乘以 0.06 就可以了。而把角度换算为密位，应该除以 0.06 或者乘以 16.667（1/0.06）。比如

$$190° = (190 \times 16.667) \approx 31-67$$
$$40-05 = (4005 \times 0.06) = 240.3°$$

同样，用密位表示方向也是军事上衡量方向角的标识方法，以正北为 0°，向东进行量度。例如，采用角度制和军事上采用密位表示各典型方位的形式不同之处见表 3-1。

表 3-1　典型方位的表示

典型方位	角度制	密位制
北	0°	0—00
东	90°	15—00
南	180°	30—00
西	270°	45—00
东北	45°	7—50
东南	135°	22—50
西南	225°	37—50
西北	315°	52—50

（2）百分度制

百分度（grad），常用于建筑或土木工程的角度测量，也是一种角的测量单位，也常写成 gon、grade、gradian，其定义为将一个圆切成 400 等分。

百分度制（GRAD）角度单位，用 gon 表示，中文名称为哥恩。1 gon = 直角的 1%。

（3）角度制单位之间的换算关系

单位名称：

度［degrees，deg（°）］；

角分［arc minutes，arc min，（′）］；

角秒［arc seconds，arc sec，（″）］；

弧度（radians，rad）；

分弧度（drad）；

厘弧度（crad）；

密位（mil）；

哥恩（gon）。

换算关系：

$1° = 60' = 3\ 600''$；

$360° = 6\ 000$ mil；

1 mil $= 0.06°$；

1 rad = 10 drad = 100 crad；

1 rad $= 57.296°$；

1 gon $= 0.9°$；

1 gon $= 0.005\ \pi$。

3.2 数学与力学基础

3.2.1 矢量、欧拉角坐标系

惯性技术中所遇到的诸如陀螺转子、平台台体等的运动问题，均可将其视为刚体绕固定点的转动问题来进行研究。而在研究刚体定点转动时，首先要表示它在空间的角位置。

可以采用不同的数学表达式来定义刚体相对一个坐标参考系的姿态，刚体坐标系相对参考坐标系的角位置惯性的描述一般采用三种方法，分别是方向余弦、欧拉角和四元数法。四元数可以直接用欧拉角或方向余弦来表示；同样，欧拉角可以用方向余弦或四元数表示。

（1）方向余弦

方向余弦矩阵 $\boldsymbol{C}_b^n$ 为一个 3×3 的矩阵，矩阵的列代表单位矢量在刚体坐标系中沿参考轴系的投影，在这里写成如下形式

$$\boldsymbol{C}_b^n = \begin{bmatrix} c_{11} & c_{12} & c_{13} \\ c_{21} & c_{22} & c_{23} \\ c_{31} & c_{32} & c_{33} \end{bmatrix} \tag{3-1}$$

$\boldsymbol{C}_b^n$ 的第 i 行和第 j 列的元素代表参考系 i 轴和刚体 j 轴之间夹角的余弦。在刚体轴上定义的矢量可以通过方向余弦阵左乘以矢量的

形式表示在参考轴上，具体如下

$$\boldsymbol{r}^b = \boldsymbol{C}_b^n \boldsymbol{r}^n \tag{3-2}$$

（2）欧拉角

欧拉角刚体坐标系相对参考坐标系的角位置，可以用三次独立转动的三个转角来确定。这就是著名的欧拉法，三个独立的角度称为欧拉角。

欧拉角的选取不是唯一的，根据转动轴的选取产生两类欧拉角。第一类欧拉角的转动顺序为：Z—X—Z；第二类欧拉角的转动顺序为：X—Y—Z。两类欧拉角的差别在于：第三次转动时，是用第一次转动用过的轴还是用前两次都未用过的轴。

（3）四元数

四元数姿态表达式是一种四参数的表达式，它是基于从一个坐标系向另一个坐标系转换时，可以用定义在参考坐标系的一个矢量 $\boldsymbol{\mu}$ 的单个旋转来实现，四元数用符号 $\boldsymbol{q}$ 来表示，它是一个四个元素的矢量，这些元素是矢量的旋转量的函数

$$\boldsymbol{q} = \begin{bmatrix} a \\ b \\ c \\ d \end{bmatrix} = \begin{bmatrix} \cos(\mu/2) \\ (\mu_x/\mu)\sin(\mu/2) \\ (\mu_y/\mu)\sin(\mu/2) \\ (\mu_z/\mu)\sin(\mu/2) \end{bmatrix} \tag{3-3}$$

式中　μ_x，μ_y，μ_z ——矢量 $\boldsymbol{\mu}$ 在各轴上的分量。

$\boldsymbol{\mu}$ 转角的大小和方向的定义是为了使参考坐标系绕 $\boldsymbol{\mu}$ 转一个角度 μ 就能与刚体坐标系重合。

3.2.2　刚体的转动、力矩和转动惯量

当有某些不为零的力或力系作用在一个系统的某些质点或所有质点上时，系统任意两点之间的距离始终保持不变，则该系统称为刚体。刚体坐标系是固联在刚体上的坐标系。利用刚体坐标系相对参考坐标系的位置和运动，可以描述刚体相对参考坐标系的位置和运动状况。刚体运动自由度包括三个平动自由度和三个转动自由度

(即六自由度)。

自由刚体位置和运动用刚体上三个非共线的点的位置和运动来描述。刚体上的两点相对于参考坐标系固定，失去平动的自由，只能绕该轴转动，称为刚体绕定轴转动；刚体上的一点相对于参考坐标系固定，失去平动的自由，只能绕该点转动，称为刚体绕定点转动（见图 3-1)。

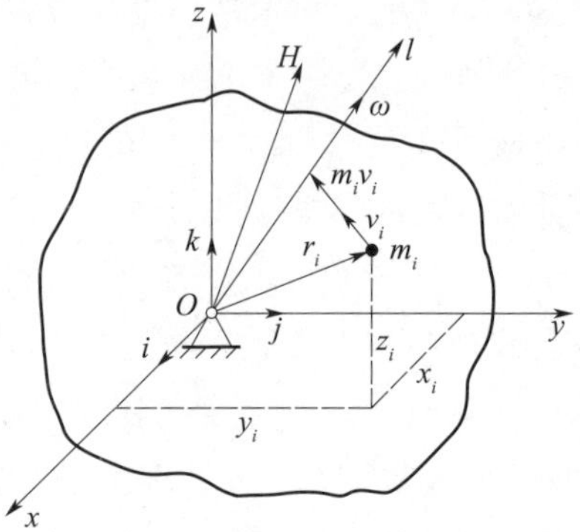

图 3-1　绕固定点转动的刚体

动量矩又称角动量，前者用于一般的定点转动，后者用于定轴转动。定点转动刚体的动量矩定义为：对于绕固定点 O 转动的刚体，刚体内所有质点的动量对 O 之矩的总和，称为刚体对该点的动量矩，用式子表述就是

$$\boldsymbol{H} = \sum_i \boldsymbol{r}_i \times m_i v_i \tag{3-4}$$

或

$$\boldsymbol{H}_O = \sum_i m_i \boldsymbol{r}_i \times (\boldsymbol{\omega} \times \boldsymbol{r}_i) \tag{3-5}$$

刚体的动量矩定理：刚体对任一定点的动量矩 $\boldsymbol{H}$ 对时间的导数，即动量矩 $\boldsymbol{H}$ 的变化率，等于绕同一点作用于刚体的外力矩。定点转动刚体的动量矩 $\boldsymbol{H}$ 是一个矢量，不但有大小，而且有方向。因此在外力矩 $\boldsymbol{M}$ 作用下动量矩 $\boldsymbol{H}$ 出现变化率，就意味着动量矩 $\boldsymbol{H}$ 的大小改变或者方向改变，或者两者同时改变。

3.3　陀螺基本特性

陀螺寻北系统的研究中，核心部件是惯性器件陀螺，因此有必要对陀螺及其一些重要的性质进行介绍。

陀螺就是绕回转体对称轴高速旋转的物体，普遍意义上的陀螺在人们的生活中非常常见，如高速旋转的车轮、小孩子的陀螺玩具等（见图 3-2）。回转体对称轴通常称为陀螺转子的主轴，常见的陀螺是高速旋转的转子，转子绕主轴的旋转就叫陀螺自转。把高速旋转的陀螺通过不同的手段安装，使得陀螺主轴在空间有一个或者两个转动自由度，就构成了陀螺仪，因此陀螺仪也就是这些装置的总称。其实人们所利用的是陀螺仪的两个主要特性，即进动性（见图 3-3）和定轴性。利用陀螺仪的这两个特性就可以制作一些惯性仪表，能为载体提供各种姿态信息，包括角度、角速度和角位移等。陀螺仪的出现使得导航、定位产生了划时代的变革，在航空、航天、航海、地质勘探、石油开采等诸多领域得到了应用。

图 3-2　陀螺的多种形式

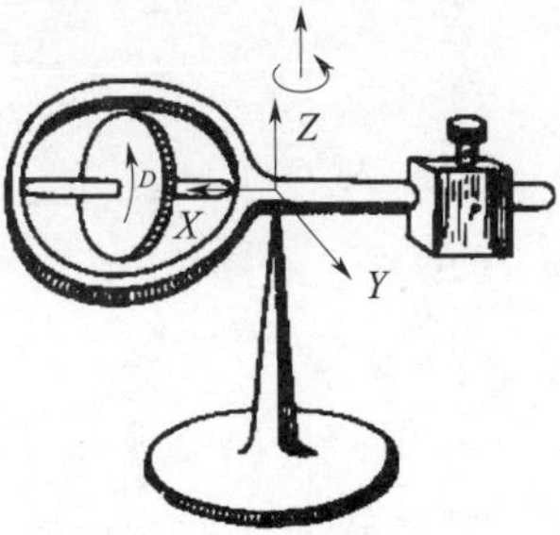

图 3-3　陀螺的进动性

3.3.1　进动性

当陀螺仪转子高速旋转（见图 3-4）X 轴具有角动量时，若在转子的一端作用一个向下的力 $\boldsymbol{F}$，使之产生沿水平轴 Y 方向的常值

力矩 M_y，看起来，主轴 X 似乎应该沿外力 $\boldsymbol{F}$ 作用方向向下运动，即绕 Y 轴转动，但实际不是这样，而是绕 Z 轴做追赶外力矩 M_y 的转动。同样，在 Y 轴方向作用一个水平外力，就会产生一个沿垂直 Y 轴方向的一个外力矩 M_z，主轴就会绕 Y 轴做追赶外力矩 M_z 的转动。总之，若外力矩沿水平轴 Y 作用，则陀螺主轴绕 Z 轴转动；如果外力矩沿垂直 Z 轴作用，则陀螺主轴绕 Y 轴转动。人们把上述这种运动就叫做陀螺仪的进动；把在外力矩作用下角动量 $\boldsymbol{H}$ 力图以最短的路径向外力矩 $\boldsymbol{M}$ 靠拢的特性就叫做陀螺仪的进动性。

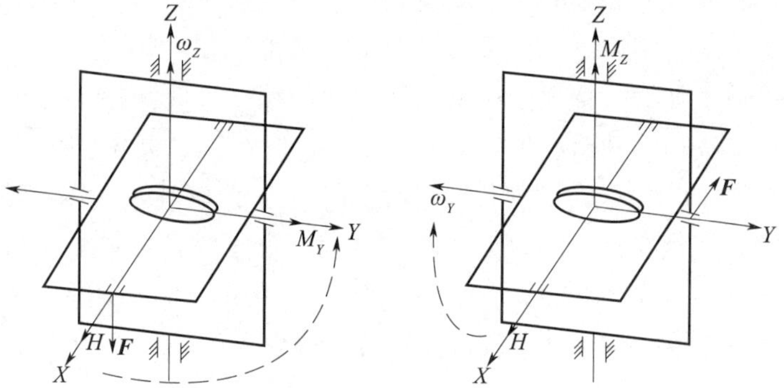

图 3-4　陀螺的进动性

若陀螺仪主轴在外力矩 $\boldsymbol{M}$ 作用下以角速度 $\boldsymbol{\omega}$ 进动时，角动量向量 $\boldsymbol{H}$ 的端点线速度为

$$\boldsymbol{v}=\boldsymbol{\omega}\times\boldsymbol{H}$$

根据动量矩定理，角动量 $\boldsymbol{H}$ 矢端线速度 $\boldsymbol{v}$ 应等于所加的外力矩 $\boldsymbol{M}$，表达式为

$$\boldsymbol{M}=\boldsymbol{\omega}\times\boldsymbol{H}$$

如果三者相互垂直，公式可写为

$$\boldsymbol{M}=\boldsymbol{\omega}\cdot\boldsymbol{H}$$

也即

$$\omega_Z=\frac{M_Y}{H}$$

$$\omega_Y = \frac{-M_Z}{H}$$

由此可知，陀螺仪在外力矩的作用下，其主轴要产生进动，进动方向用右手法则来确定，进动角速度的大小与外力矩成正比，与角动量成反比。其中，只有与角动量 $\boldsymbol{H}$ 相垂直的外力矩分量才能引起陀螺仪的进动，而且外力矩加到陀螺仪的瞬间陀螺仪就立刻出现进动，在外力矩去除的瞬间陀螺仪的进动就立刻停止，因此，可以认为陀螺仪的进动是“没有惯性”的。陀螺仪的进动性是建立在牛顿定律的基础上的，因此，在外力矩作用下陀螺仪角动量的变化率是相对惯性空间的变化率，因而陀螺仪主轴的进动是相对惯性空间而言的，是绝对运动。

3.3.2　定轴性

当陀螺转子高速旋转具有角动量时，如果没有外力矩作用，不管底座如何倾斜或摇摆，其主轴将始终保持原来的方向不变，这一特性就叫陀螺的定轴性。即使突然撞击，也可以理解为给陀螺一个脉冲力矩，主轴也仍然保持在原来的空间方位，这就是陀螺仪的章动。陀螺仪的这种抗冲击能力就是陀螺仪的稳定性。对陀螺仪的定轴性用动量矩定理可以理解为，如果作用在陀螺仪上的外力矩为零，则角动量末端的速度也为零。

由此可知，角动量在惯性空间既不改变大小也不改变方向。因为角动量方向与陀螺仪的主轴保持一致，所以，如果主轴始终指向空间某一方向，那么以后将始终指向该方向，这就是陀螺具有定轴性的原因。用动量矩定理分析，同样也可以明确它的稳定性。

由于力矩 $\boldsymbol{M}$ 是脉冲的作用，$\mathrm{d}t$ 趋近于零，因此 $\mathrm{d}\boldsymbol{H}$ 也趋近于零，说明角动量无明显变化，也就是陀螺仪主轴会保持原来的方向不变。通过实验发现角动量越大，陀螺的稳定性越好。这也是由陀螺为主要元件的惯性寻北设备有较好稳定性的主要原因。

3.3.3 陀螺仪的视运动

由于陀螺仪的主轴相对于惯性空间保持方位不变，而地球以其自转角速度相对于惯性空间转动，因此就会出现陀螺仪主轴相对地球的转动，而观察者以地球作为参照物所看到的这种运动现象就是陀螺仪的视运动。

如果在地球北极处安放一台自由陀螺仪，并使其主轴处于水平位置，外环处于垂直位置，见图 3-5，站在地球上的人俯视陀螺仪时，将会看到陀螺仪主轴在水平面内相对地球作顺时针方向转动，每昼夜转动一周，转动角速度的大小就是地球处转的角速度 a，方向与地球转动方向相反。这其实就是陀螺仪的视运动。通常情况下，陀螺仪主轴与当地水平面的夹角称为陀螺仪主轴的高度角，陀螺仪主轴与当地水平面内某一基线（通常为子午线）的夹角，叫陀螺仪主轴的方位角。

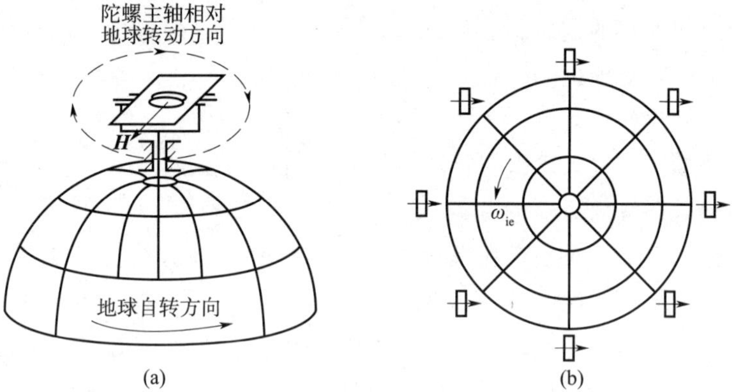

图 3-5　陀螺的视运动（北极与赤道位置）

前面所述的情况为主轴的高度角没有变化，但是方位角是变化的，视运动使方位角变化的角速度为 $-\omega_{ie}$ 。

如果将自由陀螺仪放置于地球赤道上，并使其主轴处于水平指东的位置，就会出现如图 3-5（b）所示的情况。同样也是一个昼夜转动一周，其主轴方位角不变，而高度角有变化，视运动使得高度角变化角速度为 $-\omega_{ie}$ 。

在任意纬度处如果陀螺主轴水平指北，观察者就会发现陀螺仪主轴逐渐偏离当地子午线，而绕与地球极轴相平行的轴线相对地球作顶角为 $2L$ 的圆周运动，该运动同样也是每昼夜转动一次。这时陀螺仪相对地球的视运动既有方位角的变化，又有高度角的变化（见图 3－6）。

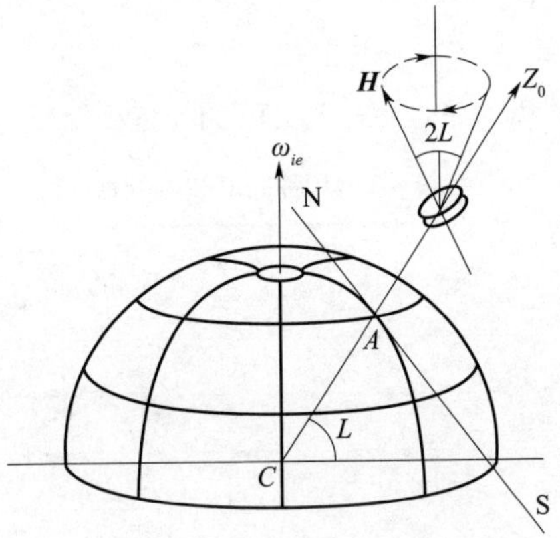

图 3－6　陀螺的视运动（任意纬度位置）

从以上分析可知，由于陀螺视运动的存在，主轴不能相对地球保持方位不变，要想使之保持不变，就必须对陀螺仪施加控制力矩，使其跟踪当地子午线或地垂线，也即陀螺仪主轴相对地球保持方位不变。

3.4　寻北用惯性器件

以惯性器件作为核心是惯性寻北系统的最大特征，其主要组成部分是陀螺仪，它是实现系统功能自主、高精度的基础，根据惯性寻北的原理，本质上各种类型的陀螺都可以集成得到陀螺寻北系统。另外，许多寻北系统由于姿态和动态性能解算的需要，还需要集成各种加速度计。

3.4.1 陀螺仪

陀螺仪是敏感角运动的一种装置，通常用于敏感一个运载体或结构的角位移（角位移式陀螺仪）和绕某根定轴旋转的角速度（速率陀螺仪）。

陀螺仪是寻北仪的核心器件，陀螺仪种类多，原理、性能各异，目前陀螺仪主要有挠性陀螺仪、动力调谐陀螺仪、液浮陀螺仪、磁悬浮陀螺仪、静电陀螺仪等常规陀螺仪，以及近年发展起来的光纤陀螺仪、激光陀螺仪等光学陀螺仪。

表 3－2 是对几种陀螺仪进行的简单比较。

表 3－2　几种陀螺仪的比较

种类 / 性能	液浮陀螺仪	动力调谐陀螺仪	静电陀螺仪	环形激光陀螺仪	光纤陀螺仪
价格	高	低	高	低	低
可靠性	普通	普通	普通	高	高
耐环境性	良	普通	良	优	优
动态误差	大	大	小	小	小
尺寸	小	中	中	中	中
对数字系统适应性	良	良	差	优	优
启动	慢	普通	慢	快	快
精加工要求	高	普通	高	高	无
超精组装环境要求	高	普通	高	高	无

（1）常规陀螺仪

常规陀螺仪是利用转子绕自转轴高速旋转时产生的惯性而工作的。高速旋转转子力图保持其自转轴相对惯性空间方位稳定，自转轴的方位是由转子的惯性矩和自传角速度的乘积所产生的角动量矢量所决定的，从而给出了一个参考方位。

①工作原理

常规陀螺仪的基本特征是转子绕自转轴高速旋转而具有动量矩，

使它的运动规律与一般刚体有明显的不同，这就是通常所称的陀螺特性。

下面以二自由度转子陀螺仪为例说明陀螺的基本特性。

（a）进动性

当二自由度陀螺仪的转子绕自转轴高速旋转，即具有动量矩 **H** 时，若外力矩 **M** 绕内框轴作用于陀螺仪上，则动量矩 **H** 绕外框轴相对惯性空间转动；若外力矩 **M** 绕外框轴作用于陀螺仪上，则动量矩 **H** 绕内框轴相对惯性空间转动（见图 3 - 7）。

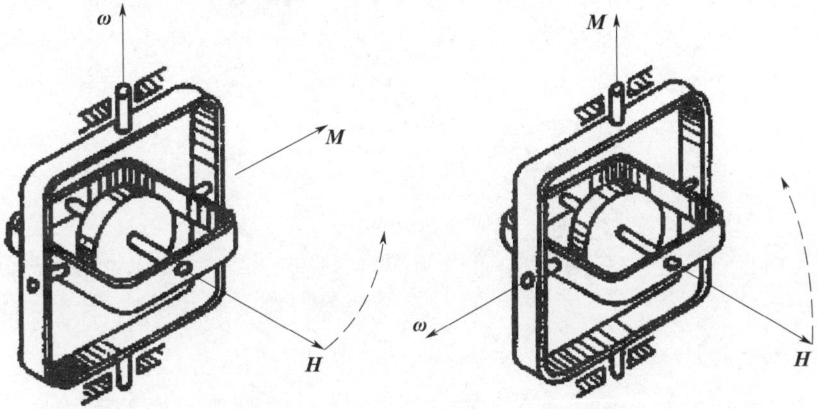

图 3 - 7　外力矩作用下陀螺仪的进动

为了同一般刚体的转动相区分，把陀螺仪绕着与外力矩矢量相垂直方向的转动叫做进动，其转动角速度叫做进动角速度。进动时陀螺仪所绕的轴叫做进动轴。进动角速度的方向，取决于动量矩 **H** 和外力矩 **M** 的方向，可以由右手定则判断：从动量矩 **H** 沿最短路径握向外力矩 **M** 的右手旋进方向，即为进动角速度的方向。

在陀螺仪上施加外力矩 **M**，会引起陀螺动量矩 **H** 相对惯性空间转动，这种特性称为陀螺仪的进动性。进动性是二自由度陀螺仪的一个基本特性。

（b）定轴性

二自由度陀螺仪的转子绕自转轴高速旋转时，如果不受外力矩作用，自转轴将相对惯性空间保持方向不变的特性，称为陀螺仪的定轴性。

当陀螺仪不受外力矩作用，即 $\boldsymbol{M}=0$ 时，根据动量矩定理，此时 $\boldsymbol{H}$ 为常数，表明陀螺动量矩 $\boldsymbol{H}$ 在惯性空间中既无大小的改变，也无方向的改变，即自转轴在惯性空间中保持原来的初始方位不变。

(c) 陀螺力矩

在陀螺进动过程中，对应外力矩存在一个与它大小相等、方向相反的反作用力矩，与外力矩同时出现、同时消失，并且作用在给陀螺施加外力矩的物体上，通常称该力矩为陀螺反作用力矩，简称陀螺力矩。陀螺外环同时受到外力矩和陀螺力矩的作用，二者大小相等，方向相反，从而使外环处于平衡状态，相对惯性空间保持方位稳定。陀螺力矩所产生的这种外环稳定效应，称为陀螺动力稳定效应，简称陀螺动力效应。

当陀螺基座绕垂直于自转轴的方向转动时，轴承带动自转轴改变方向，强迫转子进动。强迫进动所产生的陀螺力矩，将导致自转轴两端轴承产生附加压力，压力过大时，会造成转轴弯曲或轴承损坏。

②挠性陀螺仪

在刚体转子式陀螺的发展与演化过程中，如何实现无摩擦支承始终是人们追求的目标。各种悬浮技术如液浮、磁悬浮、气浮和静电悬浮，可以使活动部件与固定部件避免接触，这可以说是一种传统的实现无摩擦支承的途径。挠性陀螺在消除支承干摩擦的方法上，代表了一条崭新的技术途径。它用一种柔软的弹性支承，即所谓的挠性支承取代了传统的铰链支承方式，通过自身的变形来给陀螺转子提供所需的转动自由度，因此避免了干摩擦。

按照挠性支承的具体形式和补偿弹性力矩的方法，挠性陀螺分为细颈式和动力调谐式两种类型。

细颈式挠性陀螺的支承原理见图 3－8。驱动轴下端与驱动电机相连，上端与陀螺转子相连。当驱动电机转动时，便通过驱动轴带着转子一起旋转，产生需要的自转角动量。在驱动轴靠近转子的一端加工出一个细颈部位，由于细颈具有柔软和容易弯曲的性质，它不仅起着传递动力矩带动转子旋转的作用，同时给转子提供了绕两个正交轴的转动自由度，构成了二自由度陀螺仪。细颈部位在驱动轴和转子中间起着柔性联接作用，称为挠性接头。当基座绕某一正交轴相对惯性空间发生偏转时，若无其他干扰力矩，陀螺角动量 $\boldsymbol{H}$ 将保持其原来的方位，即显示出定轴性。

挠性支承是一种弹性元件，那么在它弯曲变形时必然产生一个弹性恢复力矩作用在转子上使之产生进动，从而破坏了陀螺对惯性空间的定轴。如图 3-9 所示，当挠性陀螺自转轴相对驱动轴偏转一个角度时，作用在转子上的弹性力矩的矢量方向垂直于自转轴的偏离平面，它使自转轴进动，离开原先的偏离平面，并形成新的偏离平面。

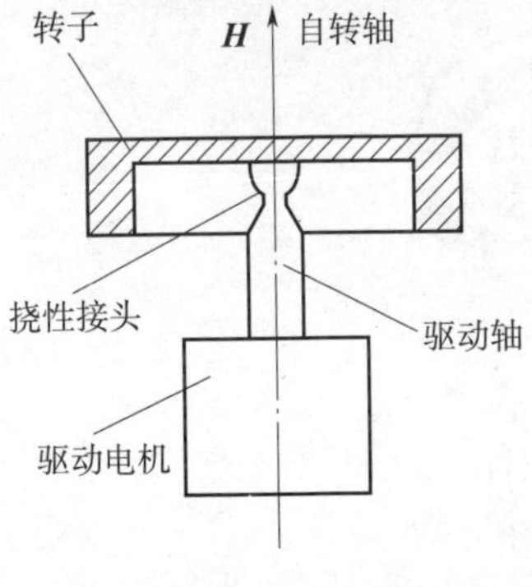

图 3-8　细颈式挠性陀螺支撑原理图

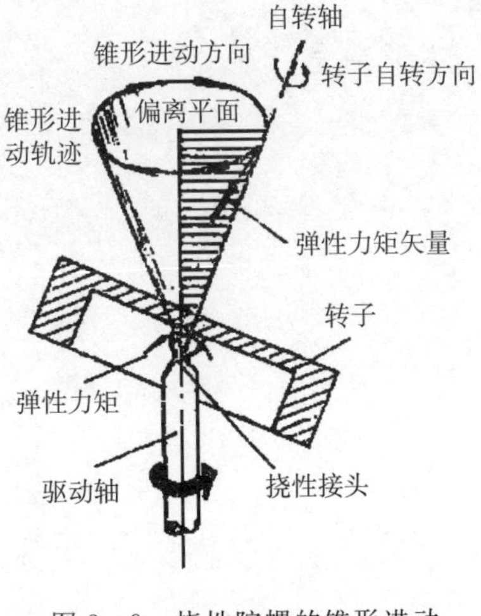

图 3-9　挠性陀螺的锥形进动

用挠性支承取代传统的框架铰链式支承，从原理上讲避免了干摩擦，但同时带来了挠性支承本身所固有的弹性约束。对这种弹性约束如果不加以补偿，则只要自转轴与驱动轴存在相对偏角，陀螺便进入锥形进动而不能保持空间方位稳定。因此，设法消除支承弹性约束的影响，是挠性陀螺正常工作的前提。

按照挠性支承的具体形式和补偿弹性力矩的方法，挠性陀螺分为细颈式和动力调谐式两种类型。细颈式挠性陀螺研制时间较早，但尚未投入批量生产便出现了更为新颖的动力调谐挠性陀螺。

20 世纪 60 年代后期至 70 年代，动力调谐陀螺迅速发展，并在航空、航海和航天器的惯导系统中得到了广泛的应用。对比之下，人们常称液浮陀螺为湿性陀螺，而称动力调谐陀螺为干式陀螺，并将后者作为第二代惯性级精密陀螺的主要代表。

在动力调谐挠性陀螺中，驱动轴与转子之间的挠性接头不再是一个简单的细颈，而是由两对相互垂直的扭杆和一个平衡环组成。一对共轴线的内扭杆把驱动轴与平衡环联接起来，另一对共轴线的外扭杆又把平衡环和转子联接起来（见图 3－10）。内扭杆轴线与驱动轴轴线相互垂直，外扭杆轴线与内扭杆轴线相互垂直。理想状况下这三根轴线相交于一点，该点称为挠性支承中心。

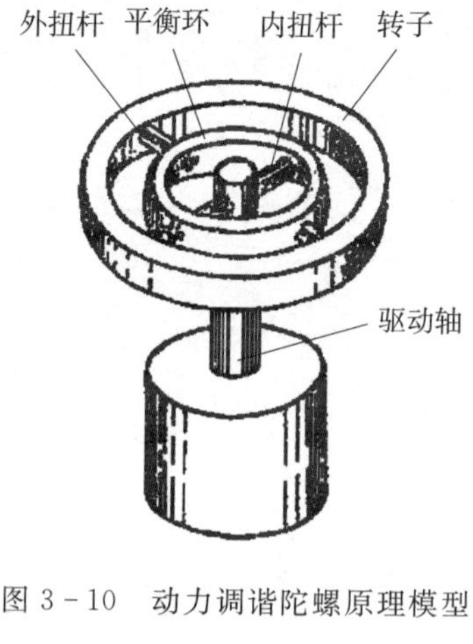

图 3－10　动力调谐陀螺原理模型

动力调谐陀螺仪由驱动电机、挠性接头、陀螺转子、信号器、力矩器和壳体等组成。信号器用来检测壳体相对转子自转轴的偏角，提供陀螺仪的输出信号，一般采用电感式或电容式信号器；力矩器用来对陀螺转子施加控制力矩，使转子进动或保持稳定方位，一般采用永磁式力矩器或涡流杯式力矩器；驱动电机采用磁滞同步电机或磁同步电机，电机的驱动轴通过一对滚珠轴承安装在壳体上。驱动轴的一端通过挠性接头与陀螺转子相连，另一端与驱动电机转子相连，使驱动电机不再是陀螺转子的一部分，而是驱动轴的一部分。挠性接头是由互相垂直的内、外扭杆和平衡环组成，见图 3－11。

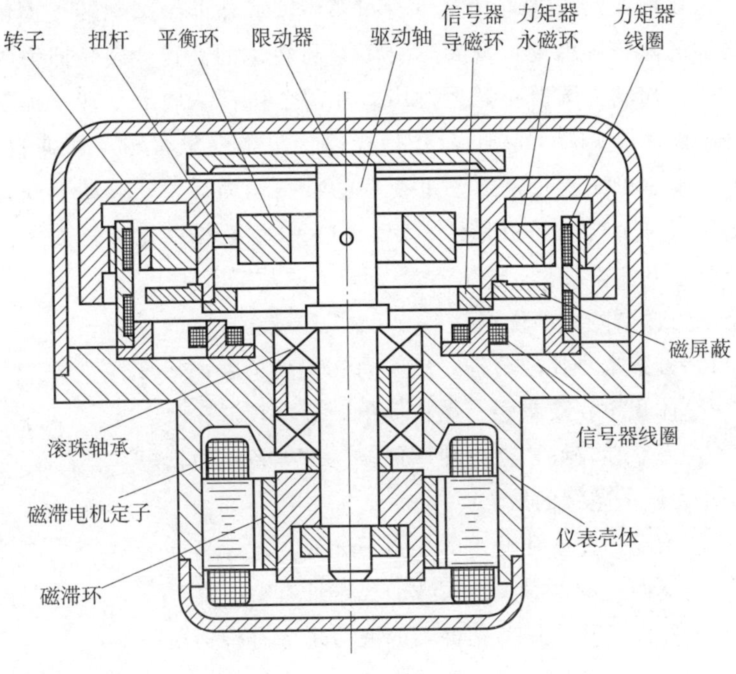

图 3－11　动力调谐挠性陀螺结构图

图 3－11 中一对共轴线的内扭杆与驱动轴及平衡环固连，另一对共轴线的外扭杆与平衡环及陀螺转子固连。内扭杆轴线垂直于驱动轴轴线，外扭杆轴线垂直于内扭杆轴线，并且内、外扭杆轴线与驱动轴轴线相交于一点。

当驱动电机使驱动轴旋转时，驱动轴通过内扭杆带动平衡环旋转，平衡环再通过外扭杆带动陀螺转子旋转。当陀螺转子绕内扭杆轴线有转角时，陀螺转子通过外扭杆带动平衡环一起绕内扭杆轴线偏转，内扭杆将产生扭转弹性形变。但陀螺转子绕外扭杆轴线有转角时，则不会带动平衡环绕外扭杆轴线偏转，而仅是外扭杆产生扭转弹性形变。由此可见，由内外扭杆和平衡环组成的挠性接头，一方面起着支承陀螺转子的作用，另一方面又提供了陀螺转子所需要的转动自由度。

常规框架式陀螺通过内环轴和外环轴从外部给陀螺转子提供绕正交轴的两个自由度，框架本身不参与转子的高速旋转，即为外支承形式。而动力调谐陀螺通过内、外两个扭杆从内部给转子提供绕正交轴的两个转动自由度，并且挠性接头本身也参与了高速自转，即为内支承形式。正是由于平衡环的特殊运动规律，给动力调谐陀螺提供了一个可调的负弹性力矩，用来补偿扭杆的正弹性力矩。通过调整达到完全补偿，这正是动力调谐的关键所在。

动力调谐陀螺的优点：

1）方案本身比较合理，较容易实现高精度；

2）体积小、质量轻、结构简单、成本较低；

3）可靠性较好，耗电功率低，工作准备时间较短。

动力调谐陀螺的缺点：

1）承受加速度和冲击的能力不如液浮陀螺高；

2）挠性支承本身弹性系数的稳定性有待提高；

3）挠性支承在振荡条件下的疲劳寿命有待提高；

4）温度梯度对漂移的影响有待进一步解决。

③液浮陀螺仪

液浮陀螺又称浮子陀螺，它由内框架（内环）和转子形成密封球形或圆柱形的浮子组件，转子在浮子组件内高速旋转，浮子组件与壳体间充以浮液，用以产生所需要的浮力和阻尼。单自由度液浮陀螺见图 3－12。

图 3－12 中，陀螺电机安装在浮子形状的内框架内，转子绕自转轴 z 高速旋转。浮子通过支承装置安装在壳体内。浮子与壳体间充满了浮液。浮子绕输出轴 x 相对壳体有转动自由度。浮子的一端

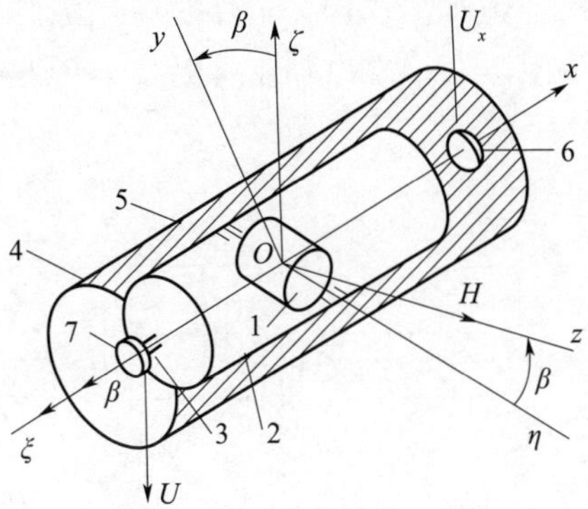

图 3-12　单自由度液浮陀螺

1—陀螺电机；2—内框架；3—支承装置；
4—壳体；5—浮液；6—信号器；7—力矩器

安装有力矩器，另一端安装有信号器。

液浮陀螺具有四个关键性的问题。

(a) 浮子组件的静平衡

控制浮子组件的质量（或者浮液的密度），使之与同体积的浮液质量相等；同时控制浮子组件的质量分布和体积分布，从而使质心和浮心重合。实现液浮陀螺浮子组件的静平衡，首先依靠合理的结构设计。组装好浮子组件后，先在空气中进行粗平衡，然后再在浮液中进行精平衡。平衡的重要方法是增减专门的配重质量及改变配重的分布位置。

(b) 阻尼力矩

浮液的作用一是产生浮力，二是产生阻尼力矩，然后才是提高抗振性，减小轴承的摩擦力矩。当液浮陀螺浮子组件绕输出轴相对壳体有角速度时，将受到反向阻尼力矩的作用。

(c) 宝石轴承

液浮陀螺宝石轴承径向支承由轴尖和轴承座组成，轴向止推支承由轴尖和顶座组成，见图 3-13。宝石轴承座由玛瑙或红宝石制成，其孔径较小，轴尖常用碳化钨等材料制成。宝石轴承中存在一定大小的间隙是保证正常工作的必需条件。轴尖与轴座的间隙为几微米至十几微米，间隙太小难以加工并且安装困难，间隙太大又影响定轴精度。

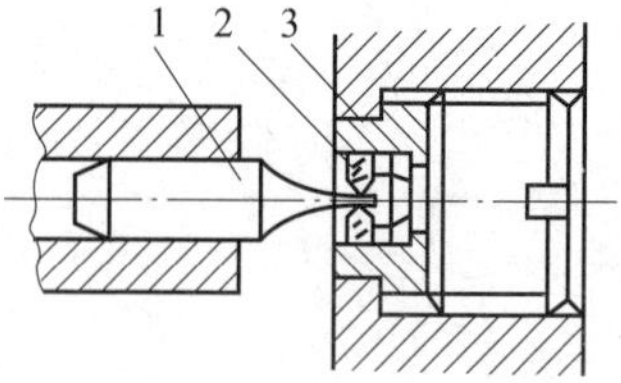

图 3 - 13　宝石轴承示意图

1—轴尖；2—轴承座；3—顶座

（d）磁悬浮定中心

为了提高液浮陀螺精度，在采用宝石轴承的同时，增加了磁悬浮轴承，使陀螺浮子定轴心，以改变输出轴支承的质量。引入磁悬浮的目的，就是在全浮的基础上进一步增加浮子组件的悬浮刚度，以保证轴尖始终处于轴承的中心位置，两者处于无接触状态。磁悬浮定中心系统分为有源和无源两种，前者的悬浮刚度比后者高很多倍。良好的磁悬浮系统使陀螺输出轴的干扰力矩比单纯用宝石轴承小一个数量级。

④磁悬浮陀螺仪

根据悬浮转子的悬浮机理，悬浮转子微陀螺分为静电悬浮陀螺和磁悬浮陀螺两种。静电陀螺能够获得非常高的精度，但是存在加工成本高、静电支撑需要高电压等缺点。而磁悬浮陀螺由于其结构简单、成本低等优点，理论上又可以获得较高的精度，逐渐被人们所重视。1995 年，英国谢菲尔德大学的希尔伍德（Shearwood）等人提出了一种利用高频下铝转子产生的感应涡流与线圈磁场相互作用，产生电磁力将转子悬浮的磁悬浮转子陀螺。这种系统由于涡流生热、粘滞转矩大及开环侧向刚度低等原因限制了发展。2001 年，上海交通大学提出了一种将旋转、稳定和悬浮三种线圈分开，应用闭环控制的新结构磁悬浮微陀螺，但其悬浮原理与希尔伍德等人设计的陀螺悬浮原理类似，也没有能够得到进一步的发展。2004 年，道沃尔特（Dauwalter）和查尔斯（Charles）等提出了一种基于变磁阻马达驱动的磁悬浮转子陀螺实验装置，该陀螺能够满足捷联式导航的要求，根据磁悬浮陀螺仪的原理，利用微细加工的方法制作出尺寸在几十毫米量级的磁悬浮陀螺模型。磁悬浮陀螺仪的结构及悬浮薄片和悬浮磁芯见图 3 - 14 和图 3 - 15。

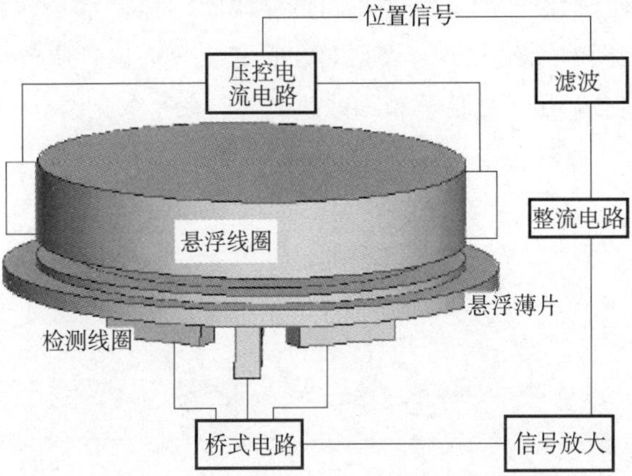

图 3 - 14　磁悬浮陀螺仪的结构示意图

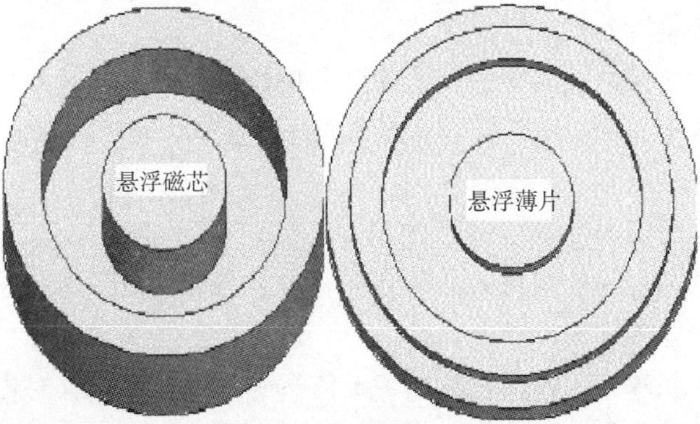

图 3 - 15　悬浮薄片和悬浮磁芯的俯视图

磁悬浮系统为了满足磁悬浮陀螺的需求，悬浮体为质量很小的平面转子。在单独的悬浮实验中，可利用同等质量的圆形薄片取代平面转子，以减小微细加工的难度。圆形薄片由高磁导率的软磁材料制成，薄片上方设计有扁平圆柱和圆环形的凸起，与悬浮磁芯的凸极相匹配，能有效遏制转子的左右偏移，增大了悬浮刚度。转子薄片下方的固定装置中设计有三个相间 120°的长方体小孔，用于紧配三个检测线圈。检测线圈悬浮薄片和悬浮线圈均保持水平，以保证上下固定装置之间的气隙大小一致。上方固定装置的位置调节设计成粗调和微调相结合，用于方便而精细地改变气隙大小（见图 3－16）。

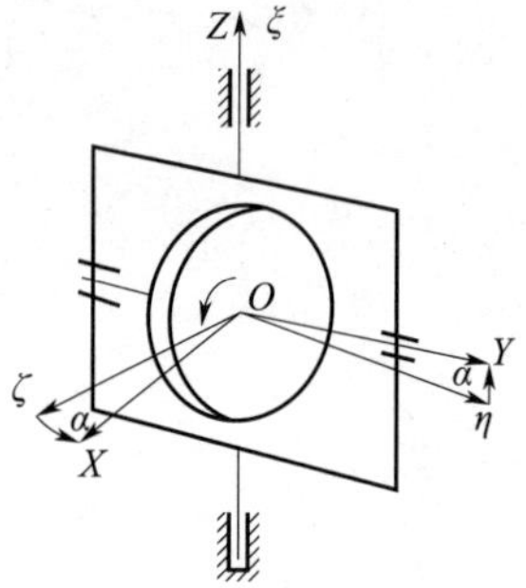

图 3－16　磁悬浮陀螺简化力学模型

⑤静电陀螺仪

静电陀螺解决问题的基本途径，仍然是依靠悬浮技术来避免支承引起的干扰力矩，但在具体方案的改革上要比液浮陀螺彻底得多，因而也先进得多。

静电陀螺的基本结构见图 3－17。中心部分是球形转子和带有球面电机的陶瓷壳体组件，此外还有光电传感器、离子泵、起动线圈和定中线圈等部件。

静电陀螺仪工作时，球形转子依靠静电力悬浮在真空电极球腔内高速旋转，旋转主轴相对壳体的转角由非接触式光电传感器或质量不平衡调制信号测量。因此，在理想条件下，静电陀螺仪转子不受任何外力矩作用，完全在自由状态工作，其动量矩主轴将在惯性

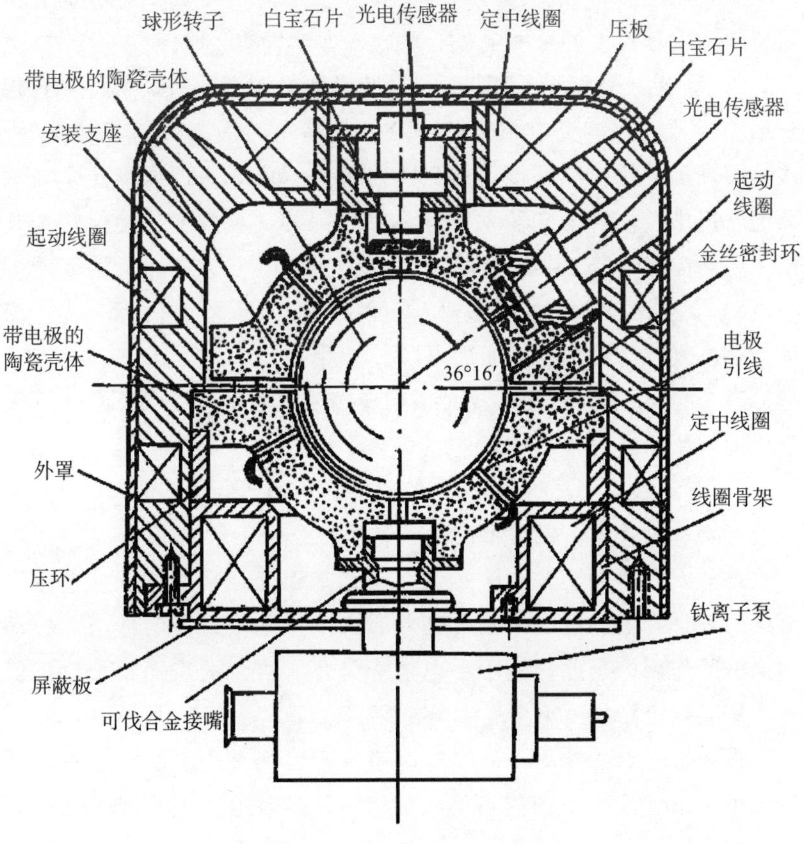

图 3 - 17　静电陀螺结构示意图

空间保持永远不动。这相当于在仪器舱内建造了一颗人工恒星，可作为精密导航与定位的参照物。这正是机电式陀螺仪追求的最高境界。

为了实现这种理想工作状态，静电陀螺仪的各个主要组成部件应满足下列条件。

1）球形转子：转子材料必须是高刚度、高稳定、低密度的导电金属，质量分布必须均匀、轴对称，外球面在旋转状态应是理想的圆球，质心与外球面几何中心重合。

2）电极壳体：电极壳体必须是高稳定、高导热、不导电的非金属材料，内球面上的金属电极应形成一个理想的圆球。

3）静电支承系统：静电支承系统是静电陀螺的关键部件，它将球形转子悬浮在陶瓷电极腔的中心，保持不与周围任何机械接触，这是实现静电陀螺高精度的基础。静电支承力只通过球形转子外球面的几何中心，静电支承系统应具有无限的支承刚度，确保转子几何中心与电极球腔中心重合。

4）真空维持系统：电极-转子间隙中应具有极高的真空度，保证无剩余气体对转子产生作用力。

5）测角系统：测角系统必须是非接触式测量，以保证对转子无干扰力，测角精度越高越好。

6）定子线圈与磁屏蔽罩：转子起动后，应既无剩磁、又无外部杂散磁场进入转子，保证不产生磁场干扰力。

此外，为了保证静电陀螺仪在动态基础上正常运行，静电支承系统必须具有足够的支承力和通频带，能够承受载体的冲击和振动加速度的作用。为此，转子和电极必须具有极佳的表面粗糙度，保证在极高的电场强度下不发生电击穿。

在正常支承条件下，静电支承系统刚度很高，限制转子在电极球腔中心附近的小范围内运动。这时，三轴静电支承系统可以解耦为三个相同的单轴支承系统。可以把单轴支承系统想象为将球形转子悬挂在电极壳体中的电弹簧，也可以把它看做是具有有限刚度的球轴承。静电陀螺力学模型是一个三自由度的质量-弹簧系统，见图3-18。换言之，球形转子依靠静电支承系统稳定地悬浮在电极腔内，无论陀螺壳体如何随同载体一起运动，都能保持与电极无机械接触。因此，静电陀螺具有极高的精度。

（2）光学陀螺仪

如果把常规陀螺称为机械陀螺或机电陀螺，那么利用光学原理，采用光、电元器件构成的陀螺就可称为光学陀螺了。光学陀螺仪使用干涉仪或者相互干涉的方法来敏感角速率。事实上，光学陀螺仪

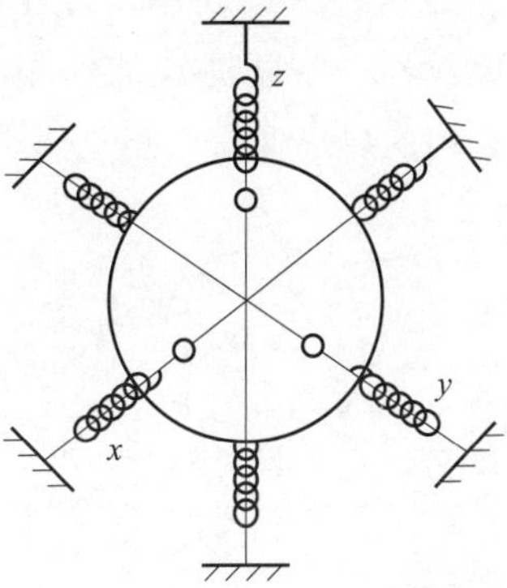

图 3-18　静电陀螺力学模型

可认为是使用电磁辐射作为惯性元件的一类传感器。

①工作原理

光学陀螺仪依赖于检测闭环光路中两个反向传播的光速之间的有效光程差。光学陀螺仪的基本原理是 Sagnac 效应，即当光速在一个闭环的通道中前进时，如果通道本身具有一个转动速度，那么光线沿着通道转动的方向前进所需要的时间要比沿着与通道转动相反的方向前进所需要的时间要多。也就是说当光学环路转动时，在不同的前进方向上，光学环路的光程相对于环路在静止时的光程都会产生变化。

②光纤陀螺仪

光纤陀螺是典型的相位调制型（频率调制）光纤传感器，基本出发点是 Sagnac 效应，与传统的陀螺相比，它内部没有机械旋转元件，工作启动时间短，稳定性好，寿命长，动态范围宽，质量轻，易于微型化，保持着较高的性价比。

光纤陀螺仪结构设计的最重要原则是保持其互易性。所谓互易性是指除输入速率和人为偏置所产生的非互易相移外，沿系统光路相反方向传播的两束光之间不存在其他任何形式的相位差异。在非理想情况下，保证光纤陀螺互易工作的最简单结构通常称为光纤陀螺仪的最简结构。见图 3-19，它是由光源、光源分束器、偏振器、空间滤波器、线圈分束器、相位调制器、光检测器和光纤线圈等组成。其中，分束器、偏振器、空间滤波器和相位调制器是保证互易工作的核心部分，对它们的要求非常严格。

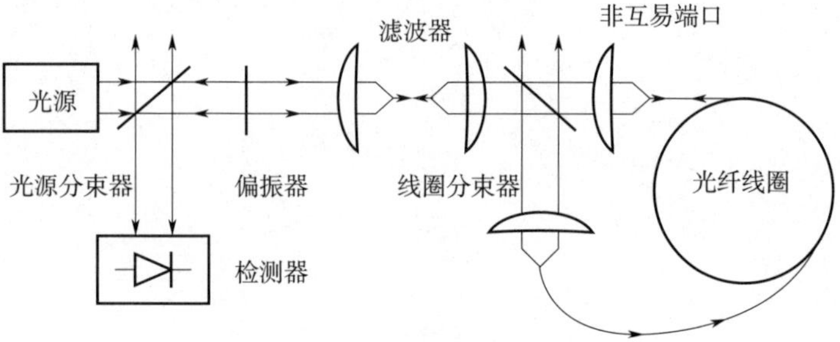

图 3－19　光纤陀螺仪的最简结构

光纤陀螺按原理可以分为干涉式光纤陀螺（I－FOG）、谐振腔式光纤陀螺（R－FOG）、受激布里渊散射光纤陀螺（SBS－FOG）、锁模光纤陀螺及 Fabry－Perot 光纤陀螺；按结构可分为开环光纤陀螺和闭环光纤陀螺两类；从相位解调方式来看，分为相位差偏置式光纤陀螺、光外差式光纤陀螺及延时调制式光纤陀螺。

目前工程上大量应用的是干涉式光学陀螺。干涉式光纤陀螺的测量原理是将角速度的测量转化为相位差，再通过相位解调技术，把光相位的测量转化为光强度测量，这样就能比较方便地测量出 Sagnac 相位变化。

干涉式光纤陀螺又可分为开环和闭环两种类型。开环式干涉型光纤陀螺直接检测干涉后的 Sagnac 相移，主要用作角速度传感器。这种光纤陀螺结构简单，价格便宜，但是线性度差，动态范围小。闭环式干涉型光纤陀螺利用反馈回路由相位调制器引入与 Sagnac 相移等值反向的非互易相移，是一种较精密且复杂的光纤陀螺。在许多大角速度应用场合，同时要求在接近于 0 的低速下工作，且要求很高的精度，要求标度因数具有很好的稳定性线性度和不依赖于返回光光强的特性，这些要求可通过闭环信号处理方法来实现，常用的技术有相位调零和频率调零。

干涉型光学陀螺的关键技术有光源技术、保偏光纤技术、集成 Y 波导技术。

(a) 光源技术

采用宽谱光源是干涉型光纤陀螺技术取得突破的关键。光纤陀螺最初是采用激光器作为光源，但后来由于发现激光的长相干特性对光纤陀螺的噪声非常有害，所以开始向宽谱光源过渡。干涉型光纤陀螺光源还应具有高的输出功率。高输出功率可使光纤陀螺在高速旋转下具有高的精度和敏感性。

(b) 保偏光纤技术

根据光路采用的不同光纤，或者说根据光纤中偏振模式的不同，把干涉型光纤陀螺分为消偏型和保偏型两大类。消偏型的光纤陀螺使用单模光纤，在光纤中两种偏振模式是简并的。由于进入光纤环中的两束光波的偏振态不同，折射率也不完全相同，因此会产生寄生相位差。在保偏型光纤陀螺中，采用具有强双折射的保偏光纤，使得光学系统的偏振态维持一定，这样可以减少模式间的干扰误差。干涉型光纤陀螺一般采用单模保偏光纤绕制光纤环，配合宽谱光源，大大减少了偏振串扰带来的非互易，降低了对偏振控制和偏振器消光比的要求。保偏光纤的主要用途是制作传感光纤环，光纤环采用的保偏光纤的损耗特性、均匀特性、保偏特性、温度特性是关系到干涉型光纤陀螺精度的主要参数。

(c) 集成 Y 波导技术

集成 Y 波导是实现数字互易性偏置调制的关键器件，同时提供了高性能的偏振器。由于采取半导体器件制作，该技术工艺成熟，工作特性稳定。

③激光陀螺仪

激光陀螺的实体是三角形或正方形的充满气体的腔体，在其中传播相向运动的受激光波。激光陀螺主要结构包括环形激光器、偏频组件、程长控制组件、信号读出系统、逻辑电路、电源组件及安装结构和电磁屏蔽罩等，见图 3 - 20。

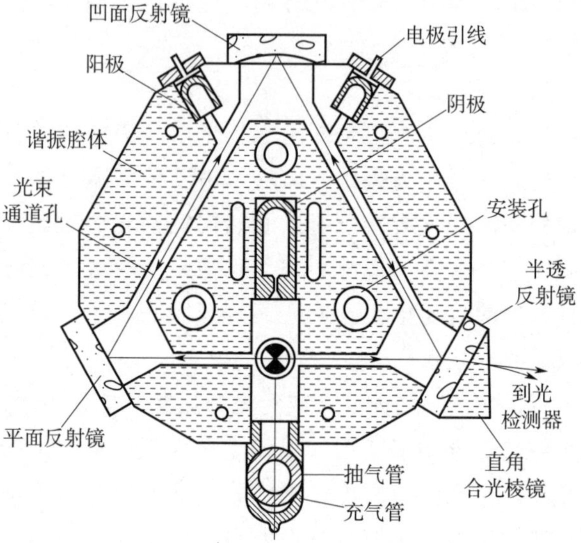

图 3 - 20　激光陀螺结构图

激光陀螺的工作原理基于 Sagnac 效应。激光陀螺以双向行波激光器为核心，依靠环形行波激光振荡器对惯性角速度进行感测。环形激光器的行波谐振腔通常由三面或四面高质量的高反射率反射镜构成。反射镜的几何位置保证行波模式能自再现地重复运行于环形光路内（见图 3 - 21）。

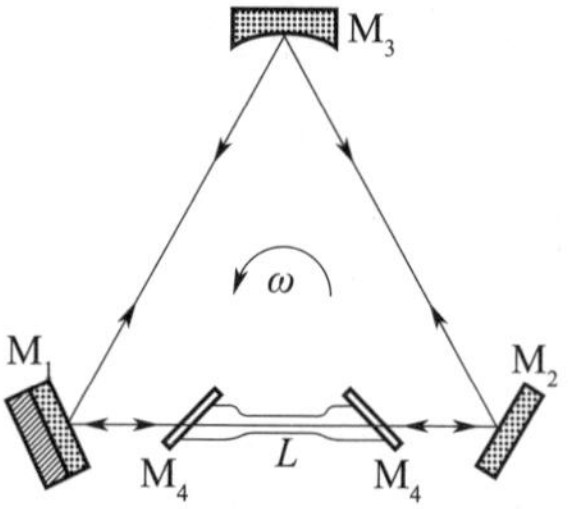

图 3 - 21　环形激光器工作原理图

根据行波谐振腔理论，环形腔内沿相反方向传播的两束行波的谐振频率必须满足

$$\begin{cases} \upsilon_{\mathrm{CW}} = qc/L_{\mathrm{CW}} \\ \upsilon_{\mathrm{CCW}} = qc/L_{\mathrm{CCW}} \end{cases} \tag{3-6}$$

式中，$q = L/\lambda$ 为整数，称为行波纵模阶次。波长 λ 是行波谐振腔程长的函数，只有满足 $\lambda = L/q$，即正好程长 L 是其整数倍的那些波长才能形成谐振。L_{CW}、L_{CCW} 分别是顺、逆时针光波对应的环形行波谐振腔的光程长度。

频率将随光程长度的微小变化而变化，其变化率为

$$\begin{aligned} \Delta\upsilon/\upsilon &= -\Delta L/L \\ \Delta\upsilon &= -\upsilon \cdot \Delta L/L \\ \Delta\upsilon &= -c \cdot \Delta L/\lambda L \end{aligned} \tag{3-7}$$

因此环形行波振荡器正反向行波间的频率差为

$$\Delta\upsilon = \upsilon_{\mathrm{CCW}} - \upsilon_{\mathrm{CW}} = \frac{4A}{\lambda L}\Omega \tag{3-8}$$

式中　λ——光腔内的光波长；

$\frac{4A}{\lambda L}$——比例因子。

对式（3-8）求时间积分，可以得到时间 t 内正、反向行波频率差所累积的周期数为

$$N = \int_0^t \Delta\upsilon \mathrm{d}t = \frac{4A}{\lambda L}\int_0^t \Omega \mathrm{d}t = \frac{4A}{\lambda L}\theta \tag{3-9}$$

式中　$\theta = \int_0^t \Omega \mathrm{d}t$——$t$ 时间内环形腔相对于惯性空间的总转角。

式（3-8）和式（3-9）是激光陀螺的原理公式。可以利用光学拍频法检测出频差和脉冲数 N，进而求出每一瞬时时刻的转速和转动角度。

环形激光器是激光陀螺的核心部件，激光陀螺的性能主要取决于环形激光器。所有激光器中，只有环形行激光器才可能由 Sagnac

效应产生反映角速度的差频信号。环形激光器必须具有稳定谐振腔型，所谓稳定腔即为能确保一个以上模式的光线在该腔内经过无数次周而复始的运行后也不偏离腔体轴线而横向逸出的光学谐振腔。用于激光陀螺的环形激光器必须满足三个基本条件：

1）必须在环形激光器内维持成对相向的行波模；

2）相向行波模对应于单横模和单纵模运转；

3）环形激光器的工作波长应有利于光电探测。

激光陀螺存在闭锁、比例因子、零偏和随机噪声等误差因素。当输入角速度的绝对值小于一定值时，激光陀螺输出的拍频为0，这种现象称为闭锁。闭锁效应使激光陀螺无法满足低转速的测量要求，为此，人们采取了几种不同的措施来消除闭锁：

1）机械抖动偏频：利用交变的机械抖动使陀螺大部分时间在锁区外工作，从而大大减小了闭锁误差。机械抖动激光陀螺（简称机抖陀螺）是目前国际上应用最广泛的激光陀螺。

2）磁镜偏频：利用等效于转动的磁光效应进行交变偏频。这种陀螺上没有类似机抖陀螺抖动机构的活动部件，抗冲击能力强，但是精度相对较差。

3）速率偏频：利用速度稳定性较高的机械转动来实现偏频。由于不过锁区或很少过锁区，这种方案下陀螺可以达到较高的精度，但是由于偏频量的限制，通常输入角速度范围相对较小，体积也相对较大。

4）四频差动激光陀螺：环形腔内运行着两对顺、逆方向的激光，分别构成两个单陀螺，通过水晶片和法拉第室相结合，使它们获得相同的偏频，同时输入角速度引起的拍频符号相反，这样把二者的拍频相减便得到陀螺的输入角速度。四频差动激光陀螺在原理上非常先进，但是工程实现难度相对较大。

目前国内广泛应用的激光陀螺主要是机抖陀螺和四频差动陀螺。国内有些单位对速率偏频激光陀螺进行了研究，但是尚未有相应的实用系统。

激光陀螺的比例因子误差较小，通常小于 10×10^{-6}，因此对一般的系统，比例因子的误差可忽略。当输入角速度为 0 时，激光陀螺输出的拍频不为 0，此时拍频的值称为零偏。由于零偏受温度等因素的影响而发生变化，因此有效消除零偏变化的影响是激光陀螺应用的一个重要课题。随机噪声是指激光陀螺的输出信号绕真值附近的随机波动，又称为随机误差，是衡量激光陀螺性能的一个重要指标。激光陀螺随机误差通常情况下可用零偏残差、随机游走和采样噪声三项表示。

3.4.2　加速度计

加速度计是惯性导航、惯性制导和控制检测设备的重要测量元件。无论是惯性导航还是惯性制导都是利用加速度计敏感这一特性来测量载体的运动加速度。目前，加速度计已广泛应用于航空、航海、航天及武器的制导和控制。

加速度计的种类有很多，包括摆式加速度计、挠性加速度计、电磁加速度计、静电加速度计、振梁式加速度计等。近代激光、光纤传感等新技术以及不断出现的新型材料的应用给光学加速度计的发展提供了有利条件，出现了多种实用的光纤加速度计。随着微电子学和微制造技术的发展，硅基材料被越来越多地用于制造传感器，其中微硅机械加速度计已成为研究的热点。

部分加速度计性能指标见表 3－3。

表 3－3　部分加速度计性能指标

类型	测量范围/g	零偏稳定性/g	分辨率/g	特点
压电式	$5\sim10^5$	$10^{-4}\sim10^{-3}$	$10^{-2}\sim10^{-5}$	固有频率较高，用于冲击及振动测量、大地测量及惯性导航等
应变式	$\pm0.5\sim\pm200$	/	/	低频响应较好，固有频率低，适用于低频振动测量

续表

类型	测量范围	零偏稳定性	分辨率	特点
压阻式	$\pm 20 \sim 10^5$	/	/	灵敏度较高，便于集成化，耐冲击，易受温度影响
液浮摆式	$1 \sim \pm 15$	$10^{-6} \sim 10^{-4}$	$10^{-6} \sim 10^{-4}$	带力反馈和温控，分辨率高，成本较高，适用于惯性导航
石英挠性	$\pm 10 \sim \pm 30$	$6\times 10^{-6} \sim 5\times 10^{-5}$	$10^{-6} \sim 10^{-5}$	高可靠、高稳定、高分辨率，成本较高，适用于惯性导航、运载武器制导及微重力测量
振梁式	$\pm 20 \sim 1\ 200$	$2.5\times 10^{-4} \sim 10^{-3}$	/	体积小，质量轻，成本低，可靠性好，适用于战术导弹等制导
三轴磁悬浮式	/	x，y 轴 5×10^{-7} z 轴 2×10^{-6}	/	磁悬浮使摩擦小，零偏好，结构复杂，成本高，适用于高精度重力测量，惯性导航
微机电式	$\pm 1 \sim \pm 10^5$	$10^{-6} \sim 10$	$10^{-6} \sim 10^{-3}$	尺寸小，质量轻，成本低，适用于汽车安全防护、战术武器制导和惯性导航

（1）加速度计原理

加速度计测量原理基于牛顿第二定律：作用于物体上的力等于该物体的质量乘以加速度。加速度作用在敏感质量上形成惯性力，测量该惯性力，可以间接测量载体受到的加速度。惯性技术领域将单位敏感质量所受的力称为比力，加速度计的输出直接反映比力的大小，因此加速度计也称作比力传感器。

当运载体以加速度相对惯性空间运动时，仪表壳体也随之作相对运动。此时，质量块保持惯性，朝着与加速度方向相反的方向产生位移（拉伸或压缩弹簧），当位移量达到一定值时，弹簧给出的力使质量块以同一加速度相对惯性空间作加速运动，加速度的大小与方向影响质量块相对位移的方向及拉伸量（见图 3－22）。

加速度计按检测质量的运动方式分为线加速度计和摆式加速度

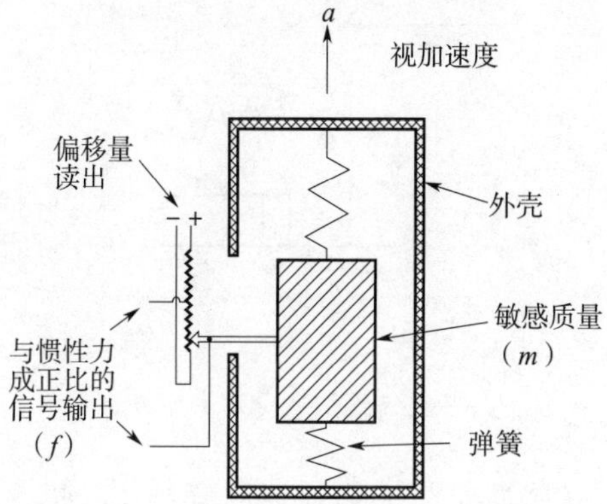

图 3-22　加速度计原理示意图

计。在线加速度计中，检测质量置于导轨中，在加速度的作用下，检测质量沿导轨方向的位移作为输出量；在摆式加速度计中，检测质量做成单摆形式，在加速度作用下，检测质量绕支撑点产生角位移作为输出量。

①线加速度计

线加速度计力学模型（见图 3-23）为

$$m\frac{\mathrm{d}^2x(t)}{\mathrm{d}t^2}+c\frac{\mathrm{d}x(t)}{\mathrm{d}t}+kx(t)=ma(t)$$

式中　m ——敏感质量；

x ——相对位移；

c ——阻尼系数；

k ——扭转弹性刚度；

a ——加速度。

当处于常加速度输入下的稳态时，敏感质量相对壳体位移趋于如下稳态值

$$x=\frac{ma}{k}=\frac{a}{\omega_n^2} \tag{3-10}$$

式中　$\omega_n=n\sqrt{\frac{k}{m}}$ ——无阻尼自振角频率。

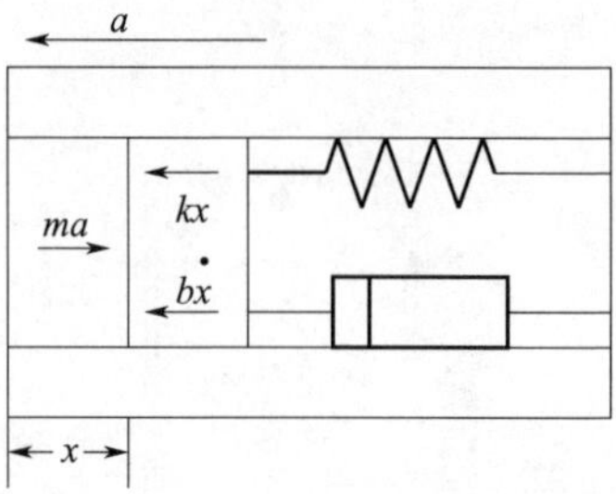

图 3-23　线加速度计力学模型

由此可见：敏感质量越大，弹性刚度越小，即系统无阻尼自振角频率越低，则加速度计灵敏度越高。

②摆式加速度计

由于摆性作用，敏感质量通过输入加速度形成惯性力矩作用于系统，按照合力矩使转动对象产生角加速度的转动体牛顿第二定律，有如下关系式

$$J\frac{\mathrm{d}^2\theta(t)}{\mathrm{d}t^2}+c\frac{\mathrm{d}\theta(t)}{\mathrm{d}t}+k\theta(t)=K_a a(t) \tag{3-11}$$

式中　J ——转动惯量；

c ——阻尼系数；

k ——扭转弹性刚度；

K_a ——输入角速度的扭转系数，与摆性有关。

摆式加速度计的力学模型（见图 3-24）为

$$\frac{\Theta(s)}{A(s)}=\frac{K_a}{Js^2+cs+k}=\frac{\frac{K_a}{J}}{s^2+2\xi\omega_n+\omega_n^2} \tag{3-12}$$

式中　$\omega_n=\sqrt{\frac{k}{J}}$ ——无阻尼自振角频率；

$\zeta=\frac{c}{2\sqrt{kJ}}$ ——阻尼比。

只要能把敏感质量在敏感轴方向相对壳体的角位移测出来，就可以得到加速度 a 。当常加速度输入时，稳态摆角为

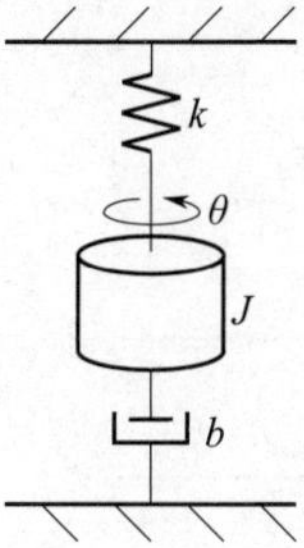

图 3－24　摆式加速度计力学模型

$$\theta = \frac{K_a}{J\omega_n^2}a = \frac{K_a}{k}a \tag{3-13}$$

可以看出，力矩系数（即摆性）越大，弹性刚度越小，系统无阻尼自振角频率越低，则加速度计灵敏度越高。

③摆式积分陀螺加速度计

现在性能最好的加速度计是摆式积分陀螺加速度计（PIGA），常用于战略导弹制导。摆式积分陀螺加速度计是一种非常稳定的线性器件，在宽的动态范围内有很高的分辨率，并且是迄今为止唯一能够满足战略导弹推进轴要求的高精度、高性能加速度计。摆式积分陀螺加速度计具有很高的精度，但也非常昂贵。第一个摆式积分陀螺加速度计由德国研制，并在第二次世界大战中用在 V－2 火箭上。后来 Charles Stark Draper Labs 根据这一原理研制了高精度加速度计。Honeywell 和 Litton 两家制造商目前都生产摆式积分陀螺加速度计，法国和苏联也生产了一些不同类型的摆式积分陀螺加速度计。

摆式积分陀螺加速度计实质上是一个双自由度陀螺，内环轴处于水平位置，外环轴处于铅垂位置，在内环轴距离支承中心 L 处安装一个偏心质量块，基本工作原理就是应用由陀螺运动产生的力矩来平衡摆在加速度作用下产生的惯性力矩（见图 3－25）。

摆式积分陀螺加速度计具有标度因数的长期稳定性好、以很高的精度给出数字式测量结果、较高的抗辐射性能等优点。另一方面它具有生产复杂、体积大、价格昂贵、准备时间长等缺点，只局限

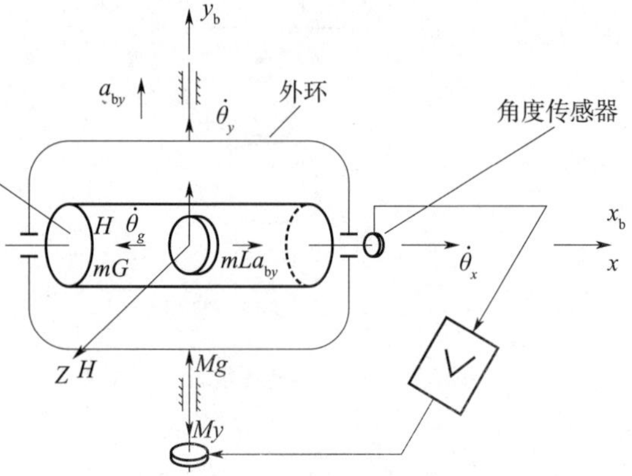

图 3-25　摆式积分陀螺加速度计原理图

于控制大型对象。

④液浮摆式加速度计

液浮摆式加速度计是比较成熟、应用较广的一种加速度计。液浮摆式加速度计是一种闭环的摆式加速度计，摆组件由液体悬浮的宝石支承。检测质量被液浮悬浮在壳体里，并用宝石轴承支承定位（见图 3-26）。根据摆组件被悬浮的程度，液浮摆式加速度计可分为全浮式和半浮式两种。

由于浮子处于悬浮状态，减少了支承的正压力，支承轴可以做得很细，相应减小了库仑摩擦力，改善了阈值。

当敏感加速度时，在惯性力的作用下，浮子围绕支点转动，信号传感器线圈偏离其中心位置，产生与偏转角成比例的信号电压。经过伺服放大器放大并加到力矩器线圈上，产生相应的电磁力矩，使浮子再回到原来的平衡位置。力矩器电流的大小反映了所敏感加速度的大小，通过采样电阻转换成输出电压（见图 3-27）。

⑤石英挠性加速度计

石英挠性加速度计是具有国际先进水平的新型高级传感器。它精度高、长期稳定性好、体积小巧，是对加速度、速度、距离、摇摆、振动、倾斜等物理量敏感、测量和控制的换代产品。

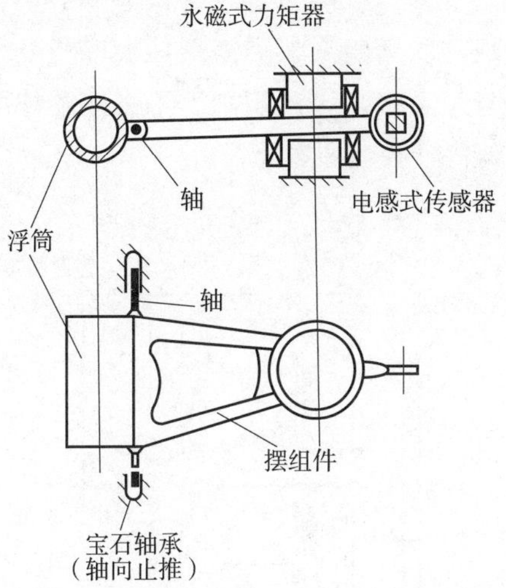

图 3-26　液浮摆式加速度计结构示意图

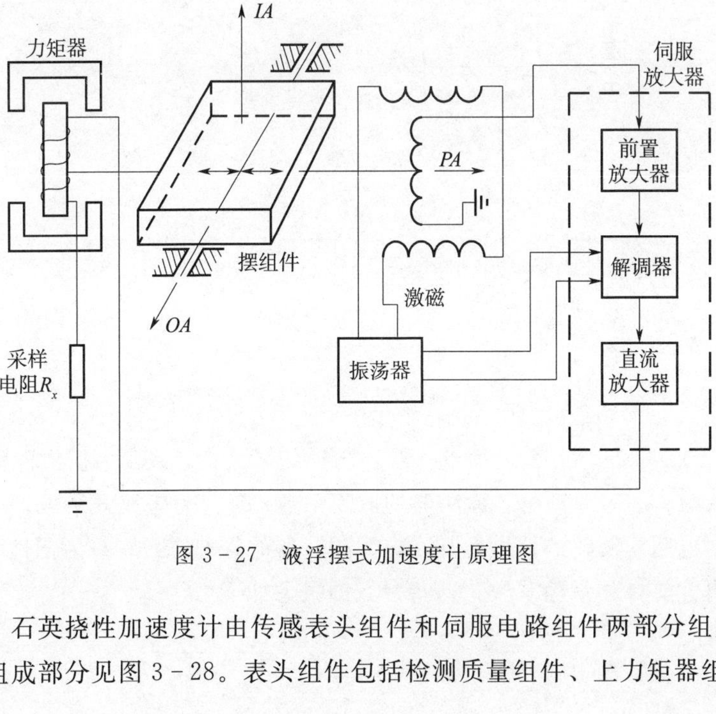

图 3-27　液浮摆式加速度计原理图

石英挠性加速度计由传感表头组件和伺服电路组件两部分组成，各组成部分见图 3-28。表头组件包括检测质量组件、上力矩器组件和下力矩器组件三部分。检测质量组件由镀膜石英挠性片和粘贴在它上面的两个力矩器线圈组成。力矩器线圈和石英挠性片中间的叶片部分构成摆质量。磁钢、导磁帽和上下力矩器线圈组成封闭的磁路。石英挠性加速度计控制原理见图 3 - 29。

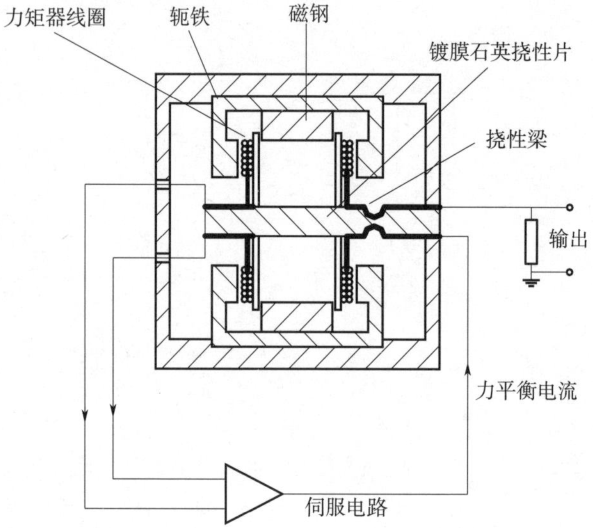

图 3 - 28　石英挠性加速度计表头结构

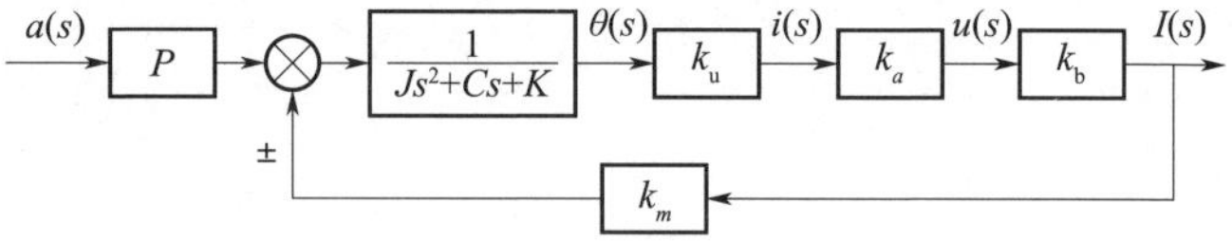

图 3 - 29　石英挠性加速度计控制原理

图 3 - 29 中，J 为摆组件绕输出轴的转动惯量；C 为摆组件的阻尼系数；k_{u} 为差动电容检测器的放大系数；k_a 为力矩放大系数；k_{b} 为补偿电路检测器的放大系数；k_m 为积分器的静态增益；P 为摆性；K 为挠性支撑的弹性系数。这些参数的关系如下

$$\frac{I(s)}{a(s)}=\frac{k_{\mathrm{u}}k_ak_{\mathrm{b}}}{Js^2+Cs+K+k_{\mathrm{u}}k_ak_{\mathrm{b}}k_m}\tag{3-14}$$

当输入加速度 a 时，摆质量因惯性而偏离平衡位置，差动电容传感器检测到这一变化，并产生差动电容变化 ΔC 。伺服电路中的差动电容检测器检测出这一变化，其输出电流为 I，此电流经电流积分器变成输出电压 U，然后由跨导/补偿放大器把 U 变换成输出电流 I_{out} 。该电流的大小与输入加速度 a 成正比，极性取决于输入加速度的方向。输出电流 I_{out}（即所谓再平衡电流）加在表头的力矩器上，使之产生反馈力矩 M_b ，与惯性力矩 M 相平衡，直至再次恢复到平衡位置。

石英挠性加速度计具有以下优点：采用整体石英材料制成挠性支承，无迟滞、无摩擦、无弹性后效、无老化变质、不受温度影响；采用差动电容传感器，体积小，灵敏度高；石英挠性加速度计的阈值小，分辨率高（$<1\ \mu g$）；量程大（$\pm15\sim\pm35\ g$）；偏值和标度因数稳定（小于 5×10^{-6}）；线性度高（$<20\ \mu g/g^2$）；迟滞小（小于 0.001%）；重复性和长期稳定性好（小于 0.003%）。

同时，石英挠性加速度计具有以下缺点：当测量加速度超过 300 m/s^2 时，其非线性误差明显增大；不能承受太大的冲击振动；制造的工艺性误差（局部变形和应力）会导致暂时性零位不稳定；敏感质量的小尺寸导致对控制电路的要求更高。

⑥石英振梁式加速度计

石英振梁式加速度计（VBA）技术已经发展了 30 多年，振弦式加速度计甚至发展得更久。近年来在制造技术和材料工艺方面的突破使得石英振梁式加速度计技术迅速成熟起来，它的主要特点是体积小、精度高、测量范围宽、数字量输出且能耗低。

石英振梁式加速度计是利用石英谐振器的力-频特性，将加速度通过检测质量转换为惯性力而引起石英晶体谐振器的形变，使谐振器的固有频率发生变化，再通过测量两个谐振器的差频得到加速度值，这两个谐振器为推挽式配置（见图 3-30）。

振梁受到外力作用时，其谐振频率发生变化

$$\Delta f = K_f \frac{f_0^2}{D} F \tag{3-15}$$

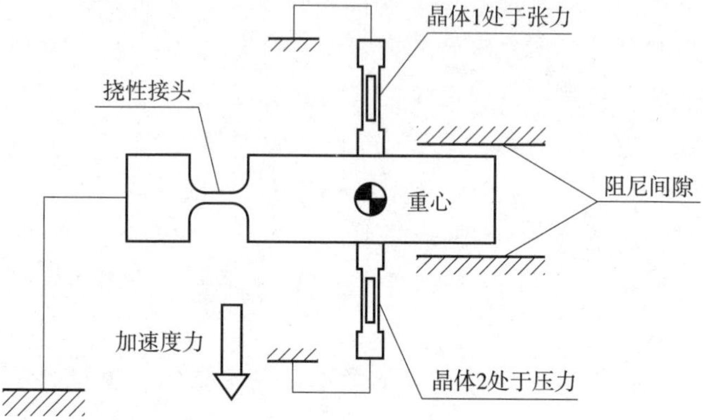

图 3-30 石英振梁式加速度计原理图

振梁加速度计的输出为

$$f = k(f_1 - f_2) = 2k\,\Delta f = 2kK_f\frac{f_0^2}{D}ma = Ka \qquad (3-16)$$

加速度计的输出频率 f 与加速度 a 成正比，通过检测石英振梁加速度计的输出频率即可测得输入加速度。

石英振梁式加速度计具有以下优点：

1）直接频率输出；

2）机械组件及电子器件简单，功耗小且恒定，可靠性高，温升小，易于加工和安装，线路易于小型化；

3）推挽式配置具有非常大的共模抑制能力；

4）石英的机械和物理特性使其具有高稳定性、高线性度；

5）作为固态加速度计，具有瞬时反应能力，晶体启动时间小于 0.5 s；

6）量程大，可高达 1 200 g；

7）体积小、成本低，易于成批加工。

（2）其他加速度计概述

①压电加速度计

1955 年，美国 B·贾菲（B. Jaffe）等人发现了优于 $BaTiO_3$ 的

PZT压电陶瓷，从而为加速度计的制造提供了新型压电材料。压电加速度计结构简单、使用方便，易大量生产，直接输出数字量，其技术难点在于零位不稳定。

②激光加速度计

激光加速度计的作用原理是在两束激光回路中安装两个中间夹着敏感质量的光弹性晶体，在加速度的作用下，敏感质量使两个晶体受不同方向的力作用，其中一个伸长，另一个压缩，因而导致激光光束的频率发生变化。当光束通过极性过滤而重叠后，可以测出与加速度成正比的差频信号。

激光加速度计的输出信号是数字形式，无反馈回路。由于两束激光平行，激光加速度计易于消除一阶同相干扰，如温度漂移、横向耦合等，可以承受较大范围的加速度。

③光纤加速度传感器

正在研制的光纤加速度传感器从原理分类，主要有三大类：光强调制型、相位调制型和波长调制型。

光强调制型加速度计的优点是结构比较简单，对光源、探测器等要求不高，容易实现。国内外对光强调制型加速度计的研究较多，技术上已趋成熟。但是，光强调制型加速度计一般稳定性差，精度不够高，分辨率较低。

相位调制型光纤加速度传感器可实现全光纤化，可以实现比光强调制型加速度计动态范围大、测试精度高的光纤加速度传感器，是各发达国家军工部门竞相研究的热点。

波长调制型光纤加速度计具有光路简单、检测方法灵活的特点，如果方案得当，还可以降低对光源和探测器的要求，从而降低整个加速度计的成本。

④静电悬浮加速度计

静电力相对于电磁系统而言较小，因此静电加速度计主要测量低 g 范围的加速度。它的主要特点在于没有机械弹簧，因而避免了在其他低 g 测量加速度计中，机械弹簧带来的不稳定、时漂和温漂影响。Bell Aerospace 公司推出的微静电加速度计（MESA），设计用于低 g 测量场所，满量程时测量范围为±1～±25 mg。

⑤微硅加速度计

微硅传感器是发展最快的领域之一，为加速度计制造业提供了最大限度降低成本的可能。低档硅基加速度计已有许多制造厂商在生产，这些加速度计应用桥式压阻技术敏感加速度，通常能达到0.01%的精度。开环电容敏感可以提供更好的精度，带有静电回复力的闭环电容敏感能达到惯导级精度。

Litton 硅加速度计是一种闭环摆式加速度计，传感器重 0.11 g，已应用于姿态方位参考系统（AHRS）和战术导弹。Sundstrand 正在开发一种用于惯性导航、中程制导和仪表的微硅机械加速度计。Kearfott 将薄膜硅技术与振动梁技术相结合，开发一种微加工 VBA（MVBA），目前已具有偏置稳定性。

⑥超导加速度计

高温超导体的发展使得超导加速度计的研制具有了可行性。现在的超导体还需要冷冻温度和相应的辅助仪器，这些限制了超导加速度计在轨道惯性导航中的应用。由于超导加速度计的理论灵敏度是可达的，预计将来超导加速度计可以用于重力测量、重力梯度仪和惯性导航领域。

3.5 典型陀螺寻北系统简介

陀螺寻北系统的研究是惯性技术研究的重要组成部分，国内外对陀螺寻北各个方面的研究很多，但是对各个领域的研究都相对独立。本节重点从陀螺经纬仪、陀螺罗经、捷联式陀螺寻北仪三种寻北系统出发，通过对其基本原理的分析，从原理、应用、成本、寻北时间以及寻北精度等方面找出三种寻北系统的差异，进行比较研究，目的是为寻北系统的研究和使用者提供参考。

3.5.1 陀螺罗经/陀螺罗盘

陀螺罗经又称陀螺罗盘，是一种能自动寻找并跟踪当地地理子午面的导航仪器。它是以陀螺仪为敏感器指示真北的设备，工作时不依靠任何外部条件，也不需要其他航向仪表进行校正。自主性强是陀螺罗径的最大特点，并因此而成为航海导航的主要设备，它不仅能为舰船导航提供精确、可靠的航向基准，而且还能给舰船上的火炮、鱼雷、导弹、声呐、雷达及自动舵等装置提供方位基准。自从有了钢质轮船，陀螺罗经的研制获得了更大的推动力。1908 年，陀螺罗经研制成功，这对陀螺仪实用理论和制造技术产生了很大的影响。

陀螺罗经是利用地球自转角速度和重力场的综合效应，使二自由度陀螺仪的自转轴自动寻找真北，这里所说的真北实际上就是地球自转角速度北向分量所确定的方向。

在北半球某一点，将二自由度陀螺仪的框轴垂直放置，起始时在水平面内偏东。由于角速度引起水平面绕地理北向相对惯性空间转动，而自转轴相对于惯性空间稳定，所以自转轴将绕内框轴偏离水平面作上升运动。如果开始时自转轴在水平面内偏西，而自转轴将绕内框轴偏离水平面作下降运动，即产生所谓“东升西降”的视运动。地球自转角速度还有垂直分量，由于该角速度引起子午面绕当地垂线相对惯性空间转动，而自转轴相对惯性空间稳定，所以自转轴将绕外框轴相对于子午面出现视运动。由于地球的角速度北向分量和垂直分量，使得陀螺极点在相平面上的视运动轨迹成为一个以极轴方向为中心的圆。如果顺着自转轴看，陀螺极点沿圆形轨迹逆时针转动，每 24 h 转动 1 周。在这种情况下，虽然无法利用陀螺仪指示真北，但是在这种思想的指导下只要使陀螺极点的运动轨迹收敛，也就是设法使自转轴返回到子午面，也能达到寻北目标。在运动的载体上要使陀螺罗经成为有实用价值的测量运动载体航向的基准，必须使其稳定地指示地理北向，因此必须采取阻尼措施使振荡误差衰减（所谓阻尼，就是当转子轴偏离平衡位置时，产生和偏离方向相反的力矩，以阻止轴的偏离）。

综上所述，罗经寻北是利用陀螺定轴性和进动性的特点，结合地球的重力场效应使得陀螺的主轴在子午面左右振荡，这是实施寻北的基础。为了使振荡衰减，在此基础上施加阻尼，使陀螺主轴稳定寻北。

3.5.2 陀螺经纬仪

陀螺经纬仪（见图 3-31）是将经纬仪和陀螺仪结合在一起用来定向的仪器，是一种能够准确地测定除南极、北极外地面任意地点真子午线方向的仪器。陀螺径纬仪主要工作原理是基于陀螺本身的定轴性和进动性，利用陀螺敏感地球自转角速度，以及在摆式陀螺重力矩的作用下利用陀螺的进动特性找北。将二自由度陀螺仪放置在地球表面某一点，陀螺自转轴视运动的极点轨迹是以地轴方向为中心的圆。为使陀螺极点运动轨迹能回到水平面便于寻找真北，在内环上增加摆性，原来以地轴方向为中心的圆形轨迹变成了以真北方向为中心的椭圆轨迹，见图 3-32。这种下摆性越大，椭圆越扁，运动周期则越短。陀螺经纬仪就是利用相当大的下摆性使椭圆轨迹压扁，周期也缩短几分钟的量级，并且通过记录轨迹的特征，如两端返回点的方位解算得到真北方向。

定向分为粗略定向和精密定向两种，其中粗略定向就是在测定已知边和定向边之前，必须把经纬仪望远镜视准轴置于近似北方。在未知边上定向，且仪器本身无粗定向罗盘附件时，则可利用仪器本身来寻找近似北方。常用的方法有两个逆转点法，另外还有四分之一周期法和摆幅法。精密定向就是精密测定已知边和定向边的陀螺方位角，其定向方法分为两类：一类是仪器照准部处于跟踪状态，一般利用逆转点法；另一类是仪器照准部固定不动，这一类一般采用中天法、时差法、摆幅法等。下面以逆转点法为例进行简要的说明。

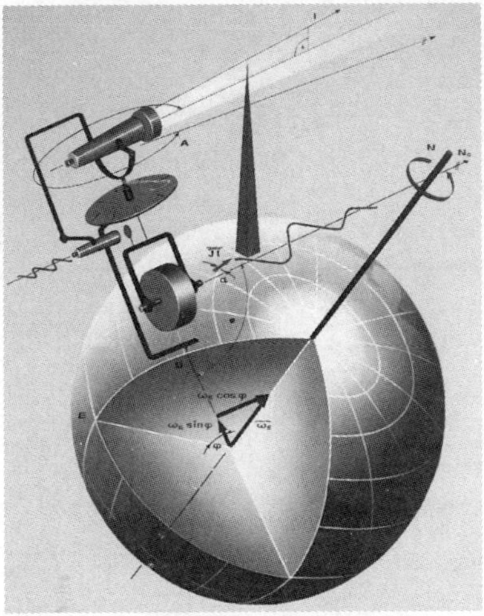

图 3-31　陀螺经纬仪工作原理

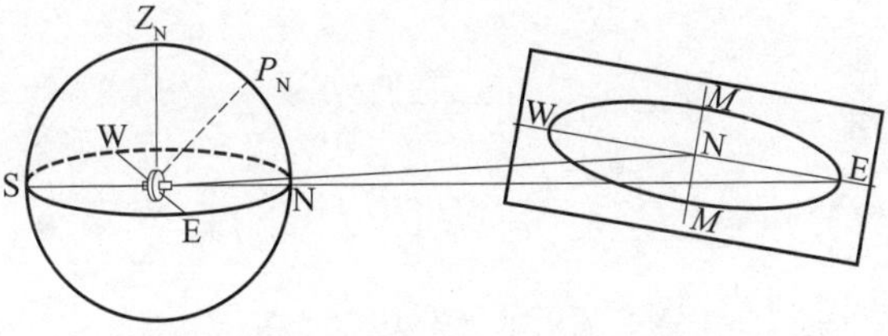

图 3-32　陀螺经纬仪的椭圆运动轨迹

见图 3-33，读取五个逆转点的值 u_1，u_2，u_3，u_4，u_5。并分别计下当时的时间。利用每三个连续读数计算出一个摆动中心位置。计算的方法是先将 u_1，u_3 取平均值，然后将此平均值再与 u_2 取平均值，便得出摆动中心 N_1。同理可以求得 N_2，N_3，然后取平均值 N_T 作为观测所得的陀螺北向方向值。

计算公式如下

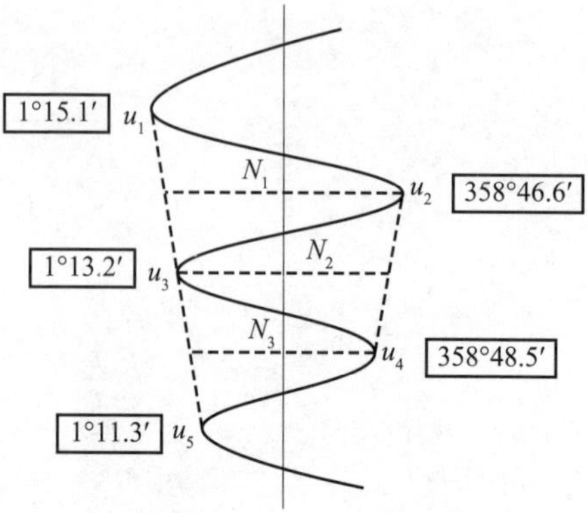

图 3-33　逆转点法

$$\begin{aligned} N_1 &= \frac{1}{2}\left(\frac{u_1 + u_3}{2} + u_2\right) \\ N_2 &= \frac{1}{2}\left(\frac{u_2 + u_4}{2} + u_3\right) \\ N_3 &= \frac{1}{2}\left(\frac{u_3 + u_5}{2} + u_4\right) \\ N_{\mathrm{T}} &= \frac{1}{3}(N_1 + N_2 + N_3) \end{aligned} \tag{3-17}$$

从目前的研究情况来看，陀螺经纬仪多以悬丝式为主，所以本节重点对悬丝寻北的基本原理进行分析。

悬丝（也称吊丝）式陀螺寻北系统是指用悬丝吊挂着陀螺房测量其摆动，或给其加上电阻尼完成自动寻北。见图 3-34，当陀螺轴 H 不指北向时，地球自转北向分量在陀螺 X 轴上的投影不为零

$$\omega_x = \omega_{\mathrm{ie}} \cos L \sin \alpha \tag{3-18}$$

式中　ω_{ie} ——地球自转角速度［约 15（°）/h］；

L ——当地纬度；

ω_x ——地球自转角速度的东向分量；

α ——陀螺轴 H 与北方向的夹角。

由于陀螺的定轴性，它相对于地理坐标系会产生漂移

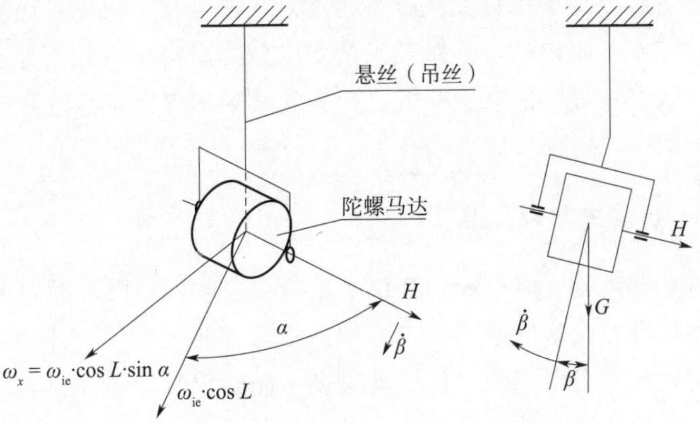

图 3 - 34　悬丝式寻北系统的工作原理

$$\dot{\beta} = -\omega_{ie}\cos L\sin\alpha$$

于是陀螺 H 轴逐渐脱离水平，其角度为

$$\beta = \int\dot{\beta}\mathrm{d}t = -\int\omega_{ie}\cos L\sin\alpha\mathrm{d}t$$

当摆长为 l，摆的重量为 G，则由 β 角产生摆力矩

$$M = Gl\sin\beta = -Gl\sin\left(\int\omega_{ie}\cos L\sin\alpha\mathrm{d}t\right)$$

陀螺在力矩 M 的作用下，其 H 轴会朝北方向进动，其进动角速度与力矩 M 成正比，与陀螺轴动量矩 H 成反比

$$\dot{\alpha} = \frac{M}{H} = \frac{-Gl\sin\left(\int\omega_{ie}\cos L\sin\alpha\mathrm{d}t\right)}{H}$$

它使陀螺轴 H 与北方向的夹角 α 逐渐减小

$$\alpha = \alpha_0 - \int\dot{\alpha}\mathrm{d}t = \alpha_0 - \int\frac{-Gl\sin\left(\int\omega_{ie}\cos L\sin\alpha\mathrm{d}t\right)}{H}\mathrm{d}t$$

显然，这是一个二阶系统，陀螺轴 H 会在北方向两边振荡（摆动）。当系统达到稳态时，α 趋于 0，$\dot{\alpha}$ 趋于 0，陀螺轴 H 指向北。

悬丝式陀螺寻北利用陀螺马达 H 轴自动找北的原理工作，它用一般的陀螺就能获得很高的寻北精度（最高能达到角秒级的精度）。

悬丝式陀螺寻北系统最大优点是精度高，成本相对较低，而缺点则是寻北工作时间较长，且对悬丝的要求较高（比较柔软，并有足够的抗拉强度）等。针对这些特点，悬丝式陀螺寻北系统在陀螺经纬仪的方案中应用较为广泛。

3.5.3 捷联式陀螺寻北仪

这里介绍的所谓陀螺寻北仪主要指捷联式陀螺寻北仪，对于平台式陀螺寻北仪这里不作详细介绍。陀螺寻北仪的核心部分为两个加速度计和一个陀螺仪（常用动力调谐陀螺仪），基本结构见图 3-35。陀螺仪的两输入轴分别与载体坐标系的 X_a 轴和 Y_a 轴相对应，加速度计 1 和加速度计 2 也分别与载体坐标系的 X_a 轴和 Y_a 轴相对应，将陀螺的输出信号通过数据采集器采集后送入计算机进行解算，从而得出要求的三个姿态角，即：俯仰角、横滚角、航向角。

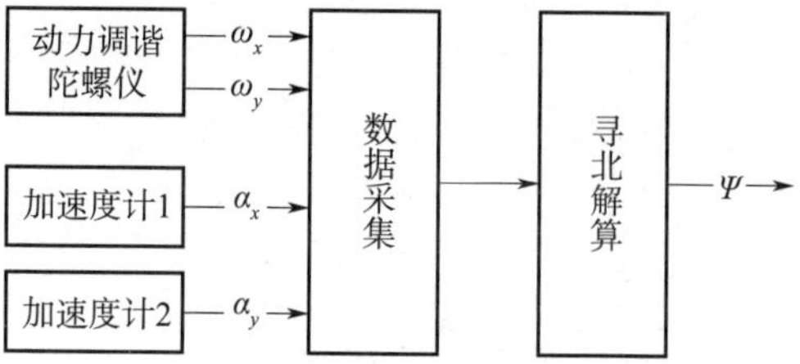

图 3-35 陀螺寻北仪的核心组成部分

捷联式陀螺寻北仪的基本原理，是利用陀螺仪敏感地球自转角速度的北向分量，从而确定真北方位。设在地球上某点的纬度为 Φ，在该点地球自转的角速度 ω_e 可分解为北向分量（即真北方向）ω_n 和垂直分量 ω_s，其值分别为 $\omega_e\cos\Phi$ 和 $\omega_e\sin\Phi$。当载体静止并调平后，北向分量又可沿水平面内 x 和 y 轴分解为

$$\omega_x = \omega_e\cos\Phi\sin\psi$$

$$\omega_y = \omega_e\cos\Phi\cos\psi$$

式中，ψ 为载体基线的北向方位角。利用陀螺特性敏感出 ω_x，ω_y，就可以换算出 ψ。另外，系统采用了二位置的寻北方案，即通过转

动机构将陀螺在绕 z 轴相差 180°的两个位置上分别采样，相互抵消陀螺常值漂移的方法，从而提高寻北精度。为了使载体在倾斜状态下也能工作而不必手工对台体调平，在陀螺敏感轴方向平行安装两只加速度计，用以测量陀螺坐标系相对于水平面的姿态角 θ 和 γ，从而对北向的解算进行倾角补偿。

3.6　各种陀螺寻北系统的比较

3.6.1　各类陀螺寻北系统的共同特征

比较以上各类陀螺寻北系统，发现它们有如下共同特征：

1）它们均利用陀螺的进动性和定轴性来敏感地球自转角速度。

2）陀螺罗经和陀螺经纬仪的工作原理，均利用了陀螺房下摆的特性，也即利用了重力的效应。

3.6.2　各类陀螺寻北系统的差异分析

（1）原理的不同

见图 3-36，陀螺寻北系统从原理划分，主要分为两类：陀螺罗经式和捷联式。另外，由于国内从事陀螺寻北技术研究和开发的机构众多，对产品的推广名称也不尽相同，产生了很多容易引起歧义的名称和术语。因此本书对两种原理对应的陀螺寻北系统名称做了如图 3-36 所示的约定。陀螺经纬仪和陀螺罗经属于前者；陀螺寻北仪（或简称寻北仪）属于后者，而陀螺找北仪、陀螺指北仪等名称均视为与陀螺寻北仪含义相同。

陀螺经纬仪和陀螺罗经的不同点主要是罗经在有下摆性的同时，为了加快其陀螺极轴的运动轨迹收敛采取了阻尼的效应，从而实现自动寻北。而陀螺经纬仪则只是利用陀螺无阻尼振荡的原理，通过几个观测点的读数来计算北向的值。

陀螺寻北仪则是利用陀螺和加速度计的输出来计算其相对于真

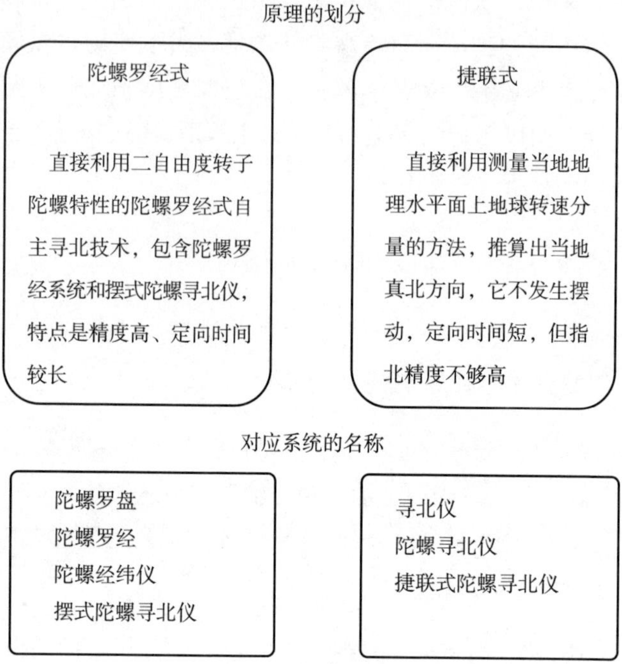

图 3-36　陀螺寻北系统的划分

北的方位角，从而实施寻北。它与陀螺径纬仪和陀螺罗径相比有寻北速度快的优点。但在寻北的过程中，因为陀螺寻北仪寻北时陀螺启动时间短，所以存在陀螺漂移的趋势项难消除，而且这一项随着陀螺启动时间的增长而逐渐减小，所以寻北仪在寻北时陀螺启动时间的长短对于它的寻北精度有很大的影响。

（2）应用场合的不同

陀螺罗经主要用于航海方面，例如：舰船、潜艇等。陀螺经纬仪主要用于矿山、隧道等大型工程中的测量，其中陀螺部分就是为其提供精确的方位基准；同时陀螺经纬仪也可用于武器系统瞄准等。

陀螺经纬仪相对寻北的精度较高，但它不能用在飞机、船舶等运动的载体上，因为悬挂式陀螺仪用柔性金属带悬挂于仪表壳体，在运动的载体上仪器壳体随载体运动，剧烈的振动会使柔性金属带松弛，不能保持拉紧状态，因而使陀螺仪的运动失去原有的规律而不能工作。

陀螺经纬仪的结构特点决定了它的应用场合，其中主要考虑的因素还是与陀螺相连几个比较薄弱的部件，比如：悬挂带、导流丝等。当然在一般正常的使用情况下，它们是安全的。但是，在陀螺经纬仪中的灵敏部没有锁紧的情况下，如果徒手搬动仪器，就极易可能折断悬挂带。部分陀螺仪悬挂带又兼有导流丝的功能，在操作时更应该有较为严格的操作规程，如果操作不当，也容易引起仪器的损坏。比如，在没有将灵敏部托起锁紧时，就起动和制动陀螺马达，会很容易将悬挂带损伤烧断。

另外，由于陀螺经纬仪陀螺部分的结构复杂且成本较高，使得在使用中必须要由专业人员去实施，比如在出故障须更换悬挂带、导流丝时就有严格的要求。在仪器使用的过程中，还要不定期地对仪器进行检查和维护，为的是确保仪器在使用时不出故障，并能测量出准确的数据。

陀螺寻北仪主要用于飞机、导弹、战车等的寻北，也可以用于道路施工、矿山开采等领域。

（3）性能特点的不同（寻北时间和寻北精度）

陀螺寻北仪的寻北时间相对较短，一般在 5 min 以内，精度能达到 $0.1'$左右，随着时间的增长精度能相对提高。

陀螺经纬仪的寻北时间一般需要 5～20 min 左右，精度能达到 $10''$。这些寻北时间数值的大小可以从下面的公式得到。

陀螺房主轴无阻尼振荡的频率为

$$\omega_0 = \sqrt{\frac{mgl\omega_x}{H}}$$

陀螺房主轴无阻尼振荡的周期为

$$T_0 = \frac{2\pi}{\omega_0} = 2\pi\sqrt{\frac{H}{mgl\omega_x}} = 2\pi\sqrt{\frac{H}{mgl\omega_e\cos L}}$$

从上式公式可以看出，陀螺房主轴无阻尼振荡的周期只与陀螺

房的结构参数 H 和 mgl 及所在地的纬度 L 有关，与起始位置等其他因素无关。

罗经的寻北时间在 1～4 h 左右，精度为 0.5″左右。

通过分析它的基本原理可以清楚地了解这一点，主要从陀螺主轴平衡位置、阻尼振荡周期与稳定时间入手。

陀螺房加了阻尼之后，主轴在阻尼振荡的过程中，将被衰减到子午面（$\alpha_r = 0$），并且相对地平面仍需抬高一个适当的高度角，这就是主轴稳定的平衡位置

$$\alpha_r = 0$$

$$\theta_r = \frac{-H\omega}{mgl - C}$$

为研究陀螺房主轴在偏离平衡位置后的运动规律，下面是主轴相对于平衡位置的微振方程组

$$\begin{cases} \dddot{\alpha} + F\ddot{\alpha} + \dfrac{mgl\omega_1}{H}\dot{\alpha} + \dfrac{F(mgl - C)}{H}\omega_1\alpha = 0 \\ \dddot{\theta} + F\ddot{\theta} + \dfrac{mgl\omega_1}{H}\dot{\theta} + \dfrac{F(mgl - C)}{H}\omega_1\theta = 0 \\ \dddot{\chi} + F\ddot{\chi} + \dfrac{mgl\omega_1}{H}\dot{\chi} + \dfrac{F(mgl - C)}{H}\omega_1\chi = 0 \end{cases}$$

显然，特征方程为

$$P^3 + FP^2 + \frac{mgl\omega_1}{H}P + \frac{F(mgl - C)}{H}\omega_1 = 0$$

在参数选择满足衰减振荡条件下，其特征方程式具有一个负实根和一对共轭复数根

$$P_1 = -m; P_{2,3} = -n \pm \mathrm{j}\omega_d$$

方程的解也可以表示为如下的形式

$$\begin{cases} \alpha(t) = A_0 e^{-mt} + Ae^{-nt}\sin(\omega_d t + \psi_A) + \alpha_r \\ \theta(t) = B_0 e^{-mt} + Be^{-nt}\sin(\omega_d t + \psi_B) + \theta_r \\ \chi(t) = C_0 e^{-mt} + Ce^{-nt}\sin(\omega_d t + \psi_C) + \chi_r \end{cases}$$

据此可求得罗经主轴的变化规律，如阻尼振荡周期等参数。从

中看出，罗经主轴的稳定过程由两部分组成，第一部分为指数衰减项，第二部分为振荡衰减项。这里重点对罗经的稳定时间计算公式进行推导。

罗经的稳定时间就是从启动罗经到使主轴达到规定稳定精度所需的时间。这可以根据阻尼振荡周期和阻尼因数（即陀螺主轴在阻尼振荡的过程中，两相邻振幅的峰值之比）估算得出。因此得出估算罗经稳定时间的公式

$$t_{\mathrm{w}}=\frac{T_{\mathrm{d}}}{2}\cdot K=\frac{T_{\mathrm{d}}}{2}\cdot\frac{\ln\frac{\alpha_0}{\alpha_{\mathrm{k}}}}{\ln N}$$

式中　T_{d} ——阻尼振荡周期；

α_0 ——启动时初始方位角；

α_{k} ——规定的方位角稳定精度。

摆式罗经从启动到达稳定状态一般需要 4 h 左右，所以使用罗经时应该提前 4 h 以上启动。如果给罗经加上稳定装置同样可以达到加速稳定的作用，这种装置相当于两相感应电动机的电磁加速线圈，通过电磁力矩加速主轴进入子午面，这样仪器可以在较短的时间内投入使用。

由于三种陀螺寻北系统的结构和原理不同，使得它们各有所长，陀螺经纬仪和陀螺罗经本来就基于一个基本原理，但经纬仪中悬丝的弱点使得它的应用受到很大的限制；陀螺经纬仪恰好与陀螺寻北仪又都是在静基座实施寻北的，因此可从这两类装置的各自特点出发，在研究或使用时进行方案的互补，达到寻北精度和寻北快速性的协调。

第 4 章　捷联式陀螺寻北仪

捷联式陀螺寻北仪直接测量当地地理水平面上地球转速分量，通常是利用水平平台上工作的陀螺在多位置上观测地球自转角速度的水平分量的方法，推算出当地真北方向。这一类系统内部无摆动结构，原理明晰，容易实现，定向时间短，精度中等，适合中低精度、车载等场合使用。

4.1　捷联式寻北原理

地球绕其南北轴以 $\Omega_e = 15.041\,067(°)/\mathrm{h}$ 的角速度转动，在纬度 L 处，地球自转可以用一平行于南北轴的矢量来表示，见图 4-1。将该矢量在东北天地理坐标系中进行分解，得到指向天顶的垂直分量 $\Omega_{ev} = \Omega_e \sin\varphi$ 和水平分量 $\Omega_{eh} = \Omega_e \cos\varphi$ 。水平面内的分量如图 4-2 所示，Ω_{eh} 所指的方向变为北向，捷联式寻北仪所需实现的功能便是正确给出 Ω_{eh} 方向。

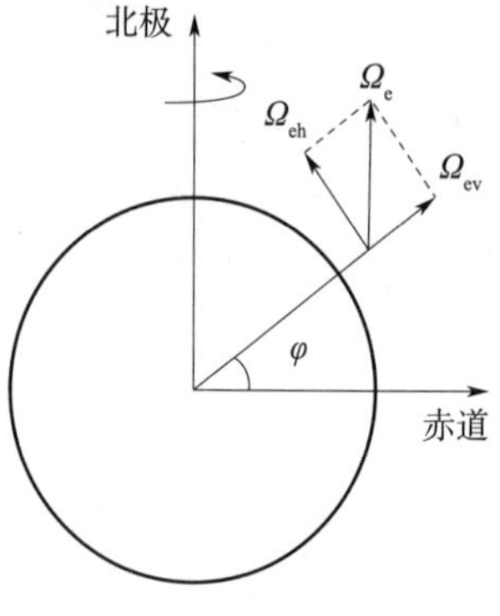

图 4-1　地球自转示意图

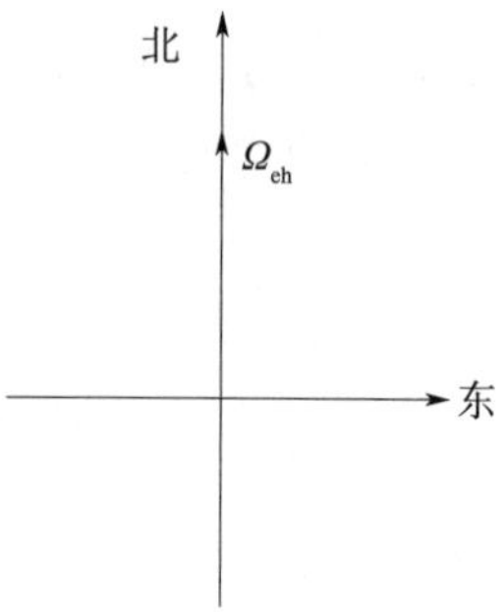

图 4-2　地球自转的水平分量

捷联式系统的基本原理：利用陀螺仪敏感地球自转角速度的北向分量，从而确定真北方位。设在地球上某点的纬度为 φ，在该点地球自转的角速度 ω_e 可分解为北向分量（即真北方向）ω_N 和垂直分量 ω_S，其值分别为 $\omega_e \cos\varphi$ 和 $\omega_e \sin\varphi$。当载体静止并调平后，北向分量又可沿水平面内 x 和 y 轴分解为

$$\omega_x = \omega_e \cos\varphi \sin\psi$$

$$\omega_y = \omega_e \cos\varphi \cos\psi$$

式中，ψ 为载体基线的北向方位角。利用陀螺特性敏感出 ω_x 、ω_y 就可以换算出 ψ。另外，系统采用了二位置的寻北方案，即通过转动机构将陀螺在绕 z 轴相差 180°的两个位置上分别采样，相互抵消陀螺常值漂移，从而提高寻北精度。

为了使载体在倾斜状态下也能工作而不必手工对台体调平，在陀螺敏感轴方向平行安装两只加速度计，用以测量陀螺坐标系相对于水平面的姿态角 θ、γ，从而对北向的解算进行倾角补偿。

4.2　捷联式寻北系统组成

捷联式寻北系统主要由调平机构、精密机械转台、稳速电路、信号处理电路、计算机采集控制及数据处理等部分组成，基本结构见图 4-3。调平机构采用可以调节平台升降的三个脚螺旋机构进行粗调平及锁定，稳速电路控制力矩电机带动转台恒稳旋转，单片机对采集的数据进行平滑滤波处理，通过解算得出真北向方位值。

4.2.1　惯性测量组件

惯性测量组件主要由陀螺和加速度计组成，陀螺主要用于敏感其敏感轴上的地球转速，以实现寻北；加速度计主要用于测量平台的倾斜角，补偿陀螺的测量误差。陀螺和加速度计均安装在一个工装上面，再将工装安装在转位机构上，在电机的带动下，可实现惯性测量组件随转位机构竖轴的连续转动或转停。

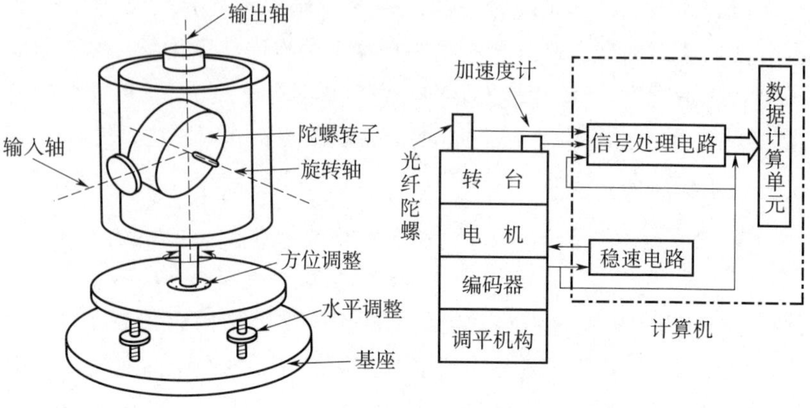

图 4-3　捷联式寻北系统基本结构示意图

按照寻北方案的不同，惯性测量组件也有不同的组成。对于单陀螺寻北方案，惯性测量组件主要由一只陀螺和一只（或两只）加速度计组成，陀螺和加速度计的敏感轴均处于水平面内，两只加速度计敏感轴正交，陀螺敏感轴与其中一只加速度计的敏感轴重合。对于双陀螺寻北方案而言，惯性测量组件由两只陀螺和一只（或两只）加速度计组成，陀螺和加速度计的敏感轴也处于水平面内，两陀螺敏感轴正交，加速度计敏感轴与陀螺敏感轴重合。

4.2.2　调平与转位机构

调平机构的功能是当固定惯性测量组件的平台倾斜较大时，将其调整到接近水平的状态，以利于寻北精度的提高。

转位机构主要由转轴、驱动电机、光电码盘（或增量式编码器）、导电环等组成。转位机构的主要功能是带动惯性测量组件按照设计的寻北方案进行转动。对于静态寻北方案，转台一般需要停止在间隔相同的几个位置上；对于动态寻北方案，转台需要以稳定的速率连续转动。不论是哪种寻北方案，都对转台的精度提出了很高的要求，因为转台的转位误差或转动速率误差会直接进入到陀螺的输出信号中，影响寻北精度。因此，转台的设计一般会根据不同的寻北方案进行专项分析，以降低转台误差对寻北精度的影响。

4.2.3 温控与外围电路

对于受环境温度影响较大的惯性器件，特别是光纤陀螺，需要进行温度控制，使其工作在温度较为恒定的环境中，提高惯性器件的精度。温控系统主要由温度传感器、温控电路、加热片、风扇组成，通过温度传感器测量惯性器件周围的温度，与设定温度相比较，产生控制信号以控制加热片和风扇的启动或停止，将温度控制在惯性器件工作的最佳温度。

外围电路主要包括陀螺和加速度计的信息采集及预处理电路、寻北解算电路及电源等，外围电路负责陀螺的采样与控制，对于激光陀螺而言，还要实现抖动偏频驱动等。同时，外围电路还负责加速度计信号的采集，如 I/F 转换及寻北系统供电等。

4.2.4 装置支架

寻北仪在野外进行工作时，需要将其固定于一定精度的支架上，外界的干扰一定程度上是通过支架传递给寻北仪的，因此要求支架的稳定性要高，支架支撑脚支撑起的平面要与水平面保持一定的水平精度。

4.3 捷联寻北方案综述

地球自转角速度水平分量是陀螺寻北定向的唯一信息源，而且其值较小。因此，陀螺寻北解算精度主要取决于所用陀螺的精度。但是在相同的硬件资源条件下，寻北算法的改进和陀螺信号去噪技术的选择，却可以在很大程度上改善寻北的精度和寻北的速度。

根据采用的陀螺种类的不同，捷联式寻北仪可以分为单轴速率陀螺寻北仪和双轴速率陀螺寻北仪。下面将详细阐述单轴及双轴陀螺寻北仪的不同寻北方案及影响误差的因素。

4.3.1 单轴陀螺寻北方案

(1) 概述

根据寻北方式的不同，陀螺寻北仪的设计方案可以分为静态寻北方案和动态寻北方案。静态寻北是一种技术相对成熟、应用较为广泛的传统寻北方法。它是通过采集一个周期内，陀螺在几个不同测量点上的不同输出，解算出陀螺敏感轴与地理北向的初始夹角，从而实现寻北定向的。根据一个周期内测量点位置的多少和解算方式的不同，静态寻北方案又可以细分为：二位置寻北方案、四位置寻北方案和多位置寻北方案等。

动态寻北方法目前尚处于探索阶段，是备受国内外研究者重视的一种新的惯性定位方法，其相关理论、技术和方法的研究发展很快。但是由于结构和工艺水平的原因，工程上获得实用的范例还很少。动态寻北是指在寻北过程中，陀螺随转台从初始位置开始，恒速绕垂直轴连续转动，并实时对陀螺输出值进行采样；然后根据不同的算法直接解算出地球自转角速率北向分量所在的位置，并解算出载体纵轴与地理北向的初始夹角。

下面对各种寻北算法进行详细阐述。

(2) 两位置寻北方案

在实验室条件下或者一些对寻北精度要求不高的工程应用中，为了减少寻北解算的计算量，保证寻北解算的实时性，通常采用两位置寻北方案。

①两位置寻北方案的基本原理

理想情况下的寻北仪是将陀螺置于一个动基座上，动基座平面平行于水平面，陀螺敏感轴平行于动基座平面。开始寻北时，陀螺敏感轴处于位置 1，该位置对应载体定位基准面，陀螺敏感轴与载体纵轴（y 轴）重合，此时陀螺的敏感轴指向为方位指向，载体纵轴与北向之间的夹角即为寻北仪需要解算的北向角 φ 。在该位置记录陀螺输出 w_1 。此时，水平倾斜角 γ 和 θ 均为零，同时忽略安装误差，

则得

$$w_1 = \cos\varphi\omega_N + \omega_0 + \varepsilon_{fog}(t_1) \tag{4-1}$$

式中　ω_0 ——陀螺零偏；

$\varepsilon_{fog}(t_1)$ ——陀螺在位置 1 时的漂移量。

利用电机驱动使惯性测量组件逆时针旋转 180°到位置 2，记录陀螺的输出 w_2 。

同样取 $\gamma = \theta = 0$ ，且忽略安装误差及转位误差，由式（4-1）得

$$w_2 = -\cos\varphi\omega_N + \omega_0 + \varepsilon_{fog}(t_2) \tag{4-2}$$

把位置 1 和位置 2 的值相减，就得到地速的输入，如果寻北时间较短，可认为 $\varepsilon_{fog}(t_1) \approx \varepsilon_{fog}(t_2)$ ，则可求出陀螺敏感轴与北向的夹角

$$\varphi = \arccos\frac{w_1 - w_2}{2\omega_N} \tag{4-3}$$

②存在误差情况下的两位置寻北原理

当平台存在倾斜时，水平倾斜角 γ 和 θ 不为零，考虑安装误差及转位误差，由式（4-1）得出陀螺在两位置的输出为

$$\begin{cases} w'_1 = K\{\cos\varphi\cos\theta\omega_N + \sin\theta\omega_U + \eta_z\cos\gamma\sin\varphi\omega_N + \\ \quad \eta_x\cos\gamma\cos\theta\omega_U + \delta\psi[(\cos\gamma\sin\varphi - \sin\gamma\cos\varphi\sin\theta)\omega_N + \\ \quad \sin\gamma\cos\theta\omega_U] + \omega_0 + \varepsilon_{fog}(t_1)\} \\ w'_2 = K\{-(\cos\varphi\cos\theta\omega_N + \sin\theta\omega_U) - \eta_z\cos\gamma\sin\varphi\omega_N + \\ \quad \eta_x\cos\gamma\cos\theta\omega_U - \delta\psi[(\cos\gamma\sin\varphi - \sin\gamma\cos\varphi\sin\theta)\omega_N + \\ \quad \sin\gamma\cos\theta\omega_U] + \omega_0 + \varepsilon_{fog}(t_2)\} \end{cases} \tag{4-4}$$

式中，K 为陀螺的标度因数，w'_1，w'_2 为陀螺输出的与地球转速在陀螺敏感轴方向上的分量成比例的脉冲数（或数字量），比例系数即为标度因数 K 。如果 t_1 和 t_2 间隔时间非常短，可以认为 $\varepsilon_{fog}(t_1) \approx \varepsilon_{fog}(t_2)$ ，则忽略安装误差 η_z 及转位误差 $\delta\psi$ 的影响，北向角为

$$\varphi = \arccos\frac{w'_1 - w'_2 - 2K\sin\theta\omega_U}{2K\cos\theta\omega_N} \tag{4-5}$$

由加速度坐标系下重力矢量的分量计算得到加速度计在两位置的输出为

$$\begin{cases} f'_{x1} = K_x[g\sin\gamma\cos\theta - \beta_z g\sin\theta + g\beta_y\cos\gamma\cos\theta - \\ \quad \delta\psi g\sin\theta + \nabla_x + \varepsilon_{accx}(t_1)] \\ f'_{y1} = K_y[-g\sin\theta - \beta_z g\sin\gamma\cos\theta - g\beta_x\cos\gamma\cos\theta - \\ \quad \delta\psi g\sin\gamma\cos\theta + \nabla_y + \varepsilon_{accy}(t_1)] \\ f'_{x2} = K_x[-g\sin\gamma\cos\theta + \beta_z g\sin\theta + g\beta_y\cos\gamma\cos\theta + \\ \quad \delta\psi g\sin\theta + \nabla_x + \varepsilon_{accx}(t_2)] \\ f'_{y2} = K_y[g\sin\theta + \beta_z g\sin\gamma\cos\theta - g\beta_x\cos\gamma\cos\theta + \\ \quad \delta\psi g\sin\gamma\cos\theta + \nabla_y + \varepsilon_{accy}(t_2)] \end{cases} \tag{4-6}$$

式（4-6）中，f'_i 为某轴加速度计在某方向上输出的脉冲数，其输出值与重力加速度在加速度计敏感轴方向上的分量成正比，比例系数即为标度因素 K_i，忽略安装误差及转位误差，式（4-6）中

$$\begin{aligned} \sin\theta &= \frac{f_{y2} - f_{y1}}{gK_y} \\ \cos\theta &= \pm\sqrt{1 - \left(\frac{f_{y2} - f_{y1}}{gK_y}\right)^2} \end{aligned} \tag{4-7}$$

由于倾斜角为小角度，$\theta \in [-90°, +90°]$，所以 $\cos\theta$ 为正值。

由式（4-7）可见，通过相反方向加速度计测量值相减，可以消除加速度计零偏及部分加速度计安装误差对倾角测量精度的影响。

将式（4-7）带入式（4-5），可得北向角为

$$\varphi = \arccos\frac{w'_1 - w'_2 - 2K_{fog}\dfrac{f_{y2} - f_{y1}}{gK_{acc}}\omega_U}{2K_{fog}2\sqrt{1 - \left(\dfrac{f_{y2} - f_{y1}}{gK_{acc}}\right)^2}\omega_N} \tag{4-8}$$

从式（4-8）可以看出，当利用单陀螺求解北向角时，通过正反方向两位置数据相减，消除了陀螺零偏以及安装误差 η_x 对寻北精度的影响，降低了寻北仪对陀螺精度及安装误差的要求，但陀螺标度因数误差、陀螺漂移、陀螺安装误差 η_z 以及纬度误差会对寻北精

度产生一定的影响。同时从式（4－8）中还可以看出，对于单陀螺两位置寻北方案，只需要一只敏感轴与陀螺敏感轴相同的加速度计即可实现对倾斜角的补偿，从而简化了寻北仪的复杂性，降低了成本。

③最佳初始位置设置

由于陀螺在不同方向的敏感度不同，因此两位置寻北方案的精度与陀螺敏感轴的初始指向有关，因此需要求解二位置寻北方案的最佳初始位置。

设

$$P = w'_1 - w'_2 = K[2\cos\varphi\cos\theta\omega_N + 2\sin\theta\omega_U + \varepsilon_{fog}(t_1) - \varepsilon_{fog}(t_2)] \tag{4-9}$$

以 φ 为变量对 P 进行求导

$$dP/d\varphi = 2K(-\sin\varphi\cos\theta\omega_N + \eta_z\cos\gamma\cos\varphi\omega_N) \tag{4-10}$$

式（4－10）反映了陀螺在不同方向的灵敏度。由于寻北仪经标定后安装误差较小，因此忽略安装误差 η_z 的影响，式（4－10）简化为

$$dP/d\varphi = -2K\sin\varphi\cos\theta\omega_N \tag{4-11}$$

对式（4－11）分别求一次导数和二次导数，得

$$d^2P/d^2\varphi = -2K\cos\varphi\cos\theta\omega_N \tag{4-12}$$

$$d^3P/d^3\varphi = 2K\sin\varphi\cos\theta\omega_N \tag{4-13}$$

当 $d^2P/d^2\varphi = 0$ 时，$\varphi = \pi/2, 3\pi/2$ 。当 $\varphi = \pi/2$ 时，$d^3P/d^3\varphi > 0$ ，式（4－11）取得最小值；当 $\varphi = 3\pi/2$ 时，$d^2P/d^2\varphi < 0$ ，式（4－11）取得最大值。即在 $\varphi = \pi/2, 3\pi/2$ 时，陀螺的灵敏度最高。

因此在实际寻北中，当 φ 趋近于 0°或 180°时，测定的方位角误差最大；而当 φ 趋近于 90°或 270°时，测定的方位角精度可达到最高。为了提高寻北精度，当 φ 趋近于 0°或 180°时，可先将惯性测量组件的转台旋转 90°后再寻北。所以在改进型的二位置寻北方法中，首先采用指南针进行粗定向，当陀螺敏感轴到达与北向夹角大致为 90°的初始位置再开始寻北。这种方法可以有效地节省寻北时间，提

高精度。

(3) 三位置寻北方案

理想情况下，三位置寻北方案是将处于水平状态的转台按照逆时针方向，精确转动到三个特定位置，这三个位置可以是 φ，$\varphi+90°$，$\varphi+180°$；也可以是 φ，$\varphi+90°$，$\varphi+270°$。

①三位置寻北方案的基本原理

对于第一种旋转方式，根据式（4-1），只考虑陀螺零偏及零漂时，在这三个位置上陀螺的输出为

$$\begin{cases} w_1 = \cos \varphi\omega_N + \omega_0 + \varepsilon_{fog}(t_1) \\ w_2 = \sin \varphi\omega_N + \omega_0 + \varepsilon_{fog}(t_2) \\ w_3 = -\cos \varphi\omega_N + \omega_0 + \varepsilon_{fog}(t_3) \end{cases} \tag{4-14}$$

假设寻北时间较短时，$\varepsilon_{fog}(t_1) \approx \varepsilon_{fog}(t_2) \approx \varepsilon_{fog}(t_3) \approx \varepsilon_{fog}$，由式（4-14）得

$$\frac{w_1 - w_3}{w_1 - w_2} = \frac{2\cos \varphi\omega_N}{\cos \varphi\omega_N - \sin \varphi\omega_N} \tag{4-15}$$

则北向角为

$$\varphi = \arctan \frac{w_2 - (w_3 + w_1)/2}{(w_1 - w_3)/2} \tag{4-16}$$

对于第二种旋转方式，根据式（4-1），只考虑陀螺零偏及零漂时，在这三个位置上陀螺的输出为

$$\begin{cases} w_1 = \cos \varphi\omega_N + \omega_0 + \varepsilon_{fog}(t_1) \\ w_2 = \sin \varphi\omega_N + \omega_0 + \varepsilon_{fog}(t_2) \\ w_3 = -\sin \varphi\omega_N + \omega_0 + \varepsilon_{fog}(t_3) \end{cases} \tag{4-17}$$

假设寻北时间较短时，$\varepsilon_{fog}(t_1) \approx \varepsilon_{fog}(t_2) \approx \varepsilon_{fog}(t_3) \approx \varepsilon_{fog}$，由式（4-17）得

$$\frac{w_1 - w_2}{w_1 - w_3} = \frac{\cos \varphi\omega_N - \sin \varphi\omega_N}{\cos \varphi\omega_N + \sin \varphi\omega_N} \tag{4-18}$$

则北向角为

$$\varphi = \arctan \frac{w_2 - w_3}{2w_1 - w_3 - w_2} \tag{4-19}$$

从上述解算过程可以看出，当平台水平时，寻北精度不受陀螺零偏及纬度影响。

②存在误差时三位置寻北方案原理

对于第一种旋转方式，根据式（4-1）得

$$\begin{cases} w'_1 = K\{\cos\varphi\cos\theta\omega_N + \sin\theta\omega_U + \eta_z\cos\gamma\sin\varphi\omega_N + \\ \quad \eta_x\cos\gamma\cos\theta\omega_U + \delta\psi[(\cos\gamma\sin\varphi - \sin\gamma\cos\varphi\sin\theta)\omega_N + \\ \quad \sin\gamma\cos\theta\omega_U] + \omega_0 + \varepsilon_{fog}(t_1)\} \\ w'_2 = K[\cos\gamma\sin\varphi\omega_N + \sin\gamma\cos\theta\omega_U - \eta_z\cos\varphi\cos\theta\omega_N + \\ \quad \eta_x\cos\gamma\cos\theta\omega_U - \delta\psi(\cos\varphi\cos\theta\omega_N + \sin\theta\omega_U) + \omega_0 + \varepsilon_{fog}(t_2)] \\ w'_3 = K\{-(\cos\varphi\cos\theta\omega_N + \sin\theta\omega_U) - \eta_z\cos\gamma\sin\varphi\omega_N + \\ \quad \eta_x\cos\gamma\cos\theta\omega_U - \delta\psi[(\cos\gamma\sin\varphi - \sin\gamma\cos\varphi\sin\theta)\omega_N + \\ \quad \sin\gamma\cos\theta\omega_U] + \omega_0 + \varepsilon_{fog}(t_3)\} \end{cases} \tag{4-20}$$

假设寻北时间较短时，$\varepsilon_{fog}(t_1) \approx \varepsilon_{fog}(t_2) \approx \varepsilon_{fog}(t_3) \approx \varepsilon_{fog}$，忽略安装误差及转位误差的影响，由式（4-20）得

$$\begin{aligned} w'_1 - w'_2 &= K(\cos\varphi\cos\theta\omega_N + \sin\theta\omega_U - \cos\gamma\sin\varphi\omega_N - \sin\gamma\cos\theta\omega_U) \\ w'_1 - w'_3 &= 2K(\cos\varphi\cos\theta\omega_N + \sin\theta\omega_U) \end{aligned} \tag{4-21}$$

北向角为

$$\varphi = \arctan\frac{[2(w'_1 - w'_2)/K - (w'_1 - w'_3)/K + 2\sin\gamma\cos\theta\omega_U]\cos\theta}{[2\sin\theta\omega_U - (w'_1 - w'_3)/K]\cos\gamma} \tag{4-22}$$

上述方法受陀螺标度因数变化的影响。

第二种计算方法：

忽略安装误差及转位误差的影响，令

$$A = \frac{w'_1 - w'_2}{w'_1 - w'_3} = \frac{\cos\varphi\cos\theta + \sin\theta\tan L - \cos\gamma\sin\varphi - \sin\gamma\cos\theta\tan L}{2(\cos\varphi\cos\theta + \sin\theta\tan L)} \tag{4-23}$$

式（4-23）转换为

$$(2A-1)\cos\theta\cos\varphi+\cos\gamma\sin\varphi=(1-2A)\sin\theta\tan L-\sin\gamma\cos\theta\tan L \tag{4-24}$$

令

$$\begin{cases} a=\cos\gamma \\ b=(2A-1)\cos\theta \\ c=(1-2A)\sin\theta\tan L-\sin\gamma\cos\theta\tan L \end{cases} \tag{4-25}$$

则式（4-24）转换为

$$a\sin\varphi+b\cos\varphi=c \tag{4-26}$$

则北向角为

$$\begin{aligned} \varphi &= \arcsin\frac{c}{\sqrt{a^2+b^2}}-\arctan\frac{b}{a} \\ &= \arcsin\frac{\left(1-2\dfrac{w'_1-w'_2}{w'_1-w'_3}\right)\sin\theta\tan L-\sin\gamma\cos\theta\tan L}{\sqrt{\cos^2\gamma+\left(2\dfrac{w'_1-w'_2}{w'_1-w'_3}-1\right)^2\cos^2\theta}}- \\ &\quad \arctan\frac{\left(2\dfrac{w'_1-w'_2}{w'_1-w'_3}-1\right)\cos\theta}{\cos\gamma} \end{aligned} \tag{4-27}$$

上述计算方法不受陀螺零偏、标度因数误差的影响，对陀螺精度要求有所降低。

下面计算第一种旋转方案下的平台倾角。

由式（4-1）得

$$\begin{cases} f_{x1}=K_x[g\sin\gamma\cos\theta+g\beta_y\cos\gamma\cos\theta+\nabla_x+\varepsilon_{accx}(t_1)] \\ f_{y1}=K_y[-g\sin\theta-g\beta_x\cos\gamma\cos\theta+\nabla_y+\varepsilon_{accy}(t_1)] \\ f_{x2}=K_x[-g\sin\theta+g\beta_y\cos\gamma\cos\theta+\nabla_x+\varepsilon_{accx}(t_2)] \\ f_{y2}=K_{xy}[-g\sin\gamma\cos\theta-g\beta_x\cos\gamma\cos\theta+\nabla_y+\varepsilon_{accy}(t_2)] \\ f_{x3}=K_x[-g\sin\gamma\cos\theta+g\beta_y\cos\gamma\cos\theta+\nabla_x+\varepsilon_{accx}(t_3)] \\ f_{y3}=K_y[g\sin\theta-g\beta_x\cos\gamma\cos\theta+\nabla_y+\varepsilon_{accy}(t_3)] \end{cases} \tag{4-28}$$

由式（4-28）得

$$\begin{cases}\sin\theta = \dfrac{f_{y1}-f_{y3}}{-2K_y g} = \dfrac{-2f_{x2}+(f_{x1}+f_{x3})}{2K_x g} \\ \cos\theta = \sqrt{1-\left(\dfrac{f_{y1}-f_{y3}}{-2K_y g}\right)^2} = \sqrt{1-\left[\dfrac{-2f_{x2}+(f_{x1}+f_{x3})}{2K_x g}\right]^2} \\ \sin\gamma = \dfrac{-2f_{y2}+(f_{y1}+f_{y3})}{2K_y g\sqrt{1-\left(\dfrac{f_{y1}-f_{y3}}{-2K_y g}\right)^2}} = \dfrac{f_{x1}-f_{x3}}{2K_x g\sqrt{1-\left(\dfrac{-f_{x2}}{K_x g}\right)^2}} \\ \cos\gamma = \sqrt{1-\sin^2\gamma}\end{cases} \tag{4-29}$$

对于第二种旋转方式，根据式（4-1）得

$$\begin{cases}w'_1 = K\{\cos\varphi\cos\theta\omega_{\mathrm{N}} + \sin\theta\omega_{\mathrm{U}} + \eta_z\cos\gamma\sin\varphi\omega_{\mathrm{N}} + \\ \quad \eta_x\cos\gamma\cos\theta\omega_{\mathrm{U}} + \delta\psi[(\cos\gamma\sin\varphi - \sin\gamma\cos\varphi\sin\theta)\omega_{\mathrm{N}} + \\ \quad \sin\gamma\cos\theta\omega_{\mathrm{U}}] + \omega_0 + \varepsilon_{\mathrm{fog}}(t_1)\} \\ w'_2 = K[\cos\gamma\sin\varphi\omega_{\mathrm{N}} + \sin\gamma\cos\theta\omega_{\mathrm{U}} - \eta_z\cos\varphi\cos\theta\omega_{\mathrm{N}} + \\ \quad \eta_x\cos\gamma\cos\theta\omega_{\mathrm{U}} - \delta\psi(\cos\varphi\cos\theta\omega_{\mathrm{N}} + \sin\theta\omega_{\mathrm{U}}) + \\ \quad \omega_0 + \varepsilon_{\mathrm{fog}}(t_2)] \\ w'_3 = K[-(\sin\varphi\cos\gamma\omega_{\mathrm{N}} + \sin\gamma\cos\theta\omega_{\mathrm{U}}) + \eta_z\cos\varphi\cos\theta\omega_{\mathrm{N}} + \\ \quad \eta_x\cos\gamma\cos\theta\omega_{\mathrm{U}} + \delta\psi(\cos\varphi\cos\theta\omega_{\mathrm{N}} + \sin\theta\omega_{\mathrm{U}}) + \\ \quad \omega_0 + \varepsilon_{\mathrm{fog}}(t_3)]\end{cases} \tag{4-30}$$

假设寻北时间较短时，$\varepsilon_{\mathrm{fog}}(t_1) \approx \varepsilon_{\mathrm{fog}}(t_2) \approx \varepsilon_{\mathrm{fog}}(t_3) \approx \varepsilon_{\mathrm{fog}}$，忽略安装误差及转位误差的影响，由式（4-30）得

$$\begin{aligned} w'_2 - w'_1 &= K(\cos\gamma\sin\varphi\omega_{\mathrm{N}} + \sin\gamma\cos\theta\omega_{\mathrm{U}} - \cos\varphi\cos\theta\omega_{\mathrm{N}} - \sin\theta\omega_{\mathrm{U}}) \\ w'_2 - w'_3 &= 2K(\cos\gamma\sin\varphi\omega_{\mathrm{N}} + \sin\gamma\cos\theta\omega_{\mathrm{U}}) \end{aligned} \tag{4-31}$$

由式（4-31）得

$$\frac{(w'_2 - w'_1)/K - \sin\gamma\cos\theta\omega_{\mathrm{U}} + \sin\theta\omega_{\mathrm{U}}}{(w'_2 - w'_3)/K - 2\sin\gamma\cos\theta\omega_{\mathrm{U}}} = \frac{\cos\gamma\tan\varphi - \cos\theta}{2\cos\gamma\tan\varphi} \tag{4-32}$$

北向角为

$$\varphi = \arctan \frac{\cos\theta[2\sin\gamma\cos\theta\omega_U - (w'_2 - w'_3)/K]}{[2(w'_2 - w'_1)/K - (w'_2 - w'_3)/K + 2\sin\theta\omega_U]\cos\gamma} \tag{4-33}$$

另一种计算方法：

忽略安装误差及转位误差的影响，令

$$A = \frac{w'_2 - w'_1}{w'_2 - w'_3} = \frac{\cos\gamma\sin\varphi + \sin\gamma\cos\theta\tan L - \cos\varphi\cos\theta - \sin\theta\tan L}{2(\cos\gamma\sin\varphi + \sin\gamma\cos\theta\tan L)} \tag{4-34}$$

式（4－34）转换为

$$(2A-1)\cos\gamma\sin\varphi + \cos\varphi\cos\theta = (1-2A)\sin\gamma\cos\theta\tan L - \sin\theta\tan L \tag{4-35}$$

令

$$a = (2A-1)\cos\gamma$$

$$b = \cos\theta$$

$$c = (1-2A)\sin\gamma\cos\theta\tan L - \sin\theta\tan L$$

则式（4－35）转换为

$$a\sin\varphi + b\cos\varphi = c \tag{4-36}$$

则北向角为

$$\begin{aligned}\varphi &= \arcsin\frac{c}{\sqrt{a^2+b^2}} - \arctan\frac{b}{a} \\ &= \arcsin\frac{\left(1-2\dfrac{w'_2 - w'_1}{w'_2 - w'_3}\right)\sin\gamma\cos\theta\tan L - \sin\theta\tan L}{\sqrt{\left(2\dfrac{w'_2 - w'_1}{w'_2 - w'_3} - 1\right)^2\cos^2\gamma + \cos^2\theta}} \\ &\quad - \arctan\frac{\cos\theta}{\left(2\dfrac{w'_2 - w'_1}{w'_2 - w'_3} - 1\right)\cos\gamma}\end{aligned} \tag{4-37}$$

上述计算方法不受陀螺零偏、标度因数误差的影响，对陀螺精度要求有所降低。

下面计算第二种旋转方案下的平台倾角。

由式（4-1）得

$$\begin{cases} f_{x1}=K_x[g\sin\gamma\cos\theta+g\beta_y\cos\gamma\cos\theta+\nabla_x+\varepsilon_{accx}(t_1)] \\ f_{y1}=K_y[-g\sin\theta-g\beta_x\cos\gamma\cos\theta+\nabla_y+\varepsilon_{accy}(t_1)] \\ f_{x2}=K_x[-g\sin\theta+g\beta_y\cos\gamma\cos\theta+\nabla_x+\varepsilon_{accx}(t_2)] \\ f_{y2}=K_y[-g\sin\gamma\cos\theta-g\beta_x\cos\gamma\cos\theta+\nabla_y+\varepsilon_{accy}(t_2)] \\ f_{x3}=K_x[g\sin\theta+g\beta_y\cos\gamma\cos\theta+\nabla_x+\varepsilon_{accx}(t_3)] \\ f_{y3}=K_y[g\sin\gamma\cos\theta-g\beta_x\cos\gamma\cos\theta+\nabla_y+\varepsilon_{accy}(t_3)] \end{cases} \tag{4-38}$$

由式（4-38）得

$$\begin{cases} \sin\theta=\dfrac{f_{x3}-f_{x2}}{2K_xg}=\dfrac{-2f_{y1}+(f_{y1}+f_{y2})}{2K_yg} \\ \cos\theta=\sqrt{1-\left(\dfrac{f_{x3}-f_{x2}}{2K_xg}\right)^2}=\sqrt{1-\left[\dfrac{-2f_{y1}+(f_{y1}+f_{y2})}{2K_yg}\right]^2} \\ \sin\gamma=\dfrac{2f_{x1}-(f_{x2}+f_{x3})}{2K_xg\sqrt{1-\left(\dfrac{f_{x3}-f_{x2}}{2K_xg}\right)^2}}=\dfrac{f_{y3}-f_{y2}}{2K_yg\sqrt{1-\left[\dfrac{-2f_{y1}+(f_{y1}+f_{y2})}{2K_yg}\right]^2}} \\ \cos\gamma=\sqrt{1-\sin^2\gamma} \end{cases} \tag{4-39}$$

③最佳初始位置设置

对于第一种旋转方案，由式（4-15）得

$$P=\frac{2\cos\varphi\omega_N}{\cos\varphi\omega_N-\sin\varphi\omega_N} \tag{4-40}$$

以北向角 φ 为变量，对式（4-40）进行求导，得

$$\frac{dP}{d\varphi}=\frac{2(\sin^2\varphi+\cos^2\varphi)}{(\cos\varphi-\sin\varphi)^2} \tag{4-41}$$

再次求导，得

$$\frac{d^2P}{d^2\varphi}=\frac{4(\cos^4\varphi-\sin^4\varphi)}{(\cos\varphi-\sin\varphi)^4} \tag{4-42}$$

当式（4-42）为零时，$\varphi=3\pi/4,\ 7\pi/4$，此时式（4-41）取得最大值。所以，对于三位置寻北的第一种旋转方案，初始位置应该

设定在 3π/4 附近。

对于第二种旋转方案，由式（4-18）得

$$P = \frac{\cos\varphi\omega_N - \sin\varphi\omega_N}{\cos\varphi\omega_N + \sin\varphi\omega_N} \tag{4-43}$$

对式（4-43）进行求导，得

$$\frac{dP}{d\varphi} = -1 - \frac{(\cos\varphi - \sin\varphi)^2}{(\cos\varphi + \sin\varphi)^2} \tag{4-44}$$

二次求导，得

$$\frac{d^2P}{d^2\varphi} = \frac{4(\cos\varphi - \sin\varphi)}{(\cos\varphi + \sin\varphi)^3} \tag{4-45}$$

当式（4-45）为零时，$\varphi = \pi/4, 5\pi/4$，此时式（4-44）达到极值，所以三位置寻北执行第二种旋转方案时，初始位置应设定在 π/4 附近。

（4）四位置寻北方案

①四位置寻北方案的基本原理

理想情况下，四位置寻北方案与三位置寻北方案类似，只是需要将处于水平状态的转台按照逆时针方向精确转动到四个特定位置，比三位置寻北方案多转动一个位置，即 φ，$\varphi+90°$，$\varphi+180°$，$\varphi+270°$，根据式（4-1），只考虑陀螺零偏及零漂时，在这四个位置上陀螺的输出为

$$\begin{cases} w_1 = \cos\varphi\omega_N + \omega_0 + \varepsilon_{fog}(t_1) \\ w_2 = \sin\varphi\omega_N + \omega_0 + \varepsilon_{fog}(t_2) \\ w_3 = -\cos\varphi\omega_N + \omega_0 + \varepsilon_{fog}(t_3) \\ w_4 = -\sin\varphi\omega_N + \omega_0 + \varepsilon_{fog}(t_4) \end{cases} \tag{4-46}$$

基于上述测量结果求解北向角的方法主要有两种。

方法一：分别利用位置 1 和位置 3、位置 2 和位置 4 求解两个寻北结果，即

$$\begin{gathered} \varphi_1 = \arccos\frac{w_1 - w_3}{2\omega_N} \\ \varphi_2 = \arcsin\frac{w_2 - w_4}{2\omega_N} \end{gathered} \tag{4-47}$$

然后采用加权取平均的方法求解北向角，即

$$\varphi=\varphi_1\sin^2\varphi_1+\varphi_2\cos^2\varphi_2 \tag{4-48}$$

方法二：综合利用位置1～位置4的测量结果，求解北向角，即

$$\varphi=\arctan\frac{w_2-w_4}{w_1-w_3} \tag{4-49}$$

②存在误差情况下的四位置寻北方案原理

当平台存在倾斜时，水平倾斜角 γ 和 θ 不为零，忽略转位误差，由式（4-1）得到陀螺在四位置的输出为

$$\begin{cases}
w'_1=K\{\cos\varphi\cos\theta\omega_N+\sin\theta\omega_U+\eta_z\cos\gamma\sin\varphi\omega_N+\\
\quad\eta_x\cos\gamma\cos\theta\omega_U+\delta\psi(\cos\gamma\sin\varphi-\sin\gamma\cos\varphi\sin\theta)\omega_N+\\
\quad\sin\gamma\cos\theta\omega_U]+\omega_0+\varepsilon_{fog}(t_1)\}\\
w'_2=K[\sin\varphi\cos\gamma\omega_N+\sin\gamma\cos\theta\omega_U-\eta_z\cos\varphi\cos\theta\omega_N+\\
\quad\eta_x\cos\gamma\cos\theta\omega_U-\delta\psi(\cos\varphi\cos\theta\omega_N+\sin\theta\omega_U)+\omega_0+\varepsilon_{fog}(t_2)]\\
w'_3=K\{-(\cos\varphi\cos\theta\omega_N+\sin\theta\omega_U)-\eta_z\cos\gamma\sin\varphi\omega_N+\\
\quad\eta_x\cos\gamma\cos\theta\omega_U-\delta\psi[(\cos\gamma\sin\varphi-\sin\gamma\cos\varphi\sin\theta)\omega_N+\\
\quad\sin\gamma\cos\theta\omega_U]+\omega_0+\varepsilon_{fog}(t_3)\}\\
w'_4=K[-(\sin\varphi\cos\gamma\omega_N+\sin\gamma\cos\theta\omega_U)+\eta_z\cos\varphi\cos\theta\omega_N+\\
\quad\eta_x\cos\gamma\cos\theta\omega_U+\delta\psi(\cos\varphi\cos\theta\omega_N+\sin\theta\omega_U)+\omega_0+\varepsilon_{fog}(t_4)]
\end{cases} \tag{4-50}$$

忽略安装误差及转位误差影响，按照方法一分别计算两个北向角，得

$$\begin{aligned}
\varphi_1&=\arccos\frac{w'_1-w'_3-2K\sin\theta\omega_U}{2K\cos\theta\omega_N}\\
\varphi_2&=\arcsin\frac{w'_2-w'_4-2K\sin\gamma\cos\theta\omega_U}{2K\cos\gamma\omega_N}
\end{aligned} \tag{4-51}$$

则载体系与真北的夹角为

$$\varphi=\varphi_1\sin^2\varphi_1+\varphi_2\cos^2\varphi_2 \tag{4-52}$$

从上述解算过程来看，这种四位置寻北方案可以消除的误差与两位置寻北方案几乎相同，包括陀螺零偏、安装误差 η_x 等，但是由于将两次寻北结果进行加权求和计算北向角，一定程度上减弱了各

种误差对寻北精度的影响。

按照方法二计算载体系与真北之间的夹角

$$\varphi = \arctan\left(\frac{w'_2 - w'_4 - 2K\sin\gamma\cos\theta\omega_U}{w'_1 - w'_3 - 2K\sin\theta\omega_U} \cdot \frac{\cos\theta}{\cos\gamma}\right) \quad (4-53)$$

从上述解算过程来看，该方法可以消除陀螺零偏、安装误差 η_x 等，同时由于平台倾斜角为小量，式（4－53）中的 $2K\sin\gamma\cos\theta\omega_U$ 项与 $2K\sin\theta\omega_U$ 项较小，因此标度因数误差和纬度误差对寻北精度的影响较小。

第三种计算方法：

令

$$\begin{aligned} A_1 &= w'_2 - w'_4 = K[2\sin\varphi\cos\gamma\omega_N + 2\sin\gamma\cos\theta\omega_U + \varepsilon_{fog}(t_2) - \varepsilon_{fog}(t_4)] \\ A_2 &= w'_1 - w'_3 = K[2\cos\varphi\cos\theta\omega_N + 2\sin\theta\omega_U + \varepsilon_{fog}(t_1) - \varepsilon_{fog}(t_3)] \end{aligned} \quad (4-54)$$

则

$$A = \frac{A_1}{A_2} = \frac{\sin\varphi\cos\gamma + \sin\gamma\cos\theta\tan L}{\cos\varphi\cos\theta + \sin\theta\tan L} \quad (4-55)$$

整理得

$$\sin\varphi\cos\gamma - A\cos\varphi\cos\theta = A\sin\theta\tan L - \sin\gamma\cos\theta\tan L \quad (4-56)$$

令

$$\begin{aligned} a &= \cos\gamma \\ b &= -A\cos\theta \\ c &= A\sin\theta\tan L - \sin\gamma\cos\theta\tan L \end{aligned}$$

即式（4－55）变为

$$a\sin\varphi + b\cos\varphi = c \quad (4-57)$$

则北向角为

$$\varphi = \arcsin\frac{c}{\sqrt{a^2 + b^2}} - \arctan\frac{b}{a}$$

$$
= \arcsin \frac{\frac{w'_2 - w'_4}{w'_1 - w'_3}\sin\theta\tan L - \sin\gamma\cos\theta\tan L}{\sqrt{\cos^2\gamma + \left(\frac{w'_2 - w'_4}{w'_1 - w'_3}\right)^2\cos^2\theta}} - \arctan\frac{-\left(\frac{w'_2 - w'_4}{w'_1 - w'_3}\right)\cos\theta}{\cos\gamma} \tag{4-58}
$$

从上述解算过程来看，对应两位置数据相减，可以消除陀螺零偏及安装误差 η_x 的影响，同时由于 $w'_2 - w'_4$ 与 $w'_1 - w'_3$ 两式相除，完全消掉了陀螺标度因数误差的影响。但是需要注意的是，这种寻北方案中，纬度影响通过 $\tan L$ 引入，那么纬度越高，纬度误差对寻北精度影响越大。

下面根据加速度计输出计算倾斜角，以补偿倾角误差的影响。

根据式（4-1）得四位置下两只加速度计表的输出为

$$
\begin{cases}
f'_{x1} = K_x[g\sin\gamma\cos\theta + g\beta_y\cos\gamma\cos\theta + \nabla_x + \varepsilon_{accx}(t_1)] \\
f'_{y1} = K_y[-g\sin\theta + g\beta_y\cos\gamma\cos\theta + \nabla_y + \varepsilon_{accy}(t_1)] \\
f'_{x2} = K_x[-g\sin\theta + g\beta_y\cos\gamma\cos\theta + \nabla_x + \varepsilon_{accx}(t_2)] \\
f'_{y2} = K_y[-g\sin\gamma\cos\theta + g\beta_y\cos\gamma\cos\theta + \nabla_y + \varepsilon_{accy}(t_2)] \\
f'_{x3} = K_x[-g\sin\gamma\cos\theta + g\beta_y\cos\gamma\cos\theta + \nabla_x + \varepsilon_{accx}(t_3)] \\
f'_{y3} = K_y[g\sin\theta + g\beta_y\cos\gamma\cos\theta + \nabla_y + \varepsilon_{accy}(t_3)] \\
f'_{x4} = K_x[g\sin\theta + g\beta_y\cos\gamma\cos\theta + \nabla_x + \varepsilon_{accx}(t_4)] \\
f'_{y4} = K_y[g\sin\gamma\cos\theta + g\beta_y\cos\gamma\cos\theta + \nabla_y + \varepsilon_{accy}(t_4)]
\end{cases} \tag{4-59}
$$

则

$$
\begin{cases}
f'_{x1} - f'_{x3} = 2K_x g\sin\gamma\cos\theta + \varepsilon_{accx}(t_1) - \varepsilon_{accx}(t_3) \\
f'_{y3} - f'_{y1} = 2K_y g\sin\theta + \varepsilon_{accy}(t_3) - \varepsilon_{accy}(t_1) \\
f'_{x4} - f'_{x2} = 2K_x g\sin\theta + \varepsilon_{accx}(t_4) - \varepsilon_{accx}(t_2) \\
f'_{y4} - f'_{y2} = 2K_y g\sin\gamma\cos\theta + \varepsilon_{accy}(t_4) - \varepsilon_{accy}(t_2)
\end{cases} \tag{4-60}
$$

平台倾斜角计算如下

$$
\begin{cases}
\sin\theta = \dfrac{f'_{y3}-f'_{y1}}{2K_y g} = \dfrac{f'_{x4}-f'_{x2}}{2K_x g} \\
\cos\theta = \sqrt{1-\left(\dfrac{f'_{y3}-f'_{y1}}{2K_y g}\right)^2} = \sqrt{1-\left(\dfrac{f'_{x4}-f'_{x2}}{2K_x g}\right)^2} \\
\sin\gamma = \dfrac{f'_{x1}-f'_{x3}}{2K_x g\sqrt{1-\left(\dfrac{f'_{y3}-f'_{y1}}{2K_y g}\right)^2}} = \dfrac{f'_{y4}-f'_{y2}}{2K_y g\sqrt{1-\left(\dfrac{f'_{x4}-f'_{x2}}{2K_x g}\right)^2}} \\
\cos\gamma = \sqrt{1-\sin^2\gamma}
\end{cases}
\tag{4-61}
$$

从式（4-61）可以看出，利用一只加速度计即可计算平台的倾斜角；同时，通过相反方向两值相减，可以消除加速度计零偏及安装误差对倾角测量精度的影响，但无法消除标度因数的影响。

（5）多位置寻北方案

多位置寻北方案是通过陀螺在多个位置上测量地球自转角速率水平分量在其敏感轴是哪个的输出，解算出其本身的实时零位及陀螺敏感轴与地理北向的初始夹角。

①多位置寻北方案的基本原理

理想情况下，平台保持水平状态，并且绕 oz_b 轴按照逆时针方向，精确转动到以 $\Delta\psi$ 为等间隔的 n 个特定位置上，即 φ，$\varphi+\Delta\psi$，$\varphi+2\Delta\psi$，…，$\varphi+(n-1)\Delta\psi$，360°。由于初始时陀螺敏感轴与载体系 oy_b 重合，可得到不同位置下地球转速的分量为

$$
w_i = \sin(i\cdot\Delta\psi)\sin\varphi\omega_N + \cos(i\cdot\Delta\psi)\cos\varphi\omega_N + w_0 + \varepsilon_{fog}(t_i) \quad (i=1,2,\cdots,n)
\tag{4-62}
$$

忽略陀螺漂移，只考虑常值误差，整理得

$$
\begin{bmatrix} w_1 \\ w_2 \\ \vdots \\ w_n \end{bmatrix} = \begin{bmatrix} \sin(\Delta\psi) & \cos(\Delta\psi) & 1 \\ \sin(2\Delta\psi) & \cos(2\Delta\psi) & 1 \\ \vdots & \vdots & \vdots \\ \sin(n\Delta\psi) & \cos(n\Delta\psi) & 1 \end{bmatrix} \begin{bmatrix} \sin\varphi\omega_N \\ \cos\varphi\omega_N \\ w_0 \end{bmatrix}
\tag{4-63}
$$

令

$$\boldsymbol{B}=\begin{bmatrix} w_1 \\ w_2 \\ \vdots \\ w_n \end{bmatrix},\boldsymbol{A}=\begin{bmatrix} \sin(\Delta\psi) & \cos(\Delta\psi) & 1 \\ \sin(2\Delta\psi) & \cos(2\Delta\psi) & 1 \\ \vdots & \vdots & \vdots \\ \sin(n\Delta\psi) & \cos(n\Delta\psi) & 1 \end{bmatrix},\boldsymbol{X}=\begin{bmatrix} \sin\varphi\omega_{\mathrm{N}} \\ \cos\varphi\omega_{\mathrm{N}} \\ w_0 \end{bmatrix} \tag{4-64}$$

则有 $\boldsymbol{AX}=\boldsymbol{B}$，用最小二乘法求得方程的解

$$\hat{\boldsymbol{X}}=(\boldsymbol{A}^{\mathrm{T}}\boldsymbol{A})^{-1}\boldsymbol{A}^{\mathrm{T}}\boldsymbol{B}$$

$$\varphi=\arctan\left[\frac{\hat{X}(1)}{\hat{X}(2)}\right] \tag{4-65}$$

$$w_0=\hat{X}(3)$$

φ 即为初始时陀螺敏感轴与真北方向的夹角。由 $\varphi=\arctan\left[\frac{\hat{\boldsymbol{X}}(1)}{\hat{\boldsymbol{X}}(2)}\right]$ 知，当转台水平时是不需要纬度信息的。

②存在误差时的多位置寻北原理

当平台存在倾斜时，水平倾斜角 γ 和 θ 不为零，忽略转位误差，由式（4-1）得到陀螺在各个位置的输出为

$$\begin{aligned} w'_i=&K\{[\sin(i\cdot\Delta\psi)(\cos\gamma\sin\varphi\omega_{\mathrm{N}}+\sin\gamma\cos\theta\omega_{\mathrm{U}})+\cos(i\cdot\Delta\psi)\\ &(\cos\varphi\cos\theta\omega_{\mathrm{N}}+\sin\theta\omega_{\mathrm{U}})]+\eta_z[\cos(i\cdot\Delta\psi)\cos\gamma\sin\varphi\omega_{\mathrm{N}}-\\ &\sin(i\cdot\Delta\psi)\cos\varphi\cos\theta\omega_{\mathrm{N}}]+\eta_x\cos\gamma\cos\theta\omega_{\mathrm{U}}+[\delta\psi\cos(i\cdot\Delta\psi)]\\ &[(\cos\gamma\sin\varphi-\sin\gamma\cos\varphi\sin\theta)\omega_{\mathrm{N}}+\sin\gamma\cos\theta\omega_{\mathrm{U}}]-\\ &\delta\psi\sin(i\cdot\Delta\psi)(\cos\varphi\cos\theta\omega_{\mathrm{N}}+\sin\theta\omega_{\mathrm{U}})+w_0+\varepsilon_{\mathrm{fog}}(t_i)\}\\ &(i=1,2,\cdots,n) \end{aligned} \tag{4-66}$$

忽略安装误差、转位误差及陀螺漂移的影响，式（4-66）整理得

$$\begin{bmatrix} w'_1/K \\ w'_2/K \\ \vdots \\ w'_n/K \end{bmatrix} = \begin{bmatrix} \sin(\Delta\psi)\cos\gamma & \cos(\Delta\psi)\cos\theta & 1 \\ \sin(2\Delta\psi)\cos\gamma & \cos(2\Delta\psi)\cos\theta & 1 \\ \vdots & \vdots & \vdots \\ \sin(n\Delta\psi)\cos\gamma & \cos(n\Delta\psi)\cos\theta & 1 \end{bmatrix} \begin{bmatrix} \sin\varphi\omega_N \\ \cos\varphi\omega_N \\ w_0 \end{bmatrix} + \begin{bmatrix} \sin(\Delta\psi)\sin\gamma\cos\theta\omega_U + \cos(\Delta\psi)\sin\theta\omega_U \\ \sin(2\Delta\psi)\sin\gamma\cos\theta\omega_U + \cos(2\Delta\psi)\sin\theta\omega_U \\ \vdots \\ \sin(n\Delta\psi)\sin\gamma\cos\theta\omega_U + \cos(n\Delta\psi)\sin\theta\omega_U \end{bmatrix} \tag{4-67}$$

令

$$\boldsymbol{X} = \begin{bmatrix} \sin\varphi\omega_N \\ \cos\varphi\omega_N \\ w_0 \end{bmatrix}$$

$$\boldsymbol{A} = \begin{bmatrix} \sin(\Delta\psi) & \cos(\Delta\psi) & 1 \\ \sin(2\Delta\psi) & \cos(2\Delta\psi) & 1 \\ \vdots & \vdots & \vdots \\ \sin(n\Delta\psi) & \cos(n\Delta\psi) & 1 \end{bmatrix}$$

$$\boldsymbol{B} = \begin{bmatrix} w_1/K - \sin(\Delta\psi)\sin\gamma\cos\theta\omega_U + \cos(\Delta\psi)\sin\theta\omega_U \\ w_2/K - \sin(2\Delta\psi)\sin\gamma\cos\theta\omega_U + \cos(2\Delta\psi)\sin\theta\omega_U \\ \vdots \\ w_n/K - \sin(n\Delta\psi)\sin\gamma\cos\theta\omega_U + \cos(n\Delta\psi)\sin\theta\omega_U \end{bmatrix}$$

则有 $\boldsymbol{AX} = \boldsymbol{B}$，用最小二乘法求得方程的解

$$\hat{\boldsymbol{X}} = (\boldsymbol{A}^{\mathrm{T}}\boldsymbol{A})^{-1}\boldsymbol{A}^{\mathrm{T}}\boldsymbol{B}$$

$$\varphi = \arctan\left[\frac{\hat{X}(1)}{\hat{X}(2)}\right] \tag{4-68}$$

$$w_0 = \hat{X}(3)$$

φ 即为初始时陀螺敏感轴与真北方向的夹角。由计算过程可知，

当转台存在倾斜角时，寻北解算需要纬度信息，同时，多位置寻北解算受陀螺标度因数误差、安装误差、转位误差等的影响。

下面计算平台倾斜角：

由式（4 - 1）得

$$
\begin{aligned}
f'_{xi} &= K_x[g\cos(i\cdot\Delta\psi)\sin\gamma\cos\theta - g\sin(i\cdot\Delta\psi)\sin\theta + \\
&\quad g\beta_y\cos\gamma\cos\theta + \nabla_x + \varepsilon_{accx}(t_i)] \\
f'_{yi} &= K_y[-g\sin(i\cdot\Delta\psi)\sin\gamma\cos\theta - g\cos(i\cdot\Delta\psi)\sin\theta - \\
&\quad g\beta_x\cos\gamma\cos\theta + \nabla_y + \varepsilon_{accy}(t_i)]
\end{aligned}
\tag{4-69}
$$

忽略安装误差及陀螺漂移的影响，式（6 - 69）整理得

$$
\begin{bmatrix} f'_{x1}/K_x \\ f'_{x2}/K_x \\ \vdots \\ f'_{xn}/K_x \end{bmatrix} = \begin{bmatrix} \cos(\Delta\psi) & -\sin(\Delta\psi) & 1 \\ \cos(2\Delta\psi) & -\sin(2\Delta\psi) & 1 \\ \vdots & \vdots & \vdots \\ \cos(n\Delta\psi) & -\sin(n\Delta\psi) & 1 \end{bmatrix} \begin{bmatrix} g\sin\gamma\cos\theta \\ g\sin\theta \\ \nabla_x \end{bmatrix}
\tag{4-70}
$$

令

$$
\boldsymbol{X} = \begin{bmatrix} g\sin\gamma\cos\theta \\ g\sin\theta \\ \nabla_x \end{bmatrix}
$$

$$
\boldsymbol{A} = \begin{bmatrix} \cos(\Delta\psi) & -\sin(\Delta\psi) & 1 \\ \cos(2\Delta\psi) & -\sin(2\Delta\psi) & 1 \\ \vdots & \vdots & \vdots \\ \cos(n\Delta\psi) & -\sin(n\Delta\psi) & 1 \end{bmatrix}
$$

$$
\boldsymbol{B} = \begin{bmatrix} f'_{x1}/K_x \\ f'_{x2}/K_x \\ \vdots \\ f'_{xn}/K_x \end{bmatrix}
$$

则有 $\boldsymbol{AX} = \boldsymbol{B}$，用最小二乘法求得方程的解

$$
\begin{aligned}
&\hat{\boldsymbol{X}} = (\boldsymbol{A}^{\mathrm{T}}\boldsymbol{A})^{-1}\boldsymbol{A}^{\mathrm{T}}\boldsymbol{B} \\
&\sin\theta = \frac{\hat{X}(2)}{g} \\
&\cos\theta = \sqrt{1-\left(\frac{\hat{X}(2)}{g}\right)^2} \\
&\sin\gamma = \frac{\hat{X}(1)}{g\sqrt{1-\left(\frac{\hat{X}(2)}{g}\right)^2}} \\
&\cos\gamma = \sqrt{1-\sin^2\gamma} \\
&\nabla_x = \hat{X}(3)
\end{aligned}
\tag{4-71}
$$

（6）连续旋转寻北方案

连续转动寻北方案是在寻北过程中，使转台连续均匀转动，惯性测量组件绕垂直中心连续转动，测量陀螺的输出信号，并从中辨识出初始方位角。该种方案是一种新的动态寻北方案，目前正处于探索阶段。连续旋转寻北方案将静态测量问题转化为动态测量问题，通过人为引入的连续转动对陀螺信号进行调制，减小陀螺低频随机漂移误差的影响。

连续旋转寻北方案的基本原理如下。

将陀螺垂直安装在转台上，使其敏感轴与转台台面平行，由电机驱动，转速为 Ω 。电机的转速由稳速电路控制，使机械转台以恒定的角速度 Ω 旋转。数据采集系统通过对光电编码器的位置采样，结合相应位置传感器的实际输出信号进行数学计算，得出陀螺敏感轴相对真北方向的初始方位角 φ 。

陀螺的实际输出为

$$
\omega(t) = \omega_{\mathrm{N}}\cos(\varphi+\Omega t)+\omega_0+\varepsilon_{\mathrm{fog}}(t) \tag{4-72}
$$

在同一个周期中取 n 个位置 $\psi_i(i=1,2,\cdots,n)$ ，陀螺输出的数学模型为

$$\omega_i = \omega_N \cos\varphi\cos\psi_i - \omega_N \sin\varphi\sin\psi_i + \omega_0 + \varepsilon_{fog}(t) \quad (4-73)$$

将式（4－73）变换成如下形式

$$\omega_i = A\cos\psi_i - B\sin\psi_i + \omega_0 + \varepsilon_{fog}(t) \quad (4-74)$$

其中

$$\psi_i = \Omega t$$

$$A = \omega_N \cos\varphi$$

$$B = \omega_N \sin\varphi$$

对式（4－74）进行最小二乘参数估计，则可求出 A 和 B 的估计值为

$$\hat{A} = \frac{\sum_{i=1}^{n} \sin^2\psi_i \sum_{i=1}^{n} \omega_i \cos\psi_i - \sum_{i=1}^{n} \sin\omega_i \sum_{i=1}^{n} \sin\psi_i \cos\psi_i}{\sum_{i=1}^{n} \sin^2\psi_i \sum_{i=1}^{n} \cos^2\psi_i - \left(\sum_{i=1}^{n} \sin\psi_i \cos\psi_i\right)^2} \quad (4-75)$$

$$\hat{B} = \frac{\sum_{i=1}^{n} \cos^2\psi_i \sum_{i=1}^{n} \omega_i \cos\psi_i - \sum_{i=1}^{n} \cos\omega_i \sum_{i=1}^{n} \sin\psi_i \cos\psi_i}{\sum_{i=1}^{n} \sin^2\psi_i \sum_{i=1}^{n} \cos^2\psi_i - \left(\sum_{i=1}^{n} \sin\psi_i \cos\psi_i\right)^2} \quad (4-76)$$

因此，北向方位角的估计值为

$$\varphi = \arctan(\hat{B}/\hat{A}) \quad (4-77)$$

此方案要求在陀螺测试期间转台匀速转动，陀螺的输出为周期信号，其周期就是转台的转动周期。

4.3.2　双陀螺寻北方案

双陀螺寻北仪是将两个陀螺按正交位置放置，陀螺敏感轴处于水平位置，当不考虑安装误差时，两个陀螺的敏感轴分别与载体系的 ox_b 和 oy_b 轴平行。双陀螺寻北方案一般分为两位置寻北、四位置寻北等方案，其中以双陀螺两位置寻北方案最为常见。

（1）双陀螺两位置寻北方案

双陀螺两位置寻北方案与单陀螺两位置寻北方案的模式相似，

也是对陀螺在相差 180°的两个位置的输出值进行检测，然后根据检测值进行北向的计算。

①双陀螺两位置寻北的基本原理

理想情况下，安装陀螺及加速度计的动基座平面平行于水平面，陀螺敏感轴平行于动基座平面。开始寻北时，两陀螺敏感轴位于水平面内，oy_g 轴与北向之间的夹角即为寻北仪需要解算的北向角 φ，在该状态下记录陀螺输出 w_{x1} 和 w_{y1}。利用转位机构，使平台逆时针旋转 180°，然后记录两陀螺输出 w_{x2} 和 w_{y2}。陀螺采集过程中，水平倾斜角 γ 和 θ 均为零，同时忽略安装误差，则由式（4－1）得

$$\begin{cases}\omega_{x1}=-\sin\varphi\omega_{\mathrm{N}}+\omega_{x0}+\varepsilon_{\mathrm{fog}x}(t_1)\\ \omega_{y1}=\cos\varphi\omega_{\mathrm{N}}+\omega_{y0}+\varepsilon_{\mathrm{fog}y}(t_1)\\ \omega_{x2}=\sin\varphi\omega_{\mathrm{N}}+\omega_{x0}+\varepsilon_{\mathrm{fog}x}(t_2)\\ \omega_{y2}=-\cos\varphi\omega_{\mathrm{N}}+\omega_{y0}+\varepsilon_{\mathrm{fog}y}(t_2)\end{cases}\tag{4-78}$$

由式（4－78）解算出北向角为

$$\varphi=\arctan\frac{\omega_{x2}-\omega_{x1}}{\omega_{y1}-\omega_{y2}}\tag{4-79}$$

②存在误差时的两位置寻北方案

当平台存在倾斜时，水平倾斜角 γ 和 θ 不为零，忽略转位误差，由式（4－1）得到两陀螺在相反方向的输出为

$$\begin{cases}\omega'_{x1}=K_x[-(\cos\gamma\sin\varphi\omega_{\mathrm{N}}+\sin\gamma\cos\theta\omega_{\mathrm{U}})+\eta_z\cos\varphi\cos\theta\omega_{\mathrm{N}}-\\ \qquad\eta_y\cos\gamma\cos\theta\omega_{\mathrm{U}}+\omega_{x0}+\varepsilon_{\mathrm{fog}x}(t_1)]\\ \omega'_{y1}=K_y[\cos\varphi\cos\theta\omega_{\mathrm{N}}+\sin\theta\omega_{\mathrm{U}}+\eta_z\cos\gamma\sin\varphi\omega_{\mathrm{N}}+\\ \qquad\eta_x\cos\gamma\cos\theta\omega_{\mathrm{U}}+\omega_{y0}+\varepsilon_{\mathrm{fog}y}(t_1)]\\ \omega'_{x2}=K_x[\cos\gamma\sin\varphi\omega_{\mathrm{N}}+\sin\gamma\cos\theta\omega_{\mathrm{U}}-\eta_z\cos\varphi\cos\theta\omega_{\mathrm{N}}-\\ \qquad\eta_y\cos\gamma\cos\theta\omega_{\mathrm{U}}+\omega_{x0}+\varepsilon_{\mathrm{fog}x}(t_2)]\\ \omega'_{y2}=K_y[-(\cos\varphi\cos\theta\omega_{\mathrm{N}}+\sin\theta\omega_{\mathrm{U}})-\eta_z\cos\gamma\sin\varphi\omega_{\mathrm{N}}+\\ \qquad\eta_x\cos\gamma\cos\theta\omega_{\mathrm{U}}+\omega_{y0}+\varepsilon_{\mathrm{fog}y}(t_2)]\end{cases}\tag{4-80}$$

假设短时间内陀螺漂移 $\varepsilon_{\mathrm{fog}x}(t_1)=\varepsilon_{\mathrm{fog}x}(t_2)$，$\varepsilon_{\mathrm{fog}y}(t_1)=\varepsilon_{\mathrm{fog}y}(t_2)$，

同时忽略安装误差 η_z 的影响，由式（4-80）得

$$\begin{aligned}\omega'_{x2}-\omega'_{x1}&=K_x[2(\cos\gamma\sin\varphi\omega_{\mathrm{N}}+\sin\gamma\cos\theta\omega_{\mathrm{U}})-\\&\quad 2\eta_z\cos\varphi\cos\theta\omega_{\mathrm{N}}+\varepsilon_{\mathrm{fog}x}(t_2)-\varepsilon_{\mathrm{fog}x}(t_1)]\\ \omega'_{y1}-\omega'_{y2}&=K_y[2(\cos\varphi\cos\theta\omega_{\mathrm{N}}+\sin\theta\omega_{\mathrm{U}})+\\&\quad 2\eta_z\cos\gamma\sin\varphi\omega_{\mathrm{N}}+\varepsilon_{\mathrm{fog}y}(t_1)-\varepsilon_{\mathrm{fog}y}(t_2)]\end{aligned} \tag{4-81}$$

北向角为

$$\varphi=\arctan\frac{\cos\theta[(\omega'_{x2}-\omega'_{x1})/K_x-2\sin\gamma\cos\theta\omega_{\mathrm{U}}]}{\cos\gamma[(\omega'_{y1}-\omega'_{y2})/K_y-2\sin\theta\omega_{\mathrm{U}}]} \tag{4-82}$$

由式（4-82）可知，当平台存在一定倾斜时，寻北精度受陀螺标度因数、安装误差、纬度等的影响。倾斜角的计算方式与单陀螺两位置寻北方案中的计算方式相同。

（2）双陀螺四位置寻北方案

①双陀螺四位置寻北方案的基本原理

理想情况下，双陀螺四位置寻北方案与单陀螺四位置寻北方案类似，将处于水平状态的转台按照逆时针方向精确转动到四个特定位置，即 φ，$\varphi+90°$，$\varphi+180°$，$\varphi+270°$，根据式（4-1），只考虑陀螺零偏及零漂时，在这四个位置上两陀螺的输出为

$$\begin{cases}\omega_{x1}=-\sin\varphi\omega_{\mathrm{N}}+\omega_{x0}+\varepsilon_{\mathrm{fog}x}(t_1)\\ \omega_{y1}=\cos\varphi\omega_{\mathrm{N}}+\omega_{y0}+\varepsilon_{\mathrm{fog}y}(t_1)\\ \omega_{x2}=\cos\varphi\omega_{\mathrm{N}}+\omega_{x0}+\varepsilon_{\mathrm{fog}x}(t_2)\\ \omega_{y2}=\sin\varphi\omega_{\mathrm{N}}+\omega_{y0}+\varepsilon_{\mathrm{fog}y}(t_2)\\ \omega_{x3}=\sin\varphi\omega_{\mathrm{N}}+\omega_{x0}+\varepsilon_{\mathrm{fog}x}(t_3)\\ \omega_{y3}=-\cos\varphi\omega_{\mathrm{N}}+\omega_{y0}+\varepsilon_{\mathrm{fog}y}(t_3)\\ \omega_{x4}=-\cos\varphi\omega_{\mathrm{N}}+\omega_{x0}+\varepsilon_{\mathrm{fog}x}(t_4)\\ \omega_{y4}=-\sin\varphi\omega_{\mathrm{N}}+\omega_{y0}+\varepsilon_{\mathrm{fog}y}(t_4)\end{cases} \tag{4-83}$$

由式（4-83）得

$$\varphi_1=\arctan\frac{\omega_{x3}-\omega_{x1}}{\omega_{x2}-\omega_{x4}} \tag{4-84}$$

$$\varphi_2 = \arctan\frac{\omega_{y2}-\omega_{y4}}{\omega_{y1}-\omega_{y3}} \tag{4-85}$$

理想情况下，式（4－84）和式（4－85）求解出的北向角应该是一致的，但由于各种误差的存在，陀螺测量误差在圆周内引起的寻北误差并不相同，因而采用加权平均的方法求解北向角

$$\varphi = \varphi_1\sin^2\varphi_1 + \varphi_2\cos^2\varphi_2 \tag{4-86}$$

②存在误差时的四位置寻北方案

当平台倾斜时，在两陀螺四个位置的输出为

$$\begin{cases}
\omega'_{x1} = K_x[-(\cos\gamma\sin\varphi\omega_N + \sin\gamma\cos\theta\omega_U) + \eta_z\cos\varphi\cos\theta\omega_N - \\
\quad \eta_y\cos\gamma\cos\theta\omega_U + \omega_{x0} + \varepsilon_{fogx}(t_1)] \\
\omega'_{y1} = K_y[\cos\varphi\cos\theta\omega_N + \sin\theta\omega_U + \eta_z\cos\gamma\sin\varphi\omega_N + \\
\quad \eta_x\cos\gamma\cos\theta\omega_U + \omega_{y0} + \varepsilon_{fogy}(t_1)] \\
\omega'_{x2} = K_x[\cos\varphi\cos\theta\omega_N + \sin\theta\omega_U + \eta_z\cos\gamma\sin\varphi\omega_N - \\
\quad \eta_y\cos\gamma\cos\theta\omega_U + \omega_{x0} + \varepsilon_{fogx}(t_2)] \\
\omega'_{y2} = K_y[\sin\varphi\cos\gamma\omega_N + \sin\gamma\cos\theta\omega_U - \eta_z\cos\varphi\cos\theta\omega_N + \\
\quad \eta_x\cos\gamma\cos\theta\omega_U + \omega_{y0} + \varepsilon_{fogy}(t_2)] \\
\omega'_{x3} = K_x[(\sin\varphi\cos\gamma\omega_N + \sin\gamma\cos\theta\omega_U) - \eta_z\cos\varphi\cos\theta\omega_N - \\
\quad \eta_y\cos\gamma\cos\theta\omega_U + \omega_{x0} + \varepsilon_{fogx}(t_3)] \\
\omega'_{y3} = K_y[-(\cos\varphi\cos\theta\omega_N + \sin\theta\omega_U) - \eta_z\cos\gamma\sin\varphi\omega_N + \\
\quad \eta_x\cos\gamma\cos\theta\omega_U + \omega_{y0} + \varepsilon_{fogy}(t_3)] \\
\omega'_{x4} = K_x[-(\cos\varphi\cos\theta\omega_N + \sin\theta\omega_U) - \eta_z\cos\gamma\sin\varphi\omega_N - \\
\quad \eta_y\cos\gamma\cos\theta\omega_U + \omega_{x0} + \varepsilon_{fogx}(t_4)] \\
\omega'_{y4} = K_y[-(\sin\varphi\cos\gamma\omega_N + \sin\gamma\cos\theta\omega_U) + \eta_z\cos\varphi\cos\theta\omega_N + \\
\quad \eta_x\cos\gamma\cos\theta\omega_U + \omega_{y0} + \varepsilon_{fogy}(t_4)]
\end{cases} \tag{4-87}$$

由式（4－87）得

$$\varphi_1 = \arctan\frac{\cos\theta[(\omega'_{x3}-\omega'_{x1})/K_x - 2\sin\gamma\cos\theta\omega_U]}{\cos\gamma[(\omega'_{x2}-\omega'_{x4})/K_x - 2\sin\theta\omega_U]} \tag{4-88}$$

$$\varphi_2 = \arctan \frac{\cos\theta[(\omega'_{y2} - \omega'_{y4})/K_y - 2\sin\gamma\cos\theta\omega_U]}{\cos\gamma[(\omega'_{y1} - \omega'_{y3})/K_y - 2\sin\theta\omega_U]} \tag{4-89}$$

倾斜角的解算方法与单陀螺四位置寻北方案的解算方法相同。

4.4　捷联式寻北仪误差分析

4.4.1　单陀螺寻北方案误差分析

(1) 两位置寻北方案误差分析

不考虑安装误差、转位误差及陀螺漂移时，北向角为

$$\varphi = \arccos \frac{w'_1 - w'_2 - 2K\sin\theta\omega_U}{2K\cos\theta\omega_N} \tag{4-90}$$

为便于分析各类误差对寻北精度的影响，考虑上述误差时北向角为

$$\cos\varphi = \frac{w'_1 - w'_2 + K\sin\theta\,\omega_U - 2K\eta_z\cos\gamma\sin\varphi\,\omega_N - 2\delta\psi K[(\cos\gamma\sin\varphi - \sin\gamma\cos\varphi\sin\theta)\omega_N + \sin\gamma\cos\theta\omega_U] + K[\varepsilon_{fog}(t_1) - \varepsilon_{fog}(t_2)]}{2K\cos\theta\omega_N} \tag{4-91}$$

令 $w = w'_1 - w'_2 + K[\varepsilon_{fog}(t_1) - \varepsilon_{fog}(t_2)]$，有

$$\cos\varphi = \frac{w - 2K\sin\theta\omega_U - 2K\eta_z\cos\gamma\sin\varphi\omega_N}{2K\cos\theta\omega_N} - \frac{2\delta\psi[(\cos\gamma\sin\varphi - \sin\gamma\cos\varphi\sin\theta)\omega_N + \sin\gamma\cos\theta\omega_U]}{2\cos\theta\omega_N} \tag{4-92}$$

①陀螺漂移误差

忽略 η_z 和 $\delta\psi$ 的影响，式 (4-92) 两边对 w 求导，得

$$-\sin\varphi\frac{d\varphi}{dw} = \frac{1}{2K\cos\theta\omega_N} \tag{4-93}$$

则陀螺误差对寻北精度的影响关系为

$$\mathrm{d}\varphi=\frac{-1}{2K\sin\varphi\cos\theta\omega_{\mathrm{N}}}\mathrm{d}w \tag{4-94}$$

考虑全误差情况下，陀螺误差对寻北精度的影响关系为

$$\mathrm{d}\varphi=\frac{1}{2K\omega_{\mathrm{N}}[\eta_z\cos\gamma\cos\varphi+\delta\psi(\cos\gamma\cos\varphi+\sin\gamma\sin\varphi\sin\theta)-\sin\varphi\cos\theta]}\mathrm{d}w \tag{4-95}$$

②陀螺标度因数误差

忽略 η_z 和 $\delta\psi$ 的影响，式（4-92）两边对 K 求导，得

$$\mathrm{d}\varphi=\frac{w}{2K^2\sin\varphi\cos\theta\omega_{\mathrm{N}}}\mathrm{d}K \tag{4-96}$$

考虑全误差情况下，陀螺标度因数误差对寻北精度的影响关系为

$$\mathrm{d}\varphi=\frac{-w}{2K^2\omega_{\mathrm{N}}[\eta_z\cos\gamma\cos\varphi+\delta\psi(\cos\gamma\cos\varphi+\sin\gamma\sin\varphi\sin\theta)-\sin\varphi\cos\theta]}\mathrm{d}K \tag{4-97}$$

③倾斜角误差

忽略 η_z 和 $\delta\psi$ 的影响，式（4-92）两边对 θ 求导，得

$$\mathrm{d}\varphi=\frac{\sec^2\theta\tan L}{\sin\varphi}\mathrm{d}\theta \tag{4-98}$$

式（4-98）两边对 γ 求导，得

$$\mathrm{d}\varphi=\frac{-2\eta_z\sin\gamma\sin\varphi\omega_{\mathrm{N}}}{2\cos\theta\sin\varphi\omega_{\mathrm{N}}}\mathrm{d}\gamma+\frac{\delta\psi[(-\sin\gamma\sin\varphi-\cos\gamma\cos\varphi\sin\theta)\omega_{\mathrm{N}}+\cos\gamma\cos\theta\omega_{\mathrm{U}}]}{2\cos\theta\sin\varphi\omega_{\mathrm{N}}}\mathrm{d}\gamma \tag{4-99}$$

当忽略二阶小量时，由式（4-99）得

$$\mathrm{d}\varphi=0\mathrm{d}\gamma \tag{4-100}$$

可见，倾斜角 γ 的误差对寻北精度没有影响。

④纬度误差

由式（4-92）得

$$\cos\varphi=\frac{w-2K\sin\theta\tan L-2K\eta_z\cos\gamma\sin\varphi}{2K\cos\theta}$$
$$-\frac{\delta\psi[(\cos\gamma\sin\varphi-\sin\gamma\cos\varphi\sin\theta)+\sin\gamma\cos\theta\tan L]}{2\cos\theta} \tag{4-101}$$

忽略 η_z 和 $\delta\psi$ 的影响，式（4-101）两边对纬度 L 求导，得

$$\mathrm{d}\varphi=\frac{\tan\theta\sec^2 L}{\sin\varphi}\mathrm{d}L \tag{4-102}$$

⑤陀螺安装误差

忽略 $\delta\psi$ 的影响，由式（4-92）得到当没有陀螺安装误差时，北向角为

$$\varphi=\arccos\frac{w-2K\sin\theta\omega_{\mathrm{U}}}{2K\cos\theta\omega_{\mathrm{N}}} \tag{4-103}$$

当考虑陀螺安装误差时

$$\cos\varphi'=\cos(\varphi+\delta\varphi)=\frac{w-2K\sin\theta\omega_{\mathrm{U}}}{2K\cos\theta\omega_{\mathrm{N}}}-\frac{2K\eta_z\cos\gamma\sin\varphi\omega_{\mathrm{N}}}{2K\cos\theta\omega_{\mathrm{N}}} \tag{4-104}$$

由于

$$\cos\varphi'=\cos\varphi\cos(\delta\varphi)-\sin\varphi\sin(\delta\varphi) \tag{4-105}$$

且 $\delta\varphi$ 为小角度，所以 $\cos(\delta\varphi)\approx 1,\sin(\delta\varphi)\approx\delta\varphi$，由式（4-102）～（4-104）得

$$\delta\varphi=\frac{\cos\gamma}{\cos\theta}\eta_z \tag{4-106}$$

由式（4-106）可见，当平台倾角为小角度时，$\cos\gamma\approx 1,\cos\theta\approx 1$，所以安装误差与北向角误差近似为 1∶1 的关系。

⑥加速度计漂移误差

从式（4-5）可以看出，二位置寻北方案只需要 oy_a 轴加速度计即可实现对倾斜角的补偿，因此，由式（4-6）得

$$\begin{aligned} f'_{y1} &= K_{accy}[-g\sin\theta - \beta_z g\sin\gamma\cos\theta - g\beta_x\cos\gamma\cos\theta - \\ &\quad \delta\psi g\sin\gamma\cos\theta + \nabla_y + \varepsilon_{accy}(t_1)] \\ f'_{y2} &= K_{accy}[g\sin\theta + \beta_z g\sin\gamma\cos\theta - g\beta_x\cos\gamma\cos\theta + \\ &\quad \delta\psi g\sin\gamma\cos\theta + \nabla_y + \varepsilon_{accy}(t_2)] \end{aligned} \tag{4-107}$$

由式（4-107）计算倾斜角

$$\sin\theta = \frac{(f'_{y2} - f'_{y1}) - 2K_{accy}\beta_z g\sin\gamma\cos\theta - 2K_{accy}\delta\psi g\sin\gamma\cos\theta + K_{accy}[\varepsilon_{accy}(t_2) - \varepsilon_{accy}(t_1)]}{2gK_{accy}} \tag{4-108}$$

令 $f = (f'_{y2} - f'_{y1}) + K_{accy}[\varepsilon_{accy}(t_2) - \varepsilon_{accy}(t_1)]$，式（4-108）变为

$$\sin\theta = \frac{f - 2K_{accy}\beta_z g\sin\gamma\cos\theta - 2K_{accy}\delta\psi g\sin\gamma\cos\theta}{2gK_{accy}} \tag{4-109}$$

忽略 β_z 和 $\delta\psi$ 的影响，式（4-109）两边对 f 求导，得到加速度计漂移对倾角误差的影响为

$$d\theta = \frac{1}{2gK_{accy}\cos\theta}df \tag{4-110}$$

⑦加速度计标度因数误差

忽略 β_z 和 $\delta\psi$ 的影响，式（4-109）两边对 K_{accy} 求导，得到加速度计标度因数对倾角误差的影响为

$$d\theta = \frac{-f}{2gK_{accy}^2\cos\theta}dK_{accy} \tag{4-111}$$

⑧重力加速度误差

忽略 β_z 和 $\delta\psi$ 的影响，式（4-109）两边对 g 求导，得到重力加速度误差对倾角误差的影响为

$$d\theta = \frac{-f}{2g^2K_{accy}\cos\theta}dg \tag{4-112}$$

⑨加速度计安装误差

当加速度计没有安装误差时，倾斜角计算如下

$$\sin\theta = \frac{f}{2gK_{\text{accy}}} \tag{4-113}$$

当存在安装误差时，倾斜角计算为

$$\sin\theta' = \sin(\theta+\delta\theta) = \frac{f-2K_{\text{accy}}\beta_z g\sin\gamma\cos\theta}{2gK_{\text{accy}}} \tag{4-114}$$

由于：$\sin(\theta+\delta\theta)=\sin\theta\cos(\delta\theta)+\cos\theta\sin(\delta\theta)$，且当倾斜角为小角度时，$\cos(\delta\theta)\approx 1$，$\sin(\delta\theta)\approx\delta\theta$，所以，由式（4 - 113）及式（4 - 114）得

$$\delta\theta = -\sin\gamma\cdot\beta_z \tag{4-115}$$

由式（4 - 115）可知，当存在安装误差时，倾斜角 γ 影响 θ 的精度，进而影响寻北精度。

⑩转位误差

忽略安装误差 η_z 的影响，当没有转位误差时，北向角的计算公式如下

$$\cos\varphi = \frac{w-2K\sin\theta\omega_{\text{U}}}{2K\cos\theta\omega_{\text{N}}} \tag{4-116}$$

当存在安装误差时

$$\cos\varphi' = \cos(\varphi+\delta\varphi)$$
$$= \frac{w-2K\sin\theta\omega_{\text{U}}}{2K\cos\theta\omega_{\text{N}}} - \frac{2\delta\psi[(\cos\gamma\sin\varphi-\sin\gamma\cos\varphi\sin\theta)\omega_{\text{N}}+\sin\gamma\cos\theta\omega_{\text{U}}]}{2\cos\theta\omega_{\text{N}}} \tag{4-117}$$

由于：$\cos(\varphi+\delta\varphi)=\cos\varphi\cos(\delta\varphi)-\sin\varphi\sin(\delta\varphi)$，且当倾斜角为小角度时，$\cos(\delta\varphi)\approx 1$，$\sin(\delta\varphi)\approx\delta\varphi$，所以，由式（4 - 116）及式（4 - 117）得

$$\delta\varphi = \frac{[(\cos\gamma\sin\varphi-\sin\gamma\cos\varphi\sin\theta)+\sin\gamma\cos\theta\tan L]}{\sin\theta\cos\theta}\delta\psi \tag{4-118}$$

转位误差同时影响倾斜角 θ 的精度，进而影响寻北精度。

当加速度计没有安装误差时，倾斜角计算如下

$$\sin\theta = \frac{f}{2gK_{\text{accy}}} \tag{4-119}$$

当存在安装误差时，倾斜角计算为

$$\sin\theta' = \sin(\theta+\delta\theta) = \frac{f-2K_{accy}\delta\psi g\sin\gamma\cos\theta}{2gK_{accy}} \tag{4-120}$$

由于：$\sin(\theta+\delta\theta)=\sin\theta\cos(\delta\theta)+\cos\theta\sin(\delta\theta)$，且当倾斜角为小角度时，$\cos(\delta\theta)\approx 1$，$\sin(\delta\theta)\approx\delta\theta$，所以，由式（4－119）及式（4－120）得

$$\delta\theta = -\sin\gamma\cdot\delta\psi \tag{4-121}$$

由式（4－121）可知，当存在转位误差时，倾斜角 γ 影响 θ 的精度，进而影响寻北精度。

（2）三位置寻北方案误差分析

如前所述，三位置寻北有两种旋转方案，第一种为：陀螺敏感轴绕天向轴依次精确转动到 0°，90°和 180°三个位置；第二种为：陀螺敏感轴绕天向轴依次精确转动到 0°，90°和 270°。两种转动顺序对应不同的寻北方案，同时同一转动方案的寻北解算方法也有两种。本节将对第一种转动方式下各种误差对寻北精度的影响进行详细推导，并依照该原理和方法，给出第二种转动方式下各种误差对寻北精度的影响。通过对比上述两种转动方式，确定三位置寻北的最优方案及最优寻北解算方法。

对于第一种旋转方案，当不考虑陀螺安装误差、转位误差以及陀螺漂移时，北向角的一种计算方法为

$$\varphi = \arctan\frac{[2(w'_1-w'_2)-(w'_1-w'_3)+2K\sin\gamma\cos\theta\omega_U]\cos\theta}{[2\sin\theta\omega_U-(w'_1-w'_3)]\cos\gamma} \tag{4-122}$$

为分析各类误差的影响，推导存在上述误差时的北向角计算公式，由式（4－31）得

$$\begin{aligned} w'_1-w'_2 = K\{&\cos\varphi\cos\theta\omega_N+\sin\theta\omega_U-\cos\gamma\sin\varphi\omega_N-\\ &\sin\gamma\cos\theta\omega_U+\eta_z\cos\gamma\sin\varphi\omega_N+\delta\psi[(\cos\gamma\sin\varphi-\\ &\sin\gamma\cos\varphi\sin\theta)\omega_N+\sin\gamma\cos\theta\omega_U]+\varepsilon_{fog}(t_1)+\\ &\eta_z\cos\varphi\cos\theta\omega_N+\delta\psi[\cos\varphi\cos\theta\omega_N+\sin\theta\omega_U]-\varepsilon_{fog}(t_2)\} \end{aligned}$$

(4 - 123)

$$w'_1 - w'_3 = 2K\{\cos\varphi\cos\theta\omega_N + \sin\theta\omega_U + \eta_z\cos\gamma\sin\varphi\omega_N + \delta\psi[(\cos\gamma\sin\varphi - \sin\gamma\cos\varphi\sin\theta)\omega_N + \sin\gamma\cos\theta\omega_U] + \varepsilon_{fog}(t_1) - \varepsilon_{fog}(t_3)\} \tag{4-124}$$

由式（4 - 123）和式（4 - 124）得

$$\tan\varphi = \frac{\{(w'_1 - w'_3)/2K - [\varepsilon_{fog}(t_1) - \varepsilon_{fog}(t_3)]\} - \{(w'_1 - w'_2)/K - [\varepsilon_{fog}(t_1) - \varepsilon_{fog}(t_2)]\} + a + b + \sin\theta\omega_U - \sin\gamma\cos\theta\omega_U - \sin\theta\omega_U}{\{(w'_1 - w'_3)/2K - [\varepsilon_{fog}(t_1) - \varepsilon_{fog}(t_3)]\} - \sin\theta\omega_U + c + d} \cdot \frac{\cos\theta}{\cos\gamma} \tag{4-125}$$

其中

$$a = \eta_z\cos\varphi\cos\theta\omega_N$$

$$b = \delta\psi(\cos\varphi\cos\theta\omega_N + \sin\theta\omega_U)$$

$$c = -\eta_z\cos\gamma\sin\varphi\omega_N$$

$$d = -\delta\psi[(\cos\gamma\sin\varphi - \sin\gamma\cos\varphi\sin\theta)\omega_N + \sin\gamma\cos\theta\omega_U]$$

令：$w_{\Delta 1} = (w'_1 - w'_3) - 2K[\varepsilon_{fog}(t_1) - \varepsilon_{fog}(t_3)]$，$w_{\Delta 2} = 2(w'_1 - w'_2) - 2K[\varepsilon_{fog}(t_1) - \varepsilon_{fog}(t_2)]$，由式（4 - 125）得

$$\tan\varphi = \frac{w_{\Delta 1} - w_{\Delta 2} - 2K\sin\gamma\cos\theta\omega_U + 2Ka + 2Kb}{w_{\Delta 1} - 2K\sin\theta\omega_U + 2Kc + 2Kd} \cdot \frac{\cos\theta}{\cos\gamma} \tag{4-126}$$

对于第二种计算方法，由式（4 - 123）和式（4 - 124）得

$$A = \frac{w'_1 - w'_2 - K[\varepsilon_{fog}(t_1) - \varepsilon_{fog}(t_2)]}{w'_1 - w'_3 - 2K[\varepsilon_{fog}(t_1) - \varepsilon_{fog}(t_3)]}$$

$$= \frac{\cos\varphi\cos\theta\omega_N + \sin\theta\omega_U - \cos\gamma\sin\varphi\omega_N - \sin\gamma\cos\varphi\omega_U + \eta_z\cos\gamma\sin\varphi\omega_N + \delta\psi[(\cos\gamma\sin\varphi - \sin\gamma\cos\varphi\sin\theta)\omega_N + \sin\gamma\varphi\cos\theta\omega_U] + \eta_z\cos\varphi\sin\theta\omega_N + \delta\psi[(\cos\varphi\sin\theta\omega_N + \sin\theta\omega_U]}{2(\cos\varphi\cos\theta\omega_N + \sin\theta\omega_U) + 2\eta_z\cos\gamma\sin\varphi\omega_N + \delta\psi[(\cos\gamma\sin\varphi - \sin\gamma\cos\varphi\sin\theta)\omega_N + \sin\gamma\cos\theta\omega_U]} \tag{4-127}$$

由式（4-127）得

$$\begin{aligned}&\cos\gamma\sin\varphi+(2A-1)\cos\varphi\cos\theta\\&=(1-2A)\sin\theta\tan L-\sin\gamma\cos\theta\tan L+(1-2A)\eta_z\cos\gamma\sin\varphi+\\&\quad(1-2A)\delta\psi[(\cos\gamma\sin\varphi-\sin\gamma\cos\varphi\sin\theta)+\sin\gamma\cos\theta\tan L]+\\&\quad\eta_z\cos\varphi\cos\theta+\delta\psi[\cos\varphi\cos\theta+\sin\theta\tan L]\end{aligned}\tag{4-128}$$

令

$$a=\cos\gamma$$

$$b=(2A-1)\cos\theta$$

$$\begin{aligned}c=&(1-2A)\sin\theta\tan L-\sin\gamma\cos\theta\tan L+(1-2A)\eta_z\cos\gamma\sin\varphi+\\&(1-2A)\delta\psi[(\cos\gamma\sin\varphi-\sin\gamma\cos\varphi\sin\theta)+\sin\gamma\cos\theta\tan L]+\\&\eta_z\cos\varphi\cos\theta+\delta\psi(\cos\varphi\cos\theta+\sin\theta\tan L)\end{aligned}$$

则式（4-128）转换为

$$a\sin\varphi+b\cos\varphi=c\tag{4-129}$$

则北向角为

$$\begin{aligned}\varphi&=\arcsin\frac{c}{\sqrt{a^2+b^2}}-\arctan\frac{b}{a}\\&=\arcsin\frac{(1-2A)\sin\theta\tan L-\sin\gamma\cos\theta\tan L}{\sqrt{\cos^2\gamma+(2A-1)^2\cos^2\theta}}-\arctan\frac{(2A-1)\cos\theta}{\cos\gamma}\end{aligned}\tag{4-130}$$

①陀螺漂移误差

忽略 η_z 和 $\delta\psi$ 的影响，式（4-129）两边对 w 求导，得

$$\frac{1}{\cos^2\varphi}\frac{d\varphi}{dw}=\frac{1}{2K\cos\theta\omega_N}\tag{4-131}$$

则陀螺误差对寻北精度的影响关系为

$$d\varphi=\frac{\cos^2\varphi}{2K\cos\theta\omega_N}dw\tag{4-132}$$

对于第二种解算方法，忽略 η_z 和 $\delta\psi$ 的影响，式（4-128）两边对 A 求导，得

$$\cos\gamma\cos\varphi\frac{\mathrm{d}\varphi}{\mathrm{d}A}+2\cos\varphi\cos\theta-(2A-1)\cos\theta\sin\varphi\frac{\mathrm{d}\varphi}{\mathrm{d}A}=-2\sin\theta\tan L \tag{4-133}$$

由式（4－133）得到陀螺误差对寻北精度的影响关系为

$$\mathrm{d}\varphi=\frac{2\sin\theta\tan L+2\cos\varphi\cos\theta}{(2A-1)\cos\theta\sin\varphi-\cos\gamma\cos\varphi}\mathrm{d}A \tag{4-134}$$

②陀螺标度因数误差

忽略 η_z 和 $\delta\psi$ 的影响，式（4－126）两边对 K 求导，得

$$\mathrm{d}\varphi=2\omega_{\mathrm{U}}\cos^2\varphi\frac{(w_{\Delta1}-w_{\Delta2})\sin\theta-w_{\Delta1}\sin\gamma\cos\theta}{(w_{\Delta1}-2K\sin\theta\omega_{\mathrm{U}})^2}\cdot\frac{\cos\theta}{\cos\gamma}\mathrm{d}K \tag{4-135}$$

利用第二种解算方法，标度因数误差对寻北精度几乎没有影响（在减去漂移时用到标度，影响很小）。

③倾斜角误差

忽略 η_z 和 $\delta\psi$ 的影响，式（4－126）两边对 θ 求导，得

$$\mathrm{d}\varphi=2K\omega_{\mathrm{U}}\cos^2\varphi\left[\frac{w_{\Delta1}\sin\gamma\sin\theta+(w_{\Delta1}-w_{\Delta2})\cos\theta-2K\omega_{\mathrm{U}}}{(w_{\Delta1}-2K\sin\theta\omega_{\mathrm{U}})^2}\cdot\right.$$
$$\left.\frac{\cos\theta}{\cos\gamma}-\frac{w_{\Delta1}-w_{\Delta2}-2K\sin\gamma\cos\theta\omega_{\mathrm{U}}}{w_{\Delta1}-2K\sin\theta\omega_{\mathrm{U}}}\cdot\frac{\sin\theta}{\cos\gamma}\right]\mathrm{d}\theta \tag{4-136}$$

忽略 η_z 和 $\delta\psi$ 的影响，式（4－126）两边对 γ 求导，得

$$\mathrm{d}\varphi=\left(\frac{-2K\omega_{\mathrm{U}}\cos\gamma\cos\theta\cos^2\varphi}{w_{\Delta1}-2K\sin\theta\omega_{\mathrm{U}}}\cdot\frac{\cos\theta}{\cos\gamma}+\right.$$
$$\left.\frac{w_{\Delta1}-w_{\Delta2}-2K\sin\gamma\cos\theta\omega_{\mathrm{U}}}{w_{\Delta1}-2K\sin\theta\omega_{\mathrm{U}}}\cdot\frac{-\sin\gamma}{\cos^2\gamma}\right)\mathrm{d}\gamma \tag{4-137}$$

对于第二种解算方法，忽略 η_z 和 $\delta\psi$ 的影响，式（4－128）两边对 θ 求导，得

$$\cos\gamma\cos\varphi\frac{\mathrm{d}\varphi}{\mathrm{d}\theta}-(2A-1)\sin\varphi\cos\theta\frac{\mathrm{d}\varphi}{\mathrm{d}\theta}-(2A-1)\cos\varphi\sin\theta$$
$$=(1-2A)\cos\theta\tan L+\sin\gamma\sin\theta\tan L \tag{4-138}$$

由式（4－138）得到倾斜角 θ 的误差对寻北精度的影响为

$$d\varphi=\frac{(1-2A)\cos\theta\tan L+\sin\gamma\sin\theta\tan L+(2A-1)\cos\varphi\sin\theta}{\cos\gamma\cos\varphi-(2A-1)\sin\varphi\cos\theta}d\theta \tag{4-139}$$

式（4－138）两边对 γ 求导，得

$$\cos\gamma\cos\varphi\frac{d\varphi}{d\gamma}-(2A-1)\sin\varphi\cos\theta\frac{d\varphi}{d\gamma}=-\cos\gamma\cos\theta\tan L \tag{4-140}$$

由式（4－140）得到倾斜角 γ 的误差对寻北精度的影响为

$$d\varphi=\frac{-\cos\gamma\cos\theta\tan L}{\cos\gamma\cos\varphi-(2A-1)\sin\varphi\cos\theta}d\gamma \tag{4-141}$$

④纬度误差

忽略 η_z 和 $\delta\psi$ 的影响，式（4－126）两边对 L 求导，得

$$d\varphi=K\omega_N\cos^2\varphi\frac{(w_{\Delta1}-w_{\Delta2})\sin\theta-2w_{\Delta1}\sin\gamma\cos\theta}{(w_{\Delta1}-2K\sin\theta\sin L\omega_{ie})^2}\cdot\frac{\cos\theta}{\cos\gamma}dL \tag{4-142}$$

对于第二种解算方法，忽略 η_z 和 $\delta\psi$ 的影响，式（4－128）两边对 L 求导，得

$$\cos\gamma\cos\varphi\frac{d\varphi}{dL}-(2A-1)\sin\varphi\cos\theta\frac{d\varphi}{dL}=[(1-2A)\sin\theta-\sin\gamma\cos\theta]\sec^2L \tag{4-143}$$

由式（4－143）得到纬度误差对寻北精度的影响关系为

$$d\varphi=\frac{[(1-2A)\sin\theta-\sin\gamma\cos\theta]\sec^2L}{\cos\gamma\cos\varphi-(2A-1)\sin\varphi\cos\theta}dL \tag{4-144}$$

⑤陀螺安装误差

忽略 $\delta\psi$ 的影响，由式（4－126）得到当没有陀螺安装误差时，北向角为

$$\varphi=\arctan\left(\frac{w_{\Delta1}-w_{\Delta2}-2K\sin\gamma\cos\theta\omega_U}{w_{\Delta1}-2K\sin\theta\omega_U}\cdot\frac{\cos\theta}{\cos\gamma}\right) \tag{4-145}$$

当考虑安装误差时

$$\tan\varphi'=\tan(\varphi+\delta\varphi)=\frac{w_{\Delta1}-w_{\Delta2}-2K\sin\gamma\cos\theta\omega_U+2Ka}{w_{\Delta1}-2K\sin\theta\omega_U+2Kc}\cdot\frac{\cos\theta}{\cos\gamma}$$

(4-146)

其中：$a=\eta_z\cos\varphi\cos\theta\omega_N$，$c=-\eta_z\cos\gamma\sin\varphi\omega_N$，当 $\delta\varphi$ 为小角度时，$\tan\delta\varphi\approx\delta\varphi$，所以 $\tan(\varphi+\delta\varphi)\approx\tan\varphi+\sec^2\varphi\cdot\delta\varphi$，则由式（4-146）得到安装误差对寻北精度的影响为

$$\tan\varphi+\sec^2\varphi\cdot\delta\varphi=\frac{\dfrac{w_{\Delta1}-w_{\Delta2}-2K\sin\gamma\cos\theta\omega_U}{w_{\Delta1}-2K\sin\theta\omega_U}+\dfrac{2K\eta_z\cos\varphi\cos\theta\omega_N}{w_{\Delta1}-2K\sin\theta\omega_U}}{1-\dfrac{2K\eta_z\cos\gamma\sin\varphi\omega_N}{w_{\Delta1}-2K\sin\theta\omega_U}}\cdot\frac{\cos\theta}{\cos\gamma}$$

(4-147)

由于安装误差为小量，且 $w_{\Delta1}$ 的理论值为 $2K(\cos\varphi\cos\theta\omega_N+\sin\theta\omega_U+\eta_z\cos\gamma\sin\varphi\omega_N)$，所以式（4-147）中：$\dfrac{2K\eta_z\cos\varphi\cos\theta\omega_N}{w_{\Delta1}-2K\sin\theta\omega_U}<1$，且 $\dfrac{2K\eta_z\cos\gamma\sin\varphi\omega_N}{w_{\Delta1}-2K\sin\theta\omega_U}<1$，则由式（4-147）得

$$\delta\varphi=\left(\frac{2K\cos^3\varphi\cos\theta\omega_N}{w_{\Delta1}-2K\sin\theta\omega_U}-\frac{2K\cos\gamma\cos\varphi\sin^2\varphi\omega_N}{w_{\Delta1}-2K\sin\theta\omega_U}\right)\cdot\frac{\cos\theta}{\cos\gamma}\eta_z$$

(4-148)

对于第二种解算方法，当没有陀螺安装误差时，由式（4-129）和式（4-130）得

$$a\sin\varphi+b\cos\varphi=c \tag{4-149}$$

即北向角为

$$\begin{aligned}\varphi&=\arcsin\frac{c}{\sqrt{a^2+b^2}}-\arctan\frac{b}{a}\\&=\arcsin\frac{(1-2A)\sin\theta\tan L-\sin\gamma\cos\theta\tan L}{\sqrt{\cos^2\gamma+(2A-1)^2\cos^2\theta}}-\arctan\frac{(2A-1)\cos\theta}{\cos\gamma}\end{aligned}$$

(4-150)

不考虑转位误差的影响，当存在安装误差时，由式（4-128）得

$$a\sin\varphi'+b\cos\varphi'=c' \tag{4-151}$$

即

$$a\sin(\varphi+\delta\varphi)+b\cos\varphi(\varphi+\delta\varphi)=c+[(1-2A)\cos\gamma\sin\varphi+\cos\varphi\cos\theta]\eta_z$$

(4 - 152)

当 $\delta\varphi$ 为小角度时，$\sin\delta\varphi\approx\delta\varphi$，$\cos\delta\varphi\approx 1$，所以由式（4 - 149）和式（4 - 152）得

$$\begin{aligned}\delta\varphi &= \frac{(1-2A)\cos\gamma\sin\varphi+\cos\varphi\cos\theta}{a\cos\varphi-b\sin\varphi}\eta_z \\ &= \frac{\cos\theta\cos\varphi-(2A-1)\cos\gamma\sin\varphi}{\cos\gamma\cos\varphi-(2A-1)\cos\theta\sin\varphi}\eta_z\end{aligned} \tag{4 - 153}$$

当倾斜角为小角度时，$\cos\theta\approx 1, \cos\gamma\approx 1$，所以式（4 - 153）近似为 1，即安装误差直接影响寻北误差。

⑥加速度计漂移误差

从式（4 - 8）可以看出，只需利用一只加速度计就可以解算平台的倾斜角 γ 和 θ，选择 oy_a 轴加速度计可实现倾斜角的测量。根据式（4 - 6）可得

$$\begin{cases} f_{y1} = K_y[-g\sin\theta-g\beta_x\cos\gamma\cos\theta-\beta_z g\sin\gamma\cos\theta-\delta\psi g\sin\gamma\cos\theta+ \\ \qquad \nabla_y+\varepsilon_{accy}(t_1)] \\ f_{y2} = K_y[-g\sin\gamma\cos\theta-g\beta_x\cos\gamma\cos\theta+\beta_z g\sin\theta+\delta\psi g\sin\theta+ \\ \qquad \nabla_y+\varepsilon_{accy}(t_2)] \\ f_{y3} = K_y[g\sin\theta-g\beta_x\cos\gamma\cos\theta+\beta_z g\sin\gamma\cos\theta+\delta\psi g\sin\gamma\cos\theta+ \\ \qquad \nabla_y+\varepsilon_{accy}(t_3)] \end{cases} \tag{4 - 154}$$

则倾斜角为

$$\begin{cases} \sin\theta = \dfrac{(f_{y3}-f_{y1})-K_y[(\varepsilon_{accy}(t_3)-\varepsilon_{accy}(t_1)]-2K_y(\beta_z g\sin\gamma\cos\theta+\delta\psi g\sin\gamma\cos\theta)}{2K_y g} \\ \cos\theta = \sqrt{1-\left\{\dfrac{(f_{y3}-f_{y1})-K_y[(\varepsilon_{accy}(t_3)-\varepsilon_{accy}(t_1)]-2K_y(\beta_z g\sin\gamma\cos\theta+\delta\psi g\sin\gamma\cos\theta)}{2K_y g}\right\}^2} \\ \sin\gamma = \dfrac{[(f_{y1}+f_{y3})-2f_{y2}]-[K_y\varepsilon_{accy}(t_1)+K_y\varepsilon_{accy}(t_3)-2K_y\varepsilon_{accy}(t_2)]+2K_y\beta_z g\sin\theta+2K_y\delta\psi g\sin\theta_y}{2K_y g\sqrt{1-\left\{\dfrac{(f_{y3}-f_{y1})-K_y[(\varepsilon_{accy}(t_3)-\varepsilon_{accy}(t_1)]-2K_y(\beta_z g\sin\gamma\cos\theta+\delta\psi g\sin\gamma\cos\theta)}{2K_y g}\right\}^2}} \\ \cos\gamma = \sqrt{1-\sin^2\gamma} \end{cases} \tag{4 - 155}$$

令

$$\begin{cases} f_{\Delta 1} = (f_{y3} - f_{y1}) - K_y[(\varepsilon_{accy}(t_3) - \varepsilon_{accy}(t_1))] \\ f_{\Delta 2} = [(f_{y1} + f_{y3}) - 2f_{y2}] - [K_y\varepsilon_{accy}(t_1) + K_y\varepsilon_{accy}(t_3) - 2K_y\varepsilon_{accy}(t_2)] \end{cases} \tag{4-156}$$

则式（4－156）转化为

$$\begin{cases} \sin\theta = \dfrac{f_{\Delta 1} - 2K_y(\beta_z g\sin\gamma\cos\theta + \delta\psi g\sin\gamma\cos\theta)}{2K_y g} \\ \cos\theta = \sqrt{1 - \left[\dfrac{f_{\Delta 1} - 2K_y(\beta_z g\sin\gamma\cos\theta + \delta\psi g\sin\gamma\cos\theta)}{2K_y g}\right]^2} \\ \sin\gamma = \dfrac{f_{\Delta 2} + 2K_y\beta_z g\sin\theta + 2K_y\delta\psi g\sin\theta_y}{2K_y g\sqrt{1 - \left[\dfrac{f_{\Delta 1} - 2K_y(\beta_z g\sin\gamma\cos\theta + \delta\psi g\sin\gamma\cos\theta)}{2K_y g}\right]^2}} \\ \cos\gamma = \sqrt{1 - \sin^2\gamma} \end{cases} \tag{4-157}$$

忽略安装误差 β_z 及转位误差的 $\delta\psi$ 影响，式（4－157）中的第一式两边对 $f_{\Delta 1}$ 进行求导，得

$$d\theta = \frac{1}{2K_y g\cos\theta}df_{\Delta 1} \tag{4-158}$$

式（4－157）中的第三式两边对 $f_{\Delta 2}$ 求偏导，得

$$\partial\gamma = \frac{1}{\cos\gamma\sqrt{(2K_y g)^2 - (f_{\Delta 1})^2}}\partial f_{\Delta 2} - \frac{2f_{\Delta 1}f_{\Delta 2}}{\cos\gamma[(2K_y g)^2 - (f_{\Delta 1})^2]^{3/2}}\partial f_{\Delta 1} \tag{4-159}$$

⑦加速度计标度因数误差

忽略 β_z 和 $\delta\psi$ 的影响，式（4－157）中的第一式两边对 K_y 求导，得加速度计标度因数对倾角 θ 误差的影响为

$$d\theta = \frac{-f_{\Delta 1}}{2g\cos\theta K_y^2}dK_y \tag{4-160}$$

式（4－157）中的第三式两边对 K_y 进行求导，得

$$d\gamma = \frac{-4f_{\Delta 2}K_y g^2}{\cos\gamma[(2K_y g)^2 - (f_{\Delta 1})^2]^{3/2}}dK_y \tag{4-161}$$

⑧重力加速度误差

忽略 β_z 和 $\delta\psi$ 的影响，式（4-157）中的第一式两边对 g 求导，得加速度计标度因数对倾角 θ 误差的影响为

$$\mathrm{d}\theta = \frac{-f_{\Delta 1}}{2K_y\cos\theta g^2}\mathrm{d}g \tag{4-162}$$

式（4-157）中的第三式两边对 g 进行求导，得

$$\mathrm{d}\gamma = \frac{-4f_{\Delta 2}K_y^2 g}{\cos\gamma\left[(2K_y g)^2-(f_{\Delta 1})^2\right]^{3/2}}\mathrm{d}g \tag{4-163}$$

⑨加速度计安装误差

当不考虑安装误差及转位误差时，倾斜角计算如下

$$\begin{cases}\sin\theta = \dfrac{f_{\Delta 1}}{2K_y g}\\ \sin\gamma = \dfrac{f_{\Delta 2}}{\sqrt{(2K_y g)^2-(f_{\Delta 1})^2}}\end{cases} \tag{4-164}$$

当考虑安装误差时，倾斜角计算如下

$$\sin\theta' = \sin(\theta+\delta\theta) = \frac{f_{\Delta 1}-2K_y\beta_z g\sin\gamma\cos\theta}{2K_y g} \tag{4-165}$$

$$\sin\gamma' = \sin(\gamma+\delta\gamma) = \frac{f_{\Delta 2}+2K_y\beta_z g\sin\theta}{\sqrt{(2K_y g)^2-\left[f_{\Delta 1}-2K_y(\beta_z g\sin\gamma\cos\theta)\right]^2}} \tag{4-166}$$

由式（4-165）得

$$\delta\theta = -\sin\gamma\cdot\beta_z \tag{4-167}$$

由式（4-167）得

$$\sin^2\gamma = \frac{(f_{\Delta 2})^2}{(2K_y g)^2-(f_{\Delta 1})^2} \tag{4-168}$$

式（4-168）两边平方，化简为

$$\sin^2\gamma+\delta\gamma\sin\gamma\cos\gamma \approx \left[\frac{(f_{\Delta 2})^2}{(2K_y g)^2-(f_{\Delta 2})^2}+\frac{4f_{\Delta 2}K_y g\sin\theta\beta_z}{(2K_y g)^2-(f_{\Delta 2})^2}\right]\left[1+\frac{4f_{\Delta 1}K_y g\sin\gamma\cos\theta\beta_z}{(2K_y g)^2-(f_{\Delta 2})^2}\right] \tag{4-169}$$

由于：$\frac{4f_{\Delta 2}K_y g\sin\theta\beta_z}{(2K_y g)^2-(f_{\Delta 2})^2}<1$，且 $\frac{4f_{\Delta 1}K_y g\sin\gamma\cos\theta\beta_z}{(2K_y g)^2-(f_{\Delta 2})^2}<1$，由式（4－169）得到安装误差对倾斜角 γ 的影响为

$$\delta\gamma\approx\frac{4K_y g}{\sin\gamma\cos\gamma}\cdot\frac{f_{\Delta 1}\sin^3\gamma\cos\theta+f_{\Delta 2}\sin\theta}{(2K_y g)^2-(f_{\Delta 2})^2}\beta_z \tag{4-170}$$

⑩转位误差

对于第一种旋转方案，当不考虑陀螺安装误差、转位误差时，北向角的一种计算方法为

$$\tan\varphi=\frac{w_{\Delta 1}-w_{\Delta 2}-2K\sin\gamma\cos\theta\omega_{\mathrm{U}}}{w_{\Delta 1}-2K\sin\theta\omega_{\mathrm{U}}}\cdot\frac{\cos\theta}{\cos\gamma} \tag{4-171}$$

考虑转位误差时

$$\begin{aligned}&\tan\varphi'=\tan(\varphi+\delta\varphi)\\&=\frac{w_{\Delta 1}-w_{\Delta 2}-2K\sin\gamma\cos\theta\omega_{\mathrm{U}}+2K\delta\psi(\cos\varphi\cos\theta\omega_{\mathrm{N}}+\sin\theta\omega_{\mathrm{U}})}{w_{\Delta 1}-2K\sin\theta\omega_{\mathrm{U}}-2K\delta\psi[(\cos\gamma\sin\varphi-\sin\gamma\cos\varphi\sin\theta)\omega_{\mathrm{N}}+\sin\gamma\cos\theta\omega_{\mathrm{U}}]}\\&\quad\frac{\cos\theta}{\cos\gamma}\end{aligned} \tag{4-172}$$

由式（4－172）得

$$\begin{aligned}&\tan\varphi+\sec^2\varphi\cdot\delta\varphi\\&=\frac{\frac{w_{\Delta 1}-w_{\Delta 2}-2K\sin\gamma\cos\theta\omega_{\mathrm{U}}}{w_{\Delta 1}-2K\sin\theta\omega_{\mathrm{U}}}+\frac{2K\delta\psi(\cos\varphi\cos\theta\omega_{\mathrm{N}}+\sin\theta\omega_{\mathrm{U}})}{w_{\Delta 1}-2K\sin\theta\omega_{\mathrm{U}}}}{1-\frac{2K\delta\psi[(\cos\gamma\sin\varphi-\sin\gamma\cos\varphi\sin\theta)\omega_{\mathrm{N}}+\sin\gamma\cos\theta\omega_{\mathrm{U}}]}{w_{\Delta 1}-2K\sin\theta\omega_{\mathrm{U}}}}\cdot\frac{\cos\theta}{\cos\gamma}\end{aligned} \tag{4-173}$$

由于

$$\frac{2K\delta\psi(\cos\varphi\cos\theta\omega_{\mathrm{N}}+\sin\theta\omega_{\mathrm{U}})}{w_{\Delta 1}-2K\sin\theta\omega_{\mathrm{U}}}<1$$

$$\frac{2K\delta\psi[(\cos\gamma\sin\varphi-\sin\gamma\cos\varphi\sin\theta)\omega_{\mathrm{N}}+\sin\gamma\cos\theta\omega_{\mathrm{U}}]}{w_{\Delta 1}-2K\sin\theta\omega_{\mathrm{U}}}<1$$

式（4－173）化简为

$$\delta\varphi = 2K\cos^2\varphi \frac{\cos\theta}{\cos\gamma}\left\{\frac{\tan\varphi[(\cos\gamma\sin\varphi - \sin\gamma\cos\varphi\sin\theta)\omega_N + \sin\gamma\cos\theta\omega_U] + [\cos\varphi\cos\theta\omega_N + \sin\theta\omega_U]}{w_{\Delta 1} - 2K\sin\theta\omega_U}\right\}\delta\psi \tag{4-174}$$

考虑北向角的第二种解算方法，没有安装误差时

$$a\sin\varphi + b\cos\varphi = c \tag{4-175}$$

即北向角为

$$\begin{aligned}\varphi &= \arcsin\frac{c}{\sqrt{a^2+b^2}} - \arctan\frac{b}{a}\\ &= \arcsin\frac{(1-2A)\sin\theta\tan L - \sin\gamma\cos\theta\tan L}{\sqrt{\cos^2\gamma + (2A-1)^2\cos^2\theta}} - \arctan\frac{(2A-1)\cos\theta}{\cos\gamma}\end{aligned} \tag{4-176}$$

不考虑转位误差的影响，当存在安装误差时，由式（4－175）得

$$a\sin\varphi' + b\cos\varphi' = c' \tag{4-177}$$

即

$$\begin{aligned}&a\sin(\varphi+\delta\varphi) + b\cos\varphi(\varphi+\delta\varphi)\\ &= c + (1-2A)\delta\psi[(\cos\gamma\sin\varphi - \sin\gamma\cos\varphi\sin\theta) + \\ &\quad \sin\gamma\cos\theta\tan L] + \delta\psi(\cos\varphi\cos\theta + \sin\theta\tan L)\end{aligned} \tag{4-178}$$

当 $\delta\varphi$ 为小角度时，$\sin\delta\varphi \approx \delta\varphi$，$\cos\delta\varphi \approx 1$，所以由式（4－175）和式（4－178）得

$$\begin{aligned}\delta\varphi &= \frac{(1-2A)\delta\psi[(\cos\gamma\sin\varphi - \sin\gamma\cos\varphi\sin\theta) + \sin\gamma\cos\theta\tan L] + \delta\psi(\cos\varphi\cos\theta + \sin\theta\tan L)}{a\cos\varphi - b\sin\varphi}\delta\psi\\ &= \frac{(1-2A)\delta\psi[(\cos\gamma\sin\varphi - \sin\gamma\cos\varphi\sin\theta) + \sin\gamma\cos\theta\tan L] + \delta\psi(\cos\varphi\cos\theta + \sin\theta\tan L)}{\cos\gamma\cos\varphi - (2A-1)\cos\theta\sin\varphi}\delta\psi\end{aligned} \tag{4-179}$$

当没有转位误差时，倾斜角的计算为

$$\begin{cases} \sin\theta = \dfrac{f_{\Delta 1}}{2K_y g} \\ \sin\gamma = \dfrac{f_{\Delta 2}}{\sqrt{(2K_y g)^2 - (f_{\Delta 1})^2}} \end{cases} \tag{4-180}$$

当存在转位误差时

$$\begin{cases} \sin\theta' = \dfrac{f_{\Delta 1} - 2K_y \delta\psi g \sin\gamma\cos\theta}{2K_y g} \\ \sin\gamma' = \dfrac{f_{\Delta 2} + 2K_y \delta\psi g \sin\theta_y}{\sqrt{(2K_y g)^2 - (f_{\Delta 1} - 2K_y\delta\psi g\sin\gamma\cos\theta)^2}} \end{cases} \tag{4-181}$$

则转位误差对倾斜角的影响为

$$d\theta = -\sin\gamma\delta\psi \tag{4-182}$$

$$\delta\gamma \approx \frac{4K_y g}{\sin\gamma\cos\gamma} \cdot \frac{f_{\Delta 1}\sin^3\gamma\cos\theta + f_{\Delta 2}\sin\theta}{(2K_y g)^2 - (f_{\Delta 2})^2}\delta\psi \tag{4-183}$$

(3) 四位置寻北方案误差分析

如前所述，四位置寻北方案有三种不同的解算方法，本小节通过分析不同方法中陀螺及加速度计漂移、标度因数误差、安装误差、倾斜角误差、转位误差以及物理量误差对寻北精度的影响，研究适用的四位置寻北解算方法。

由式（4-50）得

$$\begin{cases} w'_2 - w'_4 = K[2\sin\varphi\cos\gamma\omega_N + 2\sin\gamma\cos\theta\omega_U - 2\eta_z\cos\varphi\cos\theta\omega_N - \\ \qquad 2\delta\psi(\cos\varphi\cos\theta\omega_N + \sin\theta\omega_U) + \varepsilon_{fog}(t_2) - \varepsilon_{fog}(t_4)] \\ w'_1 - w'_3 = K\{2\cos\varphi\cos\theta\omega_N + 2\sin\theta\omega_U + 2\eta_z\cos\gamma\sin\varphi\omega_N + \\ \qquad 2\delta\psi[(\cos\gamma\sin\varphi - \sin\gamma\cos\varphi\sin\theta)\omega_N + \sin\gamma\cos\theta\omega_U] + \\ \qquad \varepsilon_{fog}(t_1) - \varepsilon_{fog}(t_3)\} \end{cases} \tag{4-184}$$

令 $(w'_2 - w'_4) - K[\varepsilon_{fog}(t_2) - \varepsilon_{fog}(t_4)] = w_{\Delta 2}$，$(w'_1 - w'_2) - K[\varepsilon_{fog}(t_1) - \varepsilon_{fog}(t_2)] = w_{\Delta 1}$，则式（4-184）转化为

$$\begin{cases} w_{\Delta 2} = K[2\sin\varphi\cos\gamma\omega_N + 2\sin\gamma\cos\theta\omega_U - 2\eta_z\cos\varphi\cos\theta\omega_N - \\ \qquad 2\delta\psi(\cos\varphi\cos\theta\omega_N + \sin\theta\omega_U)] \\ w_{\Delta 1} = K\{2\cos\varphi\cos\theta\omega_N + 2\sin\theta\omega_U + 2\eta_z\cos\gamma\sin\varphi\omega_N + \\ \qquad 2\delta\psi[(\cos\gamma\sin\varphi - \sin\gamma\cos\varphi\sin\theta)\omega_N + \sin\gamma\cos\theta\omega_U]\} \end{cases} \tag{4-185}$$

对于第一种解算方法，两个北向角为

$$\begin{cases} \varphi_1 = \arccos\dfrac{\begin{array}{c} w_{\Delta 1} - 2K\sin\theta\omega_U - 2K\eta_z\cos\varphi\cos\theta\omega_N - \\ 2K\delta\psi[(\cos\gamma\sin\varphi - \sin\gamma\cos\varphi\sin\theta)\omega_N + \sin\gamma\cos\theta\omega_U] \end{array}}{2K\cos\theta\omega_N} \\ \varphi_2 = \arcsin\dfrac{\begin{array}{c} w_{\Delta 2} - 2K\sin\gamma\cos\theta\omega_U + 2K\eta_z\cos\varphi\cos\theta\omega_N + \\ 2K\delta\psi(\cos\varphi\cos\theta\omega_N + \sin\theta\omega_U) \end{array}}{2K\cos\gamma\omega_N} \end{cases} \tag{4-186}$$

则载体系与真北的夹角为

$$\varphi = \varphi_1 \cdot \sin^2\varphi_1 + \varphi_2 \cdot \cos^2\varphi_2 \tag{4-187}$$

对于第二种解算方法，北向角为

$$\tan\varphi = \frac{\begin{array}{c} w_{\Delta 2} - 2K\sin\gamma\cos\theta\omega_U + 2K\eta_z\cos\varphi\cos\theta\omega_N + \\ 2K\delta\psi(\cos\varphi\cos\theta\omega_N + \sin\theta\omega_U) \end{array}}{\begin{array}{c} w_{\Delta 1} - 2K\sin\theta\omega_U - 2K\eta_z\cos\gamma\sin\varphi\omega_N - \\ 2K\delta\psi[(\cos\gamma\sin\varphi - \sin\gamma\cos\varphi\sin\theta)\omega_N + \sin\gamma\cos\theta\omega_U] \end{array}} \cdot \frac{\cos\theta}{\cos\gamma} \tag{4-188}$$

对于第三种解算方法，北向角为

$$\begin{cases} w_{\Delta 2} = K[2\sin\varphi\cos\gamma\omega_N + 2\sin\gamma\cos\theta\omega_U - 2\eta_z\cos\varphi\cos\theta\omega_N \\ \qquad - 2\delta\psi(\cos\varphi\cos\theta\omega_N + \sin\theta\omega_U)] \\ w_{\Delta 1} = K\{2\cos\varphi\cos\theta\omega_N + 2\sin\theta\omega_U + 2\eta_z\cos\gamma\sin\varphi\omega_N + \\ \qquad 2\delta\psi[(\cos\gamma\sin\varphi - \sin\gamma\cos\varphi\sin\theta)\omega_N + \sin\gamma\cos\theta\omega_U]\} \end{cases} \tag{4-189}$$

则

$$A=\frac{w_{\Delta 2}}{w_{\Delta 1}}=\frac{\sin\varphi\cos\gamma+\sin\gamma\cos\theta\tan L-2\eta_z\cos\varphi\cos\theta-\delta\psi(\cos\varphi\cos\theta+\sin\theta\tan L)}{\cos\varphi\cos\theta+\sin\theta\tan L+\eta_z\cos\gamma\sin\varphi+\delta\psi[(\cos\gamma\sin\varphi-\sin\gamma\cos\varphi\sin\theta)+\sin\gamma\cos\theta\tan L]}\tag{4-190}$$

整理得

$$\begin{aligned}&\sin\varphi\cos\gamma-A\cos\varphi\cos\theta\\=&A\sin\theta\tan L-\sin\gamma\cos\theta\tan L+A\eta_z\cos\gamma\sin\varphi+\\&A\delta\psi[(\cos\gamma\sin\varphi-\sin\gamma\cos\varphi\sin\theta)+\sin\gamma\cos\theta\tan L]+\\&\eta_z\cos\varphi\cos\theta+\delta\psi(\cos\varphi\cos\theta+\sin\theta\tan L)\end{aligned}\tag{4-191}$$

令

$$\begin{cases}a=\cos\gamma\\b=-A\cos\theta\\c=A\sin\theta\tan L-\sin\gamma\cos\theta\tan L+A\eta_z\cos\gamma\sin\varphi+\\\quad A\delta\psi[(\cos\gamma\sin\varphi-\sin\gamma\cos\varphi\sin\theta)+\sin\gamma\cos\theta\tan L]+\\\quad \eta_z\cos\varphi\cos\theta+\delta\psi(\cos\varphi\cos\theta+\sin\theta\tan L)\end{cases}\tag{4-192}$$

即（4－191）式变为

$$a\sin\varphi+b\cos\varphi=c\tag{4-193}$$

则北向角为

$$\begin{aligned}\varphi&=\arcsin\frac{c}{\sqrt{a^2+b^2}}-\arctan\frac{b}{a}\\&=\arcsin\frac{A\sin\theta\tan L-\sin\gamma\cos\theta\tan L}{\sqrt{\cos^2\gamma+A^2\cos^2\theta}}+\arctan\frac{A\cos\theta}{\cos\gamma}\end{aligned}\tag{4-194}$$

①陀螺标度因数误差

对于第一种解算方法，忽略 η_z 和 $\delta\psi$ 的影响，由式（4－187）得

$$\begin{cases} \varphi_1 = \arccos \dfrac{w_{\Delta 1} - 2K\sin\theta\omega_U}{2K\cos\theta\omega_N} \\ \varphi_2 = \arcsin \dfrac{w_{\Delta 2} - 2K\sin\gamma\cos\theta\omega_U}{2K\cos\gamma\omega_N} \\ \varphi = \varphi_1 \sin^2\varphi_1 + \varphi_2 \cos^2\varphi_2 \\ \quad = \left[1-\left(\dfrac{w_{\Delta 1}}{2K\cos\theta\omega_N} - \tan\theta\tan L\right)^2\right]\arccos\left(\dfrac{w_{\Delta 1}}{2K\cos\theta\omega_N} - \tan\theta\tan L\right) + \\ \quad \left[1-\left(\dfrac{w_{\Delta 2}}{2K\cos\gamma\omega_N} - \tan\gamma\cos\theta\tan L\right)^2\right]\arcsin\left(\dfrac{w_{\Delta 2}}{2K\cos\gamma\omega_N} - \tan\gamma\cos\theta\tan L\right) \end{cases}$$

(4－195)

对于第二种解算方法，忽略 η_z 和 $\delta\psi$ 的影响，由式（4－188）得

$$\tan\varphi = \frac{w_{\Delta 2} - 2K\sin\gamma\cos\theta\omega_U}{w_{\Delta 1} - 2K\sin\theta\omega_U} \cdot \frac{\cos\theta}{\cos\gamma} \tag{4－196}$$

对式（4－196）两边对 K 求导，得标度因数对寻北精度的影响为

$$d\varphi = \frac{2\cos\theta\cos^2\varphi}{\cos\gamma} \cdot \frac{w_{\Delta 2}\sin\theta\omega_U - w_{\Delta 1}\sin\gamma\cos\theta\omega_U}{(w_{\Delta 1} - 2K\sin\theta\omega_U)^2} dK$$

(4－197)

对于第三种解算方法，忽略 η_z 和 $\delta\psi$ 的影响，寻北精度不受陀螺标度因数误差的影响。

②倾斜角误差

对于第二种解算方法，忽略 η_z 和 $\delta\psi$ 的影响，式（4－188）两边对 θ 求导，得倾斜角 θ 的误差对寻北精度的影响为

$$d\varphi = \cos^2\varphi\left[\frac{-4K^2\sin\gamma\omega_U^2 + 2Kw_{\Delta 1}\sin\gamma\sin\theta\omega_U + 2Kw_{\Delta 2}\cos\theta\omega_U}{(w_{\Delta 1} - 2K\sin\theta\omega_U)^2} \cdot \right.$$
$$\left. \frac{\cos\theta}{\cos\gamma} - \frac{w_{\Delta 2} - 2K\sin\gamma\cos\theta\omega_U}{w_{\Delta 1} - 2K\sin\theta\omega_U} * \frac{\sin\theta}{\cos\gamma}\right]d\theta$$

(4－198)

式（4－188）两边对 γ 求导，得倾斜角 γ 的误差对寻北精度的影响为

$$d\varphi = \cos^2\varphi\left(\frac{-2K\cos\gamma\cos\theta\omega_U}{w_{\Delta 1} - 2K\sin\theta\omega_U}\frac{\cos\theta}{\cos\gamma} - \frac{w_{\Delta 2} - 2K\sin\gamma\cos\theta\omega_U}{w_{\Delta 1} - 2K\sin\theta\omega_U}\frac{\sin\gamma\cos\theta}{\cos^2\gamma}\right)d\gamma$$

(4 - 199)

当 $w_{\Delta 1}=2K\cos\varphi\cos\theta\omega_{\mathrm{N}}+2K\sin\theta\omega_{\mathrm{U}}$，$w_{\Delta 2}=2K\sin\varphi\cos\gamma\omega_{\mathrm{N}}+2K\sin\gamma\cos\theta\omega_{\mathrm{U}}$，即认为陀螺输出无误差时，式（4 - 199）化简为

$$\mathrm{d}\varphi=-\cos\varphi(\cos\theta\tan L+\sin\varphi\tan\gamma)\mathrm{d}\gamma \tag{4 - 200}$$

对于第三种解算方法，忽略 η_z 和 $\delta\psi$ 的影响，由式（4 - 191）得

$$\sin\varphi\cos\gamma-A\cos\varphi\cos\theta=A\sin\theta\tan L-\sin\gamma\cos\theta\tan L \tag{4 - 201}$$

式（4 - 201）两端对 θ 求导，得倾斜角 θ 对寻北精度的影响为

$$\mathrm{d}\varphi=\frac{A\cos\theta\tan L+\sin\gamma\sin\theta\tan L+A\cos\varphi\sin\theta}{\cos\varphi\cos\gamma+A\sin\varphi\cos\theta}\mathrm{d}\theta \tag{4 - 202}$$

式（4 - 191）两端对 γ 求导，得倾斜角 γ 对寻北精度的影响为

$$\mathrm{d}\varphi=\frac{\sin\varphi\sin\gamma-\cos\gamma\cos\theta\tan L}{\cos\varphi\cos\gamma+A\sin\varphi\cos\theta}\mathrm{d}\gamma \tag{4 - 203}$$

③纬度误差

对于第一种解算方法，忽略 η_z 和 $\delta\psi$ 的影响，由式（4 - 187）得

$$\mathrm{d}\varphi=(\varphi_1\cdot\sin^2\varphi_1+\varphi_2\cdot\cos^2\varphi_2)\cdot\mathrm{d}L \tag{4 - 204}$$

对于第二种解算方法，忽略 η_z 和 $\delta\psi$ 的影响，式（4 - 188）两边对 L 求导，得纬度 L 的误差对寻北精度的影响为

$$\mathrm{d}\varphi=2K\cos^2\varphi\cos\theta\omega_{\mathrm{N}}\frac{w_{\Delta 2}\sin\theta-w_{\Delta 1}\sin\gamma\cos\theta}{\cos\gamma\,(w_{\Delta 1}-2K\sin\theta\omega_{\mathrm{ie}}\sin L)^2}\mathrm{d}L \tag{4 - 205}$$

对于第三种解算方法，式（4 - 191）两端对 L 求导，得纬度 L 对寻北精度的影响为

$$\mathrm{d}\varphi=\frac{(A\sin\theta-\sin\gamma\cos\theta)\sec^2L}{\cos\varphi\cos\gamma+A\sin\varphi\cos\theta}\mathrm{d}L \tag{4 - 206}$$

$$A=\frac{w_{\Delta 2}}{w_{\Delta 1}},\mathrm{d}\varphi=\frac{(w_{\Delta 2}\sin\theta-w_{\Delta 1}\sin\gamma\cos\theta)\sec^2L}{w_{\Delta 1}\cos\varphi\cos\gamma+w_{\Delta 2}\sin\varphi\cos\theta}\mathrm{d}L \tag{4 - 207}$$

④陀螺安装误差

对于第二种解算方法，忽略 η_z 和 $\delta\psi$ 的影响时北向角为

$$\tan\varphi = \frac{w_{\Delta 2} - 2K\sin\gamma\cos\theta\omega_{\mathrm{U}}}{w_{\Delta 1} - 2K\sin\theta\omega_{\mathrm{U}}} \cdot \frac{\cos\theta}{\cos\gamma} \tag{4-208}$$

当存在陀螺安装误差时，由式（4－188）得

$$\begin{aligned}\tan\varphi' &= \tan(\varphi + \delta\varphi) \\ &= \frac{w_{\Delta 2} - 2K\sin\gamma\cos\theta\omega_{\mathrm{U}} + 2K\eta_z\cos\varphi\cos\theta\omega_{\mathrm{N}}}{w_{\Delta 1} - 2K\sin\theta\omega_{\mathrm{U}} - 2K\eta_z\cos\gamma\sin\varphi\omega_{\mathrm{N}}} \cdot \frac{\cos\theta}{\cos\gamma}\end{aligned} \tag{4-209}$$

由于 $\delta\varphi$ 为小角度，所以 $\tan(\delta\varphi) \approx \delta\varphi$，即：$\tan(\varphi + \delta\varphi) = \tan\varphi + \sec^2\varphi \cdot \delta\varphi$，则由式（4－208）和式（4－209）得

$$\tan\varphi + \sec^2\varphi \cdot \delta\varphi \approx \frac{\dfrac{w_{\Delta 2} - 2K\sin\gamma\cos\theta\omega_{\mathrm{U}}}{w_{\Delta 1} - 2K\sin\theta\omega_{\mathrm{U}}} + \dfrac{2K\eta_z\cos\varphi\cos\theta\omega_{\mathrm{N}}}{w_{\Delta 1} - 2K\sin\theta\omega_{\mathrm{U}}}}{1 - \dfrac{2K\eta_z\cos\gamma\sin\varphi\omega_{\mathrm{N}}}{w_{\Delta 1} - 2K\sin\theta\omega_{\mathrm{U}}}} \tag{4-210}$$

由于：$\dfrac{2K\eta_z\cos\gamma\sin\varphi\omega_{\mathrm{N}}}{w_{\Delta 1} - 2K\sin\theta\omega_{\mathrm{U}}} < 1$，且 $\dfrac{2K\eta_z\cos\varphi\cos\theta\omega_{\mathrm{N}}}{w_{\Delta 1} - 2K\sin\theta\omega_{\mathrm{U}}} < 1$，所以

$$\delta\varphi \approx 2K\cos\varphi\omega_{\mathrm{N}} \frac{\cos\gamma\sin^2\varphi + \cos\theta\cos^2\varphi}{w_{\Delta 1} - 2K\sin\theta\omega_{\mathrm{U}}}\eta_z \tag{4-211}$$

对于第三种解算方法，当没有安装误差及转位误差时，由式（4－191）可计算北向角，即

$$\begin{cases} a\sin\varphi + b\cos\varphi = c \\ a = \cos\gamma \\ b = -A\cos\theta \\ c = A\sin\theta\tan L - \sin\gamma\cos\theta\tan L \end{cases} \tag{4-212}$$

当存在陀螺安装误差时

$$\begin{cases} a\sin\varphi' + b\cos\varphi' = c' \\ \varphi' = \varphi + \delta\varphi \\ a = \cos\gamma \\ b = -A\cos\theta \\ c' = A\sin\theta\tan L - \sin\gamma\cos\theta\tan L + A\eta_z\cos\gamma\sin\varphi + \eta_z\cos\varphi\cos\theta \end{cases} \tag{4-213}$$

当 $\delta\varphi$ 为小角度时，$\sin\delta\varphi \approx \delta\varphi$，$\cos\delta\varphi \approx 1$，所以由式（4-212）和式（4-213）得

$$\delta\varphi = \frac{A\cos\gamma\sin\varphi + \cos\theta\cos\varphi}{A\cos\theta\sin\varphi + \cos\gamma\cos\varphi}\eta_z \tag{4-214}$$

当倾斜角为小角度时，$\cos\theta \approx 1$，$\cos\gamma \approx 1$，所以式（4-214）近似为 1，即安装误差直接影响寻北误差。

⑤加速度计漂移误差

从式（4-53）可以看出，只需利用一只加速度计就可以解算平台的倾斜角 γ 和 θ，选择 oy_a 轴加速度计实现倾斜角的测量。根据式（4-28）可得

$$\begin{cases} f_{y1} = K_y[-g\sin\theta - \beta_z g\sin\gamma\cos\theta - g\beta_x\cos\gamma\cos\theta - \delta\psi g\sin\gamma\cos\theta + \\ \qquad \nabla_y + \varepsilon_{accy}(t_1)] \\ f_{y2} = K_y[-g\sin\gamma\cos\theta + \beta_z g\sin\theta - g\beta_x\cos\gamma\cos\theta + \delta\psi g\sin\theta + \\ \qquad \nabla_y + \varepsilon_{accy}(t_2)] \\ f_{y3} = K_y[g\sin\theta + \beta_z g\sin\gamma\cos\theta - g\beta_x\cos\gamma\cos\theta + \delta\psi g\sin\gamma\cos\theta + \\ \qquad \nabla_y + \varepsilon_{accy}(t_1)] \\ f_{y4} = K_y[g\sin\gamma\cos\theta - \beta_z g\sin\theta - g\beta_x\cos\gamma\cos\theta - \delta\psi g\sin\theta + \\ \qquad \nabla_y + \varepsilon_{accy}(t_2)] \end{cases} \tag{4-215}$$

则倾斜角为

$$
\begin{cases}
\sin\theta = \dfrac{(f_{y3}-f_{y1})-K_y[\varepsilon_{accy}(t_3)-\varepsilon_{accy}(t_1)]-2K_y(\beta_z g\sin\gamma\cos\theta+\delta\psi g\sin\gamma\cos\theta)}{2K_y g} \\
\cos\theta = \sqrt{1-\left\{\dfrac{(f_{y3}-f_{y1})-K_y[\varepsilon_{accy}(t_3)-\varepsilon_{accy}(t_1)]-2K_y(\beta_z g\sin\gamma\cos\theta+\delta\psi g\sin\gamma\cos\theta)}{2K_y g}\right\}^2} \\
\sin\gamma = \dfrac{[(f_{y4}-f_{y2})-[K_y\varepsilon_{accy}(t_4)-K_y\varepsilon_{accy}(t_2)]+2K_y\beta_z g\sin\theta+2K_y\delta\psi g\sin\theta}{2K_y g\sqrt{1-\left\{\dfrac{(f_{y3}-f_{y1})-K_y[\varepsilon_{accy}(t_3)-\varepsilon_{accy}(t_1)]-2K_y(\beta_z g\sin\gamma\cos\theta+\delta\psi g\sin\gamma\cos\theta)}{2K_y g}\right\}^2}} \\
\cos\gamma = \sqrt{1-\sin^2\gamma}
\end{cases}
\tag{4-216}
$$

令

$$
\begin{cases}
f_{\Delta1} = (f_{y3}-f_{y1})-K_y[\varepsilon_{accy}(t_3)-\varepsilon_{accy}(t_1)] \\
f_{\Delta2} = (f_{y4}-f_{y2})-K_y[\varepsilon_{accy}(t_4)-\varepsilon_{accy}(t_2)]
\end{cases}
$$

则式（4－216）化简为

$$
\begin{cases}
\sin\theta = \dfrac{f_{\Delta1}-2K_y(\beta_z g\sin\gamma\cos\theta+\delta\psi g\sin\gamma\cos\theta)}{2K_y g} \\
\cos\theta = \sqrt{1-\left[\dfrac{f_{\Delta1}-2K_y(\beta_z g\sin\gamma\cos\theta+\delta\psi g\sin\gamma\cos\theta)}{2K_y g}\right]^2} \\
\sin\gamma = \dfrac{f_{\Delta2}+2K_y\beta_z g\sin\theta+2K_y\delta\psi g\sin\theta}{2K_y g\sqrt{1-\left[\dfrac{f_{\Delta1}-2K_y(\beta_z g\sin\gamma\cos\theta+\delta\psi g\sin\gamma\cos\theta)}{2K_y g}\right]^2}} \\
\cos\gamma = \sqrt{1-\sin^2\gamma}
\end{cases}
\tag{4-217}
$$

忽略安装误差 β_z 及转位误差的 $\delta\psi$ 影响，式（4－217）中的第一式两边对 $f_{\Delta1}$ 进行求导，得

$$
\mathrm{d}\theta = \frac{1}{2K_y g\cos\theta}\mathrm{d}f_{\Delta1} \tag{4-218}
$$

式（4－217）中的第三式两边对 $f_{\Delta1}$ 和 $f_{\Delta2}$ 进行求偏导，得

$$
\partial\gamma = \frac{1}{\cos\gamma\sqrt{(2K_y g)^2-(f_{\Delta1})^2}}\partial f_{\Delta2} - \frac{2f_{\Delta1}f_{\Delta2}}{\cos\gamma[(2K_y g)^2-(f_{\Delta1})^2]^{3/2}}\partial f_{\Delta1} \tag{4-219}
$$

⑥加速度计标度因数误差

忽略 β_z 和 $\delta\psi$ 的影响，式（4－217）中的第一式两边对 K_y 求导，

得加速度计标度因数对倾角 γ 误差的影响

$$d\theta = \frac{-f_{\Delta 1}}{2g\cos\theta K_y^2}dK_y \tag{4-220}$$

式（4-217）中的第三式两边对 K_y 进行求导，得

$$d\gamma = \frac{-4f_{\Delta 2}K_y g^2}{\cos\gamma\left[(2K_y g)^2-(f_{\Delta 1})^2\right]^{3/2}}dK_y \tag{4-221}$$

⑦重力加速度误差

忽略 β_z 和 $\delta\psi$ 的影响，式（4-217）中的第一式两边对 g 求导，得重力加速度误差对倾角 θ 的影响为

$$d\theta = \frac{-f_{\Delta 1}}{2K_y\cos\theta g^2}dg \tag{4-222}$$

式（4-217）中的第三式两边对 g 进行求导，得

$$d\gamma = \frac{-4f_{\Delta 2}K_y^2 g}{\cos\gamma\left[(2K_y g)^2-(f_{\Delta 1})^2\right]^{3/2}}dg \tag{4-223}$$

⑧加速度计安装误差

安装误差对倾斜角的影响为

$$\delta\theta = -\sin\gamma\cdot\beta_z \tag{4-224}$$

$$\delta\gamma \approx \frac{4K_y g}{\sin\gamma\cos\gamma}\cdot\frac{f_{\Delta 1}\sin^3\gamma\cos\theta+f_{\Delta 2}\sin\theta}{(2K_y g)^2-(f_{\Delta 2})^2}\beta_z \tag{4-225}$$

⑨转位误差

由式（4-188），对于第二种解算方法，不考虑陀螺安装误差、转位误差时，北向角为

$$\tan\varphi = \frac{w_{\Delta 2}-2K\sin\gamma\cos\theta\omega_U}{w_{\Delta 1}-2K\sin\theta\omega_U}\cdot\frac{\cos\theta}{\cos\gamma} \tag{4-226}$$

考虑转位误差时

$$\begin{aligned}\tan\varphi' &= \tan(\varphi+\delta\varphi)\\ &= \frac{w_{\Delta 2}-2K\sin\gamma\cos\theta\omega_U+2K\delta\psi(\cos\varphi\cos\theta\omega_N+\sin\theta\omega_U)}{w_{\Delta 1}-2K\sin\theta\omega_U-2K\delta\psi[(\cos\gamma\sin\varphi-\sin\gamma\cos\varphi\sin\theta)\omega_N+\sin\gamma\cos\theta\omega_U]}\cdot\\ &\quad\frac{\cos\theta}{\cos\gamma}\end{aligned} \tag{4-227}$$

由式（4－227）得

$$\tan\varphi+\sec^2\varphi\cdot\delta\varphi=\frac{\dfrac{w_{\Delta2}-2K\sin\gamma\cos\theta\omega_U}{w_{\Delta1}-2K\sin\theta\omega_U}+\dfrac{2K\delta\psi(\cos\varphi\cos\theta\omega_N+\sin\theta\omega_U)}{w_{\Delta1}-2K\sin\theta\omega_U}}{1-\dfrac{2K\delta\psi[(\cos\gamma\sin\varphi-\sin\gamma\cos\varphi\sin\theta)\omega_N+\sin\gamma\cos\theta\omega_U]}{w_{\Delta1}-2K\sin\theta\omega_U}}\cdot\frac{\cos\theta}{\cos\gamma}\tag{4-228}$$

由于：$\dfrac{2K\delta\psi[(\cos\gamma\sin\varphi-\sin\gamma\cos\varphi\sin\theta)\omega_N+\sin\gamma\cos\theta\omega_U]}{w_{\Delta1}-2K\sin\theta\omega_U}<1$，

且 $\dfrac{2K\delta\psi(\cos\varphi\cos\theta\omega_N+\sin\theta\omega_U)}{w_{\Delta1}-2K\sin\theta\omega_U}<1$，式（4－228）化简为

$$\delta\varphi=2K\cos^2\varphi\frac{\cos\theta}{\cos\gamma}\left\{\frac{\tan\varphi[(\cos\gamma\sin\varphi-\sin\gamma\cos\varphi\sin\theta)\omega_N+\sin\gamma\cos\theta\omega_U]+(\cos\varphi\cos\theta\omega_N+\sin\theta\omega_U)}{w_{\Delta1}-2K\sin\theta\omega_U}\right\}\delta\varphi\tag{4-229}$$

对于第三种解算方法，转位误差对寻北精度的影响为

$$\delta\varphi=\frac{A[(\cos\gamma\sin\varphi)+\sin\gamma\cos\theta\tan L]+(\cos\varphi\cos\theta+\sin\theta\tan L)}{a\cos\varphi-b\sin\varphi}\delta\psi\tag{4-230}$$

当没有转位误差时，倾斜角的计算为

$$\begin{cases}\sin\theta=\dfrac{f_{\Delta1}}{2K_yg}\\[2ex]\sin\gamma=\dfrac{f_{\Delta2}}{\sqrt{(2K_yg)^2-(f_{\Delta1})^2}}\end{cases}\tag{4-231}$$

当存在转位误差时

$$\begin{cases}\sin\theta'=\dfrac{f_{\Delta1}-2K_y\delta\psi g\sin\gamma\cos\theta}{2K_yg}\\[2ex]\sin\gamma'=\dfrac{f_{\Delta2}+2K_y\delta\psi g\sin\theta_y}{\sqrt{(2K_yg)^2-(f_{\Delta1}-2K_y\delta\psi g\sin\gamma\cos\theta)^2}}\end{cases}\tag{4-232}$$

则转位误差对倾斜角的影响为

$$d\theta = -\sin\gamma\delta\psi \tag{4-233}$$

$$\delta\gamma \approx \frac{4K_y g}{\sin\gamma\cos\gamma} \cdot \frac{f_{\Delta 1}\sin^3\gamma\cos\theta + f_{\Delta 2}\sin\theta}{(2K_y g)^2 - (f_{\Delta 2})^2}\delta\psi \tag{4-234}$$

（4）多位置寻北方案误差分析

多位置寻北方案的误差分析与上述静态寻北方案的误差分析方法相同，在此不再详细推导。需要指出的是，多位置法的寻北解算精度主要与测量点有关，测量点越多，受转位定角误差的影响越大。测角精度也是影响寻北精度的主要误差源，采用多点定角测量的方法，并对所有数据进行拟合，可以在很大程度上提高测角精度，减少测角误差对寻北结果的影响。

（5）连续旋转寻北方案误差分析

在动态测量过程中，陀螺的输出会因转速的不同而发生变化，其误差特性也会比静态条件下复杂很多，主要与以下因素有关。

①与转台相关的误差

在实际动态测量过程中，转台不可能完全调平，恒速旋转过程中也不可能时刻保持水平，因此，测量轴与调平轴的夹角不等于90°，必然会引入一定的测量误差。利用加速度计测量水平误差并进行补偿是一种有效的措施，但由于加速度计本身存在的误差，其补偿并不完全，仍影响寻北精度。

同时，在动态寻北过程中，转台的转速及陀螺输出采样频率的不同、转速大小的变化都会引入一定的测量误差，而这部分误差很难被定量地分析和准确地测量。前者引入的是幅值和相位解算误差，与采样点总数和采样频率有关。当采样频率较大、转台的精度较高时，此项误差可以控制在允许范围内。后者主要与陀螺的性能和输出采样频率的稳定性有关，引入的是各种测量累积误差；随着转台转动速率的增大，输出正弦调幅波的周期性和波形会变得不规则。

②与转台相关的误差

标度因素的非线性度、不对称度和稳定性是评价光纤陀螺精度的一个重要参数，尤其在动态寻北算法中，它是一个主要的测量误差源。然而在试验中，地球自转角速率在转台平面投影值较小，陀螺工作在其最灵敏的零位置附近，标度因素线性度和稳定性相对最高，与标度因素相关的误差得到了极大的抑制。因此，标度因素非线性与漂移引起的误差极小。

③与具体解算方法相关的误差

寻北解算过程中总采样点数的多少、采样的同步性、数字滤波方法选择得恰当与否都会影响寻北解算的精度。这一部分误差主要靠深入的理论分析和与实际试验比较来减小，对寻北精度的影响程度为角秒级。

4.4.2 双陀螺寻北方案误差分析

（1）两位置寻北方案误差分析

不考虑安装误差、转位误差及陀螺漂移时，北向角为

$$\varphi = \arctan \frac{\cos\theta[(\omega'_{x2} - \omega'_{x1})/K_x - 2\sin\gamma\cos\theta\omega_U]}{\cos\gamma[(\omega'_{y1} - \omega'_{y2})/K_y - 2\sin\theta\omega_U]} \tag{4-235}$$

为便于分析各类误差对寻北精度的影响，考虑上述误差时北向角为

$$\tan\varphi = \frac{\begin{array}{c}\cos\theta[(\omega'_{x1} - \omega'_{x2})/K_x - 2\sin\gamma\cos\theta\omega_U + 2\eta_z\cos\varphi\cos\theta\omega_N + \\ 2\delta\psi(\cos\varphi\cos\theta\omega_N + \sin\theta\omega_U) + \varepsilon_{\mathrm{fog}x}(t_2) - \varepsilon_{\mathrm{fog}x}(t_1)]\end{array}}{\begin{array}{c}\cos\gamma\{(\omega'_{x1} - \omega'_{x2})/K_y - 2\sin\theta\omega_U - 2\eta_z\cos\gamma\sin\varphi\,\omega_N - 2\delta\psi[(\cos\gamma\cos\varphi - \\ \sin\gamma\cos\varphi\sin\theta)\omega_U + \sin\gamma\cos\theta\omega_U] + \varepsilon_{\mathrm{fog}y}(t_1) - \varepsilon_{\mathrm{fog}y}(t_2)\}\end{array}} \tag{4-236}$$

令：$w_x = \omega'_{x2} - \omega'_{x1} + K_x[\varepsilon_{\mathrm{fog}x}(t_2) - \varepsilon_{\mathrm{fog}x}(t_1)]$，$w_y = \omega'_{y2} - \omega'_{y1} + K_y[\varepsilon_{\mathrm{fog}y}(t_1) - \varepsilon_{\mathrm{fog}y}(t_2)]$，有

$$\tan\varphi = \frac{\begin{array}{c}K_y\cos\theta[w_x - 2K_x\sin\gamma\cos\theta\omega_U + 2K_x\eta_z\cos\varphi\cos\theta\omega_N + \\ 2K_x\delta\psi(\cos\varphi\cos\theta\omega_N + \sin\theta\omega_U)]\end{array}}{\begin{array}{c}K_x\cos\gamma\{w_y - 2K_y\sin\theta\cos\theta\omega_U - 2K_y\eta_z\cos\gamma\sin\varphi\omega_N - \\ 2K_y\delta\psi[(\cos\gamma\sin\varphi - \sin\gamma\cos\varphi\sin\theta)\omega_N + \sin\gamma\cos\theta\omega_U]\}\end{array}} \tag{4-237}$$

①陀螺漂移误差

忽略 η_z 和 $\delta\psi$ 的影响，式（4－237）分别对 w_x 和 w_y 求导，得

$$\frac{\mathrm{d}\varphi}{\mathrm{d}w_x}=\frac{-\cos\theta\cos\varphi}{\cos\gamma(w_y-2K_y\sin\theta\omega_{\mathrm{U}})}\frac{K_y}{K_x} \tag{4-238}$$

$$\frac{\mathrm{d}\varphi}{\mathrm{d}w_y}=\frac{\cos\theta\cos\varphi(w_x-2K_x\sin\gamma\cos\theta\omega_{\mathrm{U}})}{\cos\gamma\,(w_y-2K_y\sin\theta\omega_{\mathrm{U}})^2}\frac{K_y}{K_x} \tag{4-239}$$

$$\begin{aligned}\partial\varphi=&\frac{-\cos\theta\cos\varphi}{\cos\gamma(w_y-2K_y\sin\theta\omega_{\mathrm{U}})}\frac{K_y}{K_x}\partial w_x+\\&\frac{\cos\theta\cos\varphi(w_x-2K_x\sin\gamma\cos\theta\omega_{\mathrm{U}})}{\cos\gamma\,(w_y-2K_y\sin\theta\omega_{\mathrm{U}})^2}\frac{K_y}{K_x}\partial w_y\end{aligned} \tag{4-240}$$

②陀螺标度因数误差

忽略 η_z 和 $\delta\psi$ 的影响，式（4－237）分别对 K_x 和 K_y 求导，得

$$\tan\varphi=\frac{\cos\theta(w_x/K_x-2\sin\gamma\cos\theta\omega_{\mathrm{U}})}{\cos\gamma(w_y/K_y-2\sin\theta\omega_{\mathrm{U}})} \tag{4-241}$$

$$\mathrm{d}\varphi=\cos\varphi\frac{\cos\theta w_x}{K_x^2\cos\gamma(w_y/K_y-2\sin\theta\omega_{\mathrm{U}})}\mathrm{d}K_x \tag{4-242}$$

$$\begin{aligned}\mathrm{d}\varphi=-\cos\varphi\Big[&\frac{\cos\theta(w_x/K_x-2\sin\gamma\cos\theta\omega_{\mathrm{U}})}{\cos\gamma(w_y-2K_y\sin\theta\omega_{\mathrm{U}})}+\\&\frac{K_y\sin\theta(w_x/K_x-2\sin\gamma\cos\theta\omega_{\mathrm{U}})\omega_{\mathrm{U}}}{\cos\gamma\,(w_y-2K_y\sin\theta\omega_{\mathrm{U}})^2}\Big]\mathrm{d}K_y\end{aligned} \tag{4-243}$$

$$\begin{aligned}\partial\varphi=&\cos\varphi\frac{\cos\theta w_x}{K_x^2\cos\gamma(w_y/K_y-2\sin\theta\omega_{\mathrm{U}})}\partial K_x-\\&\cos\varphi\Big[\frac{\cos\theta(w_x/K_x-2\sin\gamma\cos\theta\omega_{\mathrm{U}})}{\cos\gamma(w_y-2K_y\sin\theta\omega_{\mathrm{U}})}+\\&\frac{K_y\sin\theta(w_x/K_x-2\sin\gamma\cos\theta\omega_{\mathrm{U}})\omega_{\mathrm{U}}}{\cos\gamma\,(w_y-2K_y\sin\theta\omega_{\mathrm{U}})^2}\Big]\partial K_x\end{aligned} \tag{4-244}$$

③倾斜角误差

忽略 η_z 和 $\delta\psi$ 的影响，式（4－237）分别对 θ 求导，得

$$d\varphi = \frac{-K_y\cos\varphi}{K_x}\left[\frac{-w_x\sin\theta + K_x\sin\gamma\sin 2\theta\omega_U}{\cos\gamma(w_y - 2K_y\sin\theta\omega_U)} + \frac{2K_y\cos\theta\omega_U(w_x\cos\theta - 2K_x\sin\gamma\cos^2\theta\omega_U)}{\cos\gamma(w_y - 2K_y\sin\theta\omega_U)^2}\right]d\theta \tag{4-245}$$

$$d\varphi = \frac{-K_y\cos\varphi}{K_x}\left[\frac{-2K_x\cos^2\theta\omega_U}{w_y - 2K_y\sin\theta\omega_U} + \frac{\sin\gamma\cos\theta(w_x - 2K_x\sin\gamma\cos\theta\omega_U)}{\cos^2\gamma(w_y - 2K_y\sin\theta\omega_U)}\right]d\gamma \tag{4-246}$$

纬度误差为

$$d\varphi = \frac{-K_y\cos\varphi}{K_x}\left[\frac{-2K_x\cos\theta\sin\gamma\cos\theta\omega_{ie}\cos L}{\cos\gamma(w_y - 2K_y\sin\theta\omega_{ie}\sin L)} + \frac{K_y\sin 2\theta\omega_{ie}\cos L(w_x - 2K_x\sin\gamma\cos\theta\omega_{ie}\sin L)}{\cos\gamma(w_y - 2K_y\sin\theta\omega_{ie}\sin L)^2}\right]dL \tag{4-247}$$

④陀螺安装误差

无安装误差及转位误差时

$$\tan\varphi = \frac{\cos\theta[w_x/K_x - 2\sin\gamma\cos\theta\omega_U]}{\cos\gamma[w_y/K_y - 2\sin\theta\omega_U]} \tag{4-248}$$

考虑安装误差时

$$\tan\varphi' = \frac{\cos\theta}{\cos\gamma}\,\frac{w_x/K_x - 2\sin\gamma\cos\theta\omega_U + 2\eta_z\cos\varphi\cos\theta\omega_N}{w_y/K_y - 2\sin\theta\omega_U - 2\eta_z\cos\gamma\sin\varphi\omega_N} \tag{4-249}$$

$$\tan\varphi + \sec^2\varphi\cdot\delta\varphi \approx \frac{\cos\theta}{\cos\gamma}\left(\frac{w_x/K_x - 2\sin\gamma\cos\theta\omega_U}{w_y/K_y - 2\sin\theta\omega_U} + \frac{2\eta_z\cos\varphi\cos\theta\omega_N}{w_y/K_y - 2\sin\theta\omega_U}\right)\left(1 + \frac{2\eta_z\cos\gamma\sin\varphi\omega_N}{w_y/K_y - 2\sin\theta\omega_U}\right) \tag{4-250}$$

由于：$\dfrac{2\eta_z\cos\varphi\cos\theta\omega_N}{w_y/K_y - 2\sin\theta\omega_U} < 1$，且 $\dfrac{2\eta_z\cos\gamma\sin\varphi\omega_N}{w_y/K_y - 2\sin\theta\omega_U} < 1$，所以，式（4－250）化简为

$$\delta\varphi \approx \frac{\cos\theta}{\cos\gamma}\left(\frac{w_x/K_x - 2\sin\gamma\cos\theta\omega_U}{w_y/K_y - 2\sin\theta\omega_U} + \frac{2\eta_z\cos\varphi\cos\theta\omega_N}{w_y/K_y - 2\sin\theta\omega_U}\right)\left(1 + \frac{2\eta_z\cos\gamma\sin\varphi\,\omega_N}{w_y/K_y - 2\sin\theta\omega_U}\right)$$

$$= 2\cos\varphi\omega_N \frac{\sin^2\varphi\cos^2\gamma + \cos^2\varphi\cos^2\theta}{\cos\gamma(w_y/K_y - 2\sin\theta\omega_U)}\eta_z \tag{4-251}$$

⑤转位误差

无安装误差及转位误差时

$$\tan\varphi = \frac{\cos\theta(w_x/K_x - 2\sin\gamma\cos\theta\omega_U)}{\cos\gamma(w_y/K_y - 2\sin\theta\omega_U)} \tag{4-252}$$

考虑转位误差时

$$\tan\varphi' = \frac{\cos\theta[w_x/K_x - 2\sin\gamma\cos\theta\omega_U + 2\delta\psi(\cos\varphi\cos\theta\omega_N + \sin\theta\omega_U)]}{\cos\gamma\{w_y/K_y - 2\sin\theta\omega_U - 2\delta\psi[(\cos\gamma\sin\varphi - \sin\gamma\cos\varphi\sin\theta)\omega_N + \sin\gamma\cos\theta\omega_U]\}} \tag{4-253}$$

$$\delta\varphi \approx 2\cos\varphi\frac{\sin\varphi\cos\gamma(\cos\gamma\sin\varphi\omega_N + \sin\gamma\cos\theta\omega_U) + \cos\varphi\cos\theta(\cos\varphi\cos\theta\omega_N + \sin\theta\omega_U)}{\cos\gamma(w_y/K_y - 2\sin\theta\omega_U)}\delta\psi \tag{4-254}$$

双陀螺寻北方案中加速度计零偏误差、标度因数误差、安装误差以及重力加速度对倾角影响的分析方法与单陀螺两位置寻北方案的分析方法相同，在此不再详细推导。

(2) 四位置寻北方案误差分析

不考虑安装误差、转位误差及陀螺漂移时

$$\varphi_1 = \arctan\frac{\cos\theta[(\omega'_{x3} - \omega'_{x1})/K_x - 2\sin\gamma\cos\theta\omega_U]}{\cos\gamma[(\omega'_{x2} - \omega'_{x4})/K_x - 2\sin\theta\omega_U]} \tag{4-255}$$

$$\varphi_2 = \arctan\frac{\cos\theta[(\omega'_{y2} - \omega'_{y4})/K_y - 2\sin\gamma\cos\theta\omega_U]}{\cos\gamma[(\omega'_{y1} - \omega'_{y3})/K_y - 2\sin\theta\omega_U]} \tag{4-256}$$

北向角为

$$\varphi = \varphi_1 \sin^2\varphi_1 + \varphi_2 \cos^2\varphi_2 \tag{4-257}$$

当考虑陀螺漂移、安装误差、转位误差时

$$\begin{cases} w'_{x1} = K_x[-(\cos\gamma\sin\varphi\omega_N + \sin\gamma\cos\theta\omega_U) + \eta_z\cos\varphi\cos\theta\omega_N - \\ \quad \eta_y\cos\gamma\cos\theta\omega_U + \delta\psi(\cos\varphi\cos\theta\omega_N + \sin\theta\omega_U) + \omega_{x0} + \varepsilon_{\text{fog}x}(t_1)] \\ w'_{x2} = K_x\{(\cos\varphi\cos\theta\omega_N + \sin\theta\omega_U) + \eta_z\cos\gamma\sin\varphi\omega_N - \\ \quad \eta_y\cos\gamma\cos\theta\omega_U + \delta\psi[(\cos\gamma\sin\varphi - \sin\gamma\cos\varphi\sin\theta)\omega_N + \\ \quad \sin\gamma\cos\theta\omega_U] + \omega_{x0} + \varepsilon_{\text{fog}x}(t_2)\} \\ w'_{x3} = K_x[(\cos\gamma\sin\varphi\omega_N + \sin\gamma\cos\theta\omega_U) - \eta_z\cos\varphi\cos\theta\omega_N - \\ \quad \eta_y\cos\gamma\cos\theta\omega_U - \delta\psi(\cos\varphi\cos\theta\omega_N + \sin\theta\omega_U) + \omega_{x0} + \varepsilon_{\text{fog}x}(t_3)] \\ w'_{x4} = K_x\{-(\cos\varphi\cos\theta\omega_N + \sin\theta\omega_U) - \eta_z\cos\gamma\sin\varphi\omega_N - \\ \quad \eta_y\cos\gamma\cos\theta\omega_U - \delta\psi[(\cos\gamma\sin\varphi - \sin\gamma\cos\varphi\sin\theta)\omega_N + \\ \quad \sin\gamma\cos\theta\omega_U] + \omega_{x0} + \varepsilon_{\text{fog}x}(t_4)\} \end{cases} \tag{4-258}$$

$$\begin{cases} w'_{y1} = K_y\{\cos\varphi\cos\theta\omega_N + \sin\theta\omega_U + \eta_z\cos\gamma\sin\varphi\omega_N + \eta_x\cos\gamma\cos\theta\omega_U + \\ \quad \delta\psi[(\cos\gamma\sin\varphi - \sin\gamma\cos\varphi\sin\theta)\omega_N + \sin\gamma\cos\theta\omega_U] + \\ \quad \omega_{y0} + \varepsilon_{\text{fog}y}(t_1)\} \\ w'_{y2} = K_y[\sin\varphi\cos\gamma\omega_N + \sin\gamma\cos\theta\omega_U - \eta_z\cos\varphi\cos\theta\omega_N + \\ \quad \eta_x\cos\gamma\cos\theta\omega_U - \delta\psi(\cos\varphi\cos\theta\omega_N + \sin\theta\omega_U) + \omega_{y0} + \varepsilon_{\text{fog}y}(t_2)] \\ w'_{y3} = K_y\{-(\cos\varphi\cos\theta\omega_N + \sin\theta\omega_U) - \eta_z\cos\gamma\sin\varphi\omega_N + \\ \quad \eta_x\cos\gamma\cos\theta\omega_U - \delta\psi[(\cos\gamma\sin\varphi - \sin\gamma\cos\varphi\sin\theta)\omega_N + \\ \quad \sin\gamma\cos\theta\omega_U] + \omega_{y0} + \varepsilon_{\text{fog}y}(t_3)\} \\ w'_{y4} = K_y[-(\sin\varphi\cos\gamma\omega_N + \sin\gamma\cos\theta\omega_U) + \eta_z\cos\varphi\cos\theta\omega_N + \\ \quad \eta_x\cos\gamma\cos\theta\omega_U + \delta\psi(\cos\varphi\cos\theta\omega_N + \sin\theta\omega_U) + \omega_{y0} + \varepsilon_{\text{fog}y}(t_4)] \end{cases} \tag{4-259}$$

由式（4-258）和式（4-259）得

$$\varphi_1=\arctan\frac{\cos\theta[(\omega'_{x3}-\omega'_{x1})/K_x-2\sin\gamma\cos\theta\omega_U+2\eta_z\cos\varphi\cos\theta\omega_N+2\delta\psi(\cos\varphi\cos\theta\omega_N+\sin\theta\omega_U)+\varepsilon_{\text{fog}x}(t_3)-\varepsilon_{\text{fog}x}(t_1)]}{\cos\gamma\{(\omega'_{x2}-\omega'_{x4})/K_x-2\sin\theta\omega_U-2\eta_z\cos\gamma\sin\varphi\omega_N-2\delta\psi[(\cos\gamma\sin\varphi-\sin\gamma\cos\varphi\sin\theta)\omega_N+\sin\gamma\cos\theta\omega_U]+\varepsilon_{\text{fog}x}(t_2)-\varepsilon_{\text{fog}x}(t_4)\}}\tag{4-260}$$

$$\varphi_2=\arctan\frac{\cos\theta[(\omega'_{y2}-\omega'_{y4})/K_y-2\sin\gamma\cos\theta\omega_U+2\eta_z\cos\varphi\cos\theta\omega_N+2\delta\psi(\cos\varphi\cos\theta\omega_N+\sin\theta\omega_U)+\varepsilon_{\text{fog}y}(t_2)-\varepsilon_{\text{fog}y}(t_4)]}{\cos\gamma\{(\omega'_{y1}-\omega'_{y3})/K_y-2\sin\theta\omega_U-2\eta_z\cos\gamma\sin\varphi\omega_N+\varepsilon_{\text{fog}y}(t_1)-\varepsilon_{\text{fog}y}(t_3)-2\delta\psi[(\cos\gamma\sin\varphi-\sin\gamma\cos\varphi\sin\theta)\omega_N+\sin\gamma\cos\theta\omega_U]\}}\tag{4-261}$$

令：$(w'_{x3}-w'_{x1})-K_x[\varepsilon_{\text{fog}x}(t_2)-\varepsilon_{\text{fog}x}(t_4)]=w_{\Delta x1}$，$(w'_{x2}-w'_{x4})-K_x[\varepsilon_{\text{fog}x}(t_2)-\varepsilon_{\text{fog}x}(t_4)]=w_{\Delta x2}$，$(w'_{y2}-w'_{y4})-K_y[\varepsilon_{\text{fog}y}(t_2)-\varepsilon_{\text{fog}y}(t_4)]=w_{\Delta y2}$，则式（4-260）和式（4-261）化简为

$$\varphi_1=\arctan\frac{\cos\theta[\omega_{\Delta x1}/K_x-2\sin\gamma\cos\theta\omega_U+2\eta_z\cos\varphi\cos\theta\omega_N+2\delta\psi(\cos\varphi\cos\theta\omega_N+\sin\theta\omega_U)+\varepsilon_{\text{fog}x}(t_3)-\varepsilon_{\text{fog}x}(t_1)]}{\cos\gamma\{\omega_{\Delta x2}/K_x-2\sin\theta\omega_U-2\eta_z\cos\gamma\sin\varphi\omega_N-2\delta\psi[(\cos\gamma\sin\varphi-\sin\gamma\cos\varphi\sin\theta)\omega_N+\sin\gamma\cos\theta\omega_U]+\varepsilon_{\text{fog}x}(t_2)-\varepsilon_{\text{fog}x}(t_4)\}}\tag{4-262}$$

$$\varphi_2=\arctan\frac{\cos\theta[\omega_{\Delta y2}/K_y-2\sin\gamma\cos\theta\omega_U+2\eta_z\cos\varphi\cos\theta\omega_N+2\delta\psi(\cos\varphi\cos\theta\omega_N+\sin\theta\omega_U)+\varepsilon_{\text{fog}y}(t_2)-\varepsilon_{\text{fog}y}(t_4)]}{\cos\gamma\{\omega_{\Delta y1}/K_y-2\sin\theta\omega_U-2\eta_z\cos\gamma\sin\varphi\omega_N-2\delta\psi[(\cos\gamma\sin\varphi-\sin\gamma\cos\varphi\sin\theta)\omega_N+\sin\gamma\cos\theta\omega_U]+\varepsilon_{\text{fog}y}(t_1)-\varepsilon_{\text{fog}y}(t_3)\}}\tag{4-263}$$

北向角为

$$\varphi=\varphi_1\sin^2\varphi_1+\varphi_2\cos^2\varphi_2\tag{4-264}$$

对双陀螺四位置寻北误差的分析可以对两个单陀螺四位置寻北误差进行分析，再分别对影响 φ_1 和 φ_2 的误差因素进行分析，详见 4.4.1 节，在此不再赘述。

4.5 捷联式寻北仪的设计要素

不同精度及采用不同寻北方案的寻北仪设计并不相同，但其中有些设计要点需要予以关注。

4.5.1 惯性器件选择

惯性器件的精度在很大程度上决定了寻北仪的精度，对惯性器件的选择需要经过严密的推理，并结合工程实践经验来决定。在进行各种误差的分析之后，可以按照误差分配的原则确定各部分的误差允许范围，下面以四位置寻北方案来予以说明。

四位置寻北方案中，陀螺误差、倾斜测量误差、转位误差、安装误差以及物理量误差对寻北精度的影响关系如下

$$
\begin{cases}
\mathrm{d}\varphi = \dfrac{\sin\theta\tan L + \cos\theta\cos\varphi}{\cos\gamma\cos\varphi + A\cos\theta\sin\varphi}\dfrac{\Delta\omega_1 - \Delta\omega_2}{(\Delta\omega_1)^2}\varepsilon_{\mathrm{fog}} = f_1\varepsilon_{\mathrm{fog}} \\
\mathrm{d}\varphi = \dfrac{A\cos\theta\sin\varphi + \cos\theta\cos\varphi}{A\cos\theta\sin\varphi + \cos\gamma\cos\varphi}\eta_z = f_2\eta_z \\
\mathrm{d}\varphi = \dfrac{A\cos\theta\tan L + \sin\gamma\sin\theta\tan L + A\cos\varphi\sin\theta}{\cos\varphi\cos\gamma + A\sin\varphi\cos\theta}\mathrm{d}\theta = f_3\mathrm{d}\theta \\
\mathrm{d}\varphi = \dfrac{\sin\varphi\sin\lambda - \cos\gamma\cos\theta\tan L}{\cos\varphi\cos\gamma + A\sin\varphi\cos\theta}\mathrm{d}\gamma = f_4\mathrm{d}\gamma \\
\mathrm{d}\varphi = \dfrac{A(\cos\gamma\sin\varphi + \sin\gamma\cos\theta\tan L) + (\cos\varphi\cos\theta + \sin\theta\tan L)}{\cos\varphi\cos\gamma + A\sin\varphi\cos\theta}\mathrm{d}\psi = f_5\mathrm{d}\psi \\
\mathrm{d}\varphi = \dfrac{(A\sin\theta - \sin\gamma\cos\theta)\sec^2 L}{\cos\varphi\cos\gamma + A\sin\varphi\cos\theta}\mathrm{d}L = f_6\mathrm{d}L
\end{cases}
\tag{4-265}
$$

对各种误差的影响进行仿真，设寻北范围：0～360°；平台倾斜角：$\gamma=\theta=30'$；纬度：$L=40.308°$，则由式（4-265）得各误差的影响如图4-4所示，其中陀螺误差的影响系数为图中数值的10 000倍。

从仿真数据分析，各误差对寻北精度影响系数的最大值如下

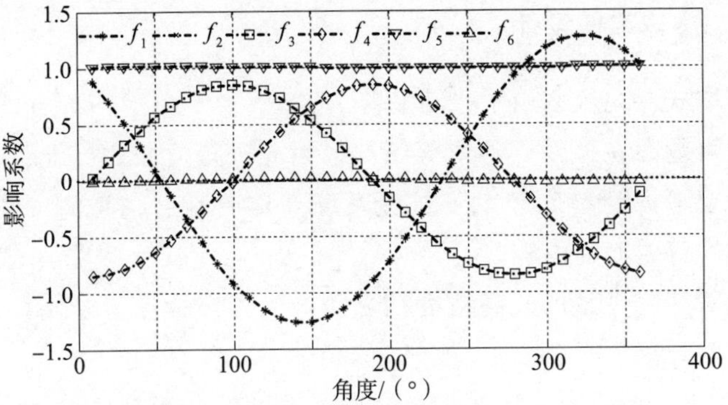

图 4-4 各种误差对寻北精度影响的分析

$$\max(f_1)=1.2717\times10^4;\quad \max(f_2)=1;\quad \max(f_3)=0.8486;$$
$$\max(f_4)=0.8484;\quad \max(f_5)=1.0105;\quad \max(f_6)=0.0212 \tag{4-266}$$

由式（4-266）可见，陀螺精度对寻北精度的影响最大；其次，转位误差和安装误差影响大于倾斜角测量误差影响，纬度误差影响最小。但是，如前文分析，除安装误差外，其他误差对寻北精度影响的大小都随纬度的增高而增大，当 $L=75^\circ$ 时，式（4-266）各系数的最大值变为

$$\max(f_1)=3.7506\times10^4;\quad \max(f_2)=1;\quad \max(f_3)=3.7358;$$
$$\max(f_4)=3.7342;\quad \max(f_5)=1.0461;\quad \max(f_6)=0.1844 \tag{4-267}$$

通过式（4-266）及式（4-267）比对可以看出，不论在什么纬度下寻北，陀螺误差对寻北误差的影响最大，安装误差对寻北误差影响不变；同时随着纬度的增高，倾斜误差对寻北精度的影响显著增大，而纬度误差对寻北精度影响的变化幅度最大。因此，虽然平台水平时寻北解算不需要纬度信息，但当平台存在倾斜，特别是倾斜误差较大时，纬度误差的影响不可忽视。

4.5.2　总体结构设计

捷联式寻北仪多用于移动平台，移动平台的工作环境十分复杂，工作时可能存在振动、冲击等情况。因此进行捷联式寻北仪结构设计时，要考虑到特殊环境下机械系统高定向精度、高耐冲击能力、高可靠性等方面的内容。

针对捷联寻北仪的高精度、受冲击的工作特点，寻北仪系统的设计要满足以下要求：

1）机械系统的设计在满足捷联式寻北系统运动要求的基础上，要同时考虑到电器和光学元件的安装要求，以及系统的整体空间尺寸要求和质量大小要求；

2）捷联式寻北系统应能达到高定向精度，机械结构的设计与光电编码器的选择要满足设计参数的精度要求；

3）机械系统要有足够的抗冲击能力，受到冲击后机械系统仍然能够可靠工作，各零件不会发生塑性变形；

4）具有一定的保护措施，保证机械系统工作时的可靠性。

4.5.3　采集与控制电路设计

采集与控制电路设计属于寻北仪的硬件设计部分。硬件系统需要进行系统控制，包括采集惯性传感器的输出信号、模拟开关的切换、功能按键的实现、输出寻北参数、与主控设备交换信息等；另外要进行数据处理与解算，包括惯性传感器误差补偿、姿态计算、在线校正、滤波处理等。也就是说，寻北系统是一个集运算和控制于一体的系统，它需要同时满足解算大量的数据和实现控制功能的两方面的要求，这就需要选择更合适的数据器，使其具有较高的计算速度和精度，同时具有较高的控制能力。

传统寻北系统一般采用 PC 机或单片机作为数据处理器，来完成系统的数据处理任务和与外界的交互控制任务，鉴于上述考虑，建议采用更为先进和符合要求的数据处理器的设计方案。寻北仪硬件系统可采用 FPGA＋DSP 的模式。FPGA 的主要作用如下：一是对陀螺和加速度计信号进行采集；二是对编码器的信号进行采集；三是对 DSP 产生的驱动命令进行译码，并输出给驱动电路。DSP 的作用主要是接收 FPGA 采集的各种信息并进行处理，输出电机控制信号及寻北解算结果。

4.5.4　温控与磁屏蔽设计

寻北仪的精度很大程度上决定于陀螺和加速度计等惯性元件的精度和稳定性，而要使惯性元件的稳定性和精度达到一定的要求，严格的温度条件和磁环境就成了保证整个系统性能的关键因素之一。因此，对寻北仪进行温控和磁屏蔽设计已成为不可回避的问题。

从目前国内的情况来看，对系统温度场和磁场的分析都是沿用以前的经验设计，但由于系统结构复杂，很难保证计算的准确性，使得系统的结构设计和磁屏蔽设计难以达到要求。针对寻北仪的温控和磁屏蔽设计需要注意以下几点：

1）建立惯性器件本身的等效温度场模型及惯性器件磁敏感模型；

2）确定系统的散热方式、热分配方案和磁屏蔽方案；

3）分析现有结构的适应性，提出改进设计。

4.5.5　系统软件设计

寻北仪软件是寻北仪的灵魂。由于受到制造技术和工艺水平的限制，硬件精度的提高常常需要付出非常高的代价，有时甚至不可实现。当系统的硬件确定以后，软件对其性能的影响是至关重要的。自动寻北仪软件的设计基本思想就是在充分利用现有的硬件资源的前提下，利用软件提高寻北精度。

寻北仪软件的主要内容包括两部分：一是管理软件，它使硬件按预定的程序进行工作，如各部分的初始化，运行过程中的中断管理，系统与外接系统的通信管理等；二是数据处理软件，对各传感器的信息进行采样，以及对采样数据进行信息处理，直至输出寻北结果。

如前所述，寻北仪工作软件是为了配合硬件工作，在充分利用现有的硬件资源的前提下，利用软件提高寻北精度，它的主要任务有：

1）系统初始化：包括系统的初始位置选定，陀螺的反馈闭合判断，A/D采样初始化，陀螺、加速度计标度因子的设置，纬度补偿参数的设置，串行通信口初始化等；

2）系统转位控制：由软件控制电机按预定位置转动；

3）数据处理：A/D采样及数据预处理；

4）姿态矩阵运算及误差修正；

5）显示和输出等。

这些任务在时间上交织在一起，依靠中断管理来协调。另外，因软件要求，系统工作要可靠，所以要进行充分的测试，保证在工程应用中不会出现偏差过大的点。为达到这些要求和使软件有较长的生命周期，且具有较强的可维修性，可采用软件设计的结构化方法，按照自顶向下的设计原则一步一步地进行设计。

任何一个软件系统本质上都是数据信息处理系统，系统必须处理的信息和系统应该产生的信息在很大程度上决定了系统的面貌。因此，必须分析系统的数据要求，这是软件需求分析的一项重要任务。结合寻北仪工作的实际需要，按照自顶向下的软件设计结构分析法，可以得到图4-5所示的数据流图。

上面分析得到的数据流图只是对系统要完成的任务和完成任务需要经过的过程进行粗略的描述，还不能直接用来指导软件设计。但是，数据流图是概要设计的基础，而一个好的概要设计又为下一步的详细设计和以后的编程作好准备。概要设计过程主要由两个阶段组成：一是系统设计，它的作用是确定系统的具体方案；二是结构设计，它的作用是确定软件结构。在本节，主要讨论寻北仪软件的系统模块化结构和各模块的具体功能以及模块间的相互调用关

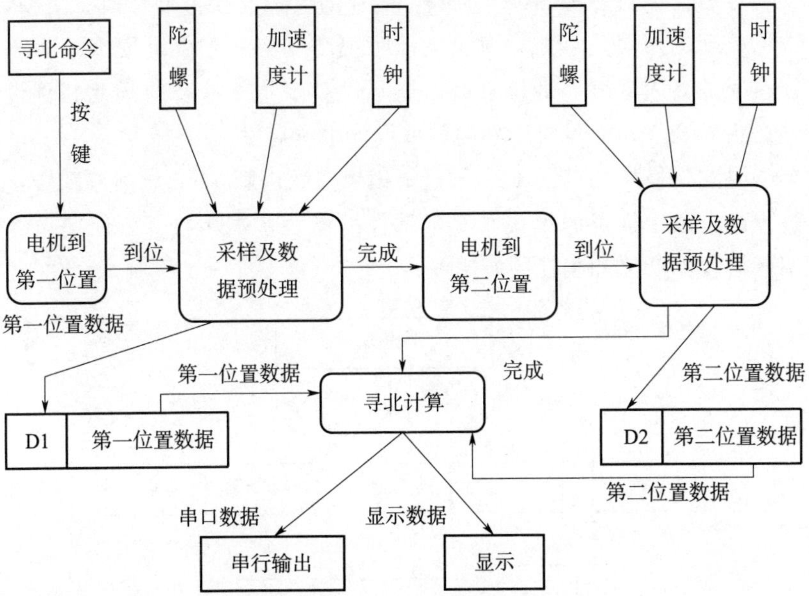

图 4-5　数据流图

系等。

在概要设计中可遵循模块化的基本原理，把程序分成若干个模块，每个模块设置一个功能，再把这些模块集中起来组成一个整体就可以完成指定的功能。按信息隐蔽原理的要求，在设计和确定模块时，应该使每一个模块内包含的信息（过程和数据）对于不需要这些信息的模块来说，是不能访问的，这就要在模块设计中采用局部化的概念，把一些关系密切的软件元素物理位置放得彼此靠近。这样做的另一个好处是在以后的软件测试和维护期间，如果需要修改软件，由于绝大部分数拓和过程对于软件的其他部分而言是隐蔽的，那么由于疏忽而引起的错误就很少可能传播到软件的其他部分。

开发具有独立功能而且和其他模块之间没有过多相互作用的模块，就使模块具有了独立性，它的优点主要表现在：第一，有效的模块化软件比较容易开发，且可由多人分工合作同时开发；第二，独立性模块比较容易测试、维护，能在需要的时候方便修改、更换，或插入新的模块。总之，模块设计时很重要的一点就是要力争做到模块间的高内聚度、低耦合度，这不仅对于本书涉及的寻北软件设计有指导意义，而且对于别的软件设计也有启发。

寻北仪模块图见图 4-6。这个模块图是由图 4-5 数据流图转化过来的，图中标识的模块与实际软件的模块基本相符。下面简单介绍各模块的功能和相互的调用关系。

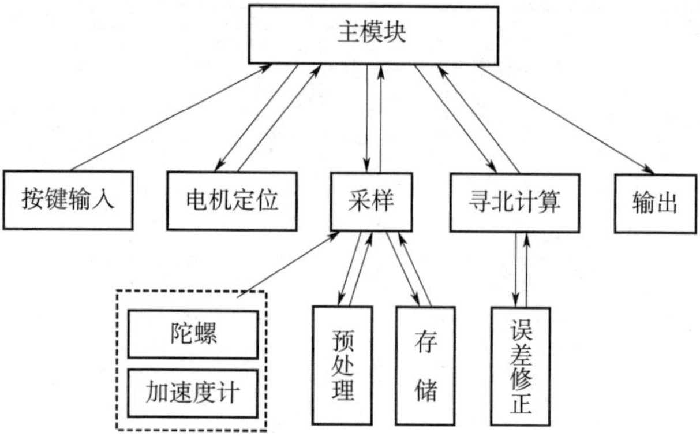

图 4-6　与数据流结合的寻北仪软件模块图

主模块在计算机上电或复位后，系统初始化，并等待寻北命令的到来，当开始寻北后，主模块又启动电机定位程序，使传感头到第一位置，采集数据后，电机转动到第二位置再采样，最后进行寻北计算和寻北结果的输出。

按键输入模块是一个命令检测模块，它的任务是不停地检测串行口和并行口的寻北启动命令。当有寻北要求时，将信息发往主模块开始整个寻北过程。

电机定位模块根据主模块的要求，控制电机的正、反转和转速，检测电机是否转动到位，并将到位信息传送到主模块。

采样模块包括三个子模块，它的功能是将陀螺、加速度计的输出信号经 A/D 转换器后进行采样，将采样数据进行预处理，并将处理结果存到存储器中。

寻北计算是在寻北仪的两次转位和采样结束后，主模块调用存储器的数据进行处理，将寻北计算的结果返回给模块。

输出模块用于将寻北结果分别转换成七段 LED 显示数据和串行数据，串行数据按约定的数据格式进行数据通信。

第 5 章　悬丝摆式陀螺经纬仪

陀螺罗经类寻北系统是利用陀螺仪的定轴性和进动性，结合地球自转矢量和重力矢量，辅以控制和阻尼环节，最终制成提供真北基准的仪器。根据实现方式的不同，陀螺罗经也衍生出很多门类。按对陀螺施加作用力矩的方式可分为机械摆式与悬浮加电磁控制式两类陀螺罗经，其中机械摆式陀螺罗经按产生摆性力矩方式又分为用弹性支承的单转子上重式液体连通器式罗经，以及将陀螺仪重心放在支承中心以下的下摆式罗经；电磁控制式陀螺罗经是在二自由度平衡陀螺仪的结构上，设置由电磁摆和力矩器组成的电磁控制装置，通过电信号给陀螺施加控制力矩。

就国内外应用情况来看，以悬丝作为支承方式的下摆式陀螺经纬仪是目前最为广泛开发和应用的一类寻北系统，本章就以悬丝摆式陀螺经纬仪为代表，介绍这类陀螺寻北系统的系统设计相关内容。

5.1　下挂式与上架式结构

摆式陀螺经纬仪最重要的两个组成部分就是陀螺仪和经纬仪。根据结构上这两者配置的相对位置的不同，常常分为下挂式和上架式结构。

5.1.1　下挂式结构

典型下挂式系统由陀螺仪、经纬仪、三脚架组成。系统的结构原理见图 5－1。目前自动化程度和精度水平较高的产品，基本都采用了这种结构。

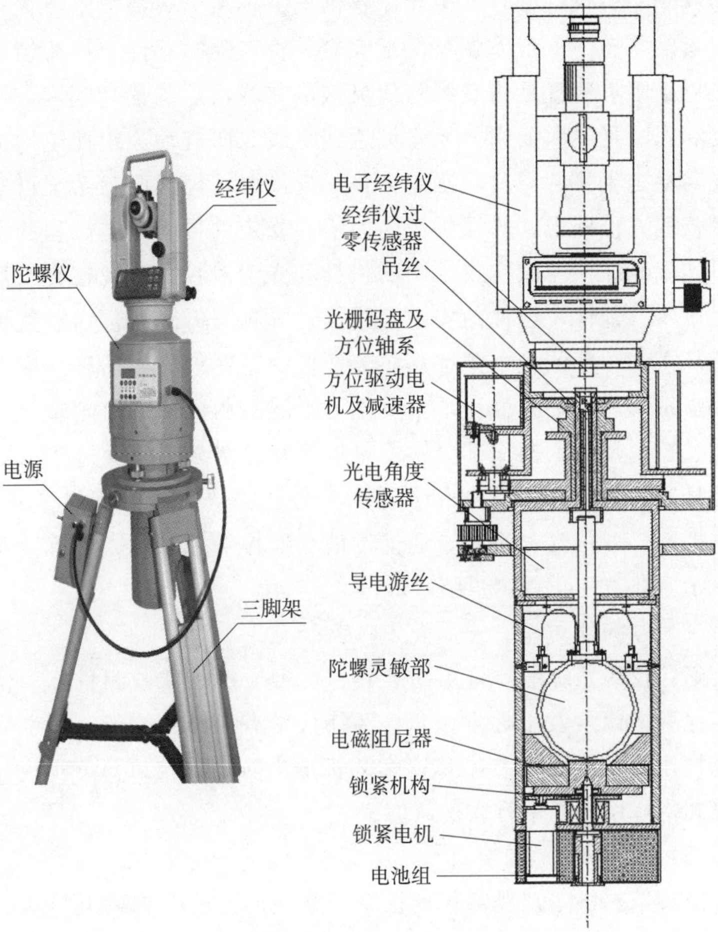

图 5-1　下挂式陀螺经纬仪

(1) 陀螺仪部分

陀螺仪部分是寻北系统的核心。下挂式陀螺仪主要由陀螺灵敏部、电磁屏蔽、悬丝和导流丝、方位回转伺服驱动装置、光栅码盘及方位轴系电磁阻尼装置、陀螺房锁紧装置、支撑和调平装置及框架、光电测角传感器、控制及显示操作部分、电源等组成。

陀螺灵敏部内有以恒定转速旋转的陀螺电机，该陀螺电机由悬丝悬挂于陀螺仪框架，并由导流丝供电。陀螺灵敏部锁紧装置是为了在运输状态下保证陀螺灵敏部安全，将惯性敏感部与框架锁紧固连。电磁阻尼装置是为衰减陀螺灵敏部在释放后的摆动幅度，使其摆动状态满足寻北要求，最终可达到克服北向进动力矩使陀螺灵敏部相对稳定于惯性空间一固定方位。方位回转伺服驱动系统可实现陀螺仪的方位回转，并提供回转力矩和稳定的传动。支撑和调平装置可实现经纬仪与陀螺仪之间的机械和光学对接，实现整套仪器的调平以及各部件、组件的安装固连。光电测角传感器包括检测惯性敏感部摆动角度的光电角度传感器，检测陀螺仪方位回转角度的光栅码盘系统。电磁屏蔽系统主要是为了屏蔽内外磁场对陀螺寻北的干扰。控制及显示操作部分主要是以单片机为核心，通过传感器采集信号和状态，并对这些信号进行处理，完成对陀螺房锁紧释放、阻尼控制、方位随动系统、通信、键盘操作等控制，并解算、发送和显示真北方位角等测量结果。

（2）经纬仪

经纬仪为系统的方位引出装置，也可通过瞄准被测目标测量出目标地理方位角或坐标方位角。经纬仪带有自准直功能，便于测量和标校作业。经纬仪带有 RS-232 标准串行通信接口，可实现与陀螺仪和指挥系统的串行数据通信。

（3）三脚架

三脚架提供陀螺经纬仪的支撑，某些形式的三脚架也附加提供初始的调平功能。

（4）工作过程

陀螺仪寻北分为粗寻北和精寻北两个步骤，其中粗寻北又分为数字罗盘粗寻北和陀螺仪粗寻北两种方式。之所以在方案中加入数字罗盘粗寻北，主要是为了满足陀螺仪大角度范围（如超过距北向$\pm 30^\circ$范围）粗寻北的要求。粗寻北完成后，应使陀螺仪零位方位满足精寻北要求。

陀螺马达启动后，进入寻北测量程序，数字罗盘工作，测出陀螺仪零位与磁北之间的方位角，并将数据通过数字罗盘的串行端口通信到单片机控制系统，电机驱动电路驱动方位电机来带动陀螺仪，使其零位位置转到磁北方向。

数字罗盘粗寻北完成后，系统进入陀螺粗寻北阶段，此时陀螺灵敏部锁放机构工作，释放陀螺灵敏部，使其处于悬吊状态。为克服锁放机构工作形成的对陀螺灵敏部的干扰力矩带来的影响，此时单片机控制系统根据采样反映陀螺灵敏部摆动状况的光电耦合器件（CCD）信号，控制电阻尼器，使其对陀螺灵敏部施加阻尼力矩，使陀螺灵敏部摆动的一个逆转点位于光电传感器测量范围之内，然后采样光电耦合器件信号，并解算出相对于仪器零位的粗北方位角度。控制陀螺灵敏部锁放机构将陀螺灵敏部锁紧，并转动陀螺仪使其零位位于粗北方向。在陀螺仪零位位于真北±30°范围内，一次粗寻北精度可控制在±15′之内。

陀螺粗寻北完成后，系统进入精寻北阶段。陀螺灵敏部锁放机构工作，释放陀螺灵敏部，使其处于悬吊状态。为克服锁放机构工作形成的对陀螺灵敏部的干扰力矩带来的影响，此时单片机控制系统根据光电耦合器件信号，控制电阻尼器对陀螺灵敏部施加阻尼力矩，使陀螺灵敏部摆动幅度控制在 80′～100′之间。单片机控制系统采样光电耦合器件信号，采用六点时差法，解算出相对于仪器零位的北向方位角度，此时陀螺灵敏部锁放机构将陀螺灵敏部锁紧。

精测结束后，陀螺仪将综合北向偏角和仪器常数等因素，将北向角度数据传给经纬仪，经纬仪将水平度盘的 0°0′0″角度位置置为北向。此时经纬仪望远镜瞄准被测目标，水平度盘角度读数即为目标方位角。

5.1.2　上架式结构

上架式结构的陀螺经纬仪属于上一代产品，通常陀螺仪与经纬仪可以独立拆开装卸、手工锁放、人工观测，自动化水平较低。典型产品如徐州光学仪器厂在 20 世纪 80 年代制造的 JT－15 型陀螺经纬仪，该产品在当时得到了广泛的应用，本节以它为例介绍典型上架式陀螺经纬仪的组成。

一套完整的上架式陀螺经纬仪由经纬仪、陀螺仪、经纬仪与陀螺仪连接装置、电源箱等四部分构成，见图 5-2。其中，经纬仪（包括三脚架）与普通测量中所使用的完全一样，只是需在其上部安装一个专用的桥形支架，以用于陀螺仪的安置。该桥形支架与陀螺仪底部的螺纹压环等构成所谓的连接装置，支架顶部的三个球形顶尖可插入陀螺仪底部的三条向心“V”形槽，形成强制对中，然后旋动螺纹压环即可实现陀螺仪与经纬仪的稳定连接。

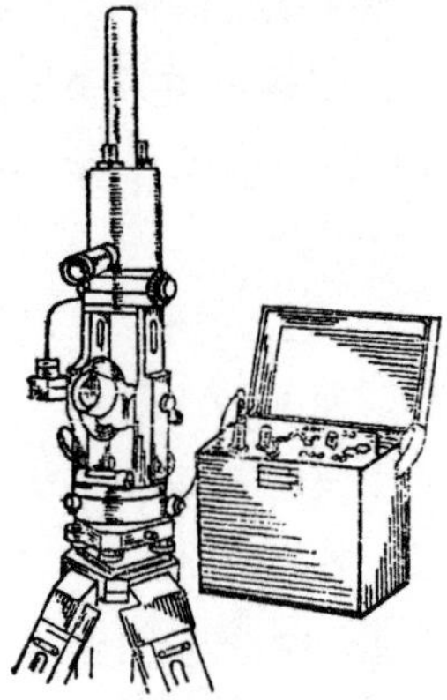

图 5-2　JT-15 型陀螺经纬仪外观图

图 5-3 为 JT-15 型陀螺经纬仪陀螺房的结构组成。一般来说，上架式陀螺仪的结构均可划分为灵敏部、光学观测系统、锁紧限幅机构以及机体外壳等四大部分。

（1）陀螺灵敏部

陀螺灵敏部为陀螺仪的核心部分，其作用是利用高速旋转的陀螺寻找子午面，它包括悬挂带、导流丝、陀螺马达、陀螺房及反光镜等部件。陀螺马达装在密封充有氢气的陀螺房中，通过悬挂柱由悬挂带悬挂起来，用两根导流丝和悬挂带及旁路结构对其供电。在悬挂柱上装有反光镜。

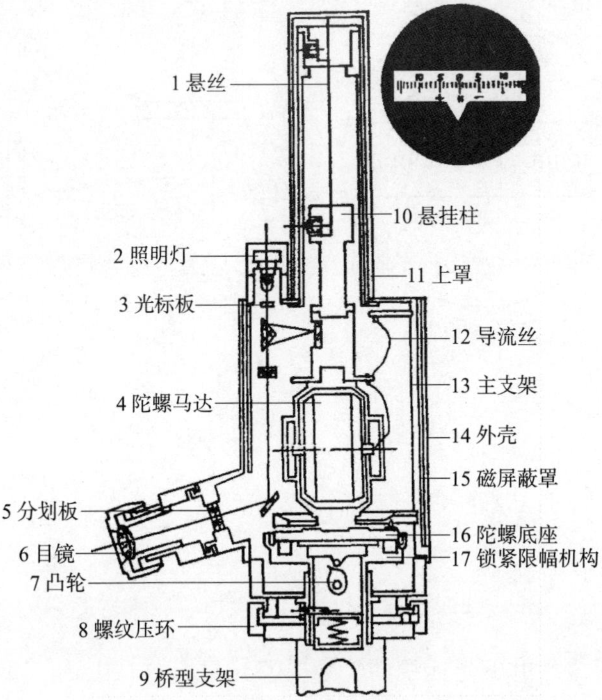

图 5－3　JT－15 型陀螺经纬仪陀螺房组成

陀螺转子应是重心下移的摆式结构，这在工艺上应予以保证。

悬挂带是一根截面约为（0.58×0.03）mm^2 的银铜丝。它一方面要求有一定的抗拉强度，另一方面又要求具有较小的扭矩系数。

无论是陀螺转子的进动，还是陀螺转子的自由摆动，实际上是与陀螺房、悬挂柱连成一个整体进行的，所以在悬挂柱上安装一个反光镜，该反光镜的位置变化即可反映陀螺轴的摆动情况。

（2）光学观测系统

将图 5－3 中陀螺仪的光学观测系统单独画出如图 5－4 所示。在光源照射下，光标线经反射棱镜、反光镜反射后，通过物镜成像在目镜分划板上。

在目镜看到的分划板影像如图 5－4 所示，其中的一根长线是光

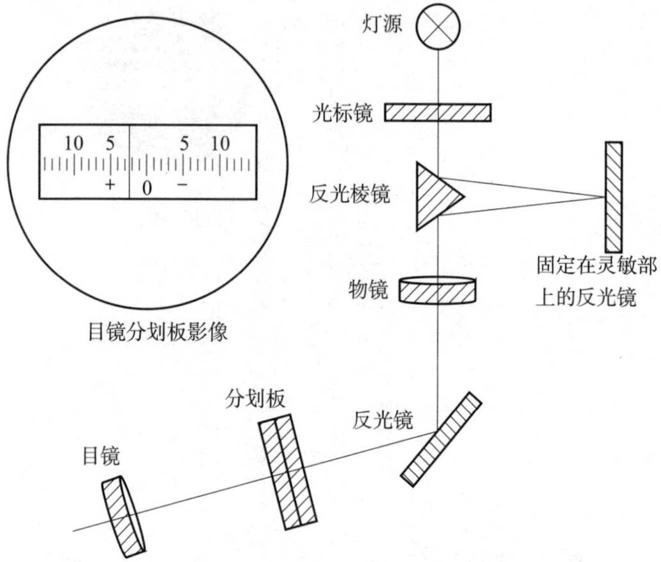

图 5－4　JT－15 型陀螺经纬仪光学系统

标线的影像。由于光标线的反射光路经过悬挂柱上的一块反光镜，故灵敏部摆动时，光标线的影像在分划板上来回移动，从而它也就反映了陀螺轴的摆动情况。由于光线反射的具体情况，操作者在目镜看到的光标线影像的摆动方向与陀螺轴的实际摆动方向正好相反，所以，分划板分为左“+”、右“−”两部分。

分划板格值的设计值一般为 $\tau=10'$，但实际数值与此往往相差很大，精密定向时需对 τ 值进行实际测定。

分划板的“0”刻划线应与经纬仪望远镜视准轴在同一铅垂面内，二者的实际水平夹角称为陀螺经纬仪的仪器常数，一般用 C_g 表示

C_g＝视准轴对应的水平度盘读数－零刻划线对应的水平度盘读数

C_g不影响定向精度，但为计算方便，一般使其控制在 $10'$以内。校正 C_g的方法有多种，例如，JT－15 型陀螺经纬仪是利用桥型支架上部的微调座进行调整的，GAK－1 型陀螺经纬仪可横向移动目镜分划

板，或者横向移动望远镜十字板的竖丝。

在陀螺马达未启动状态下，光标线的静止位置或自由摆动中心应与分划板零刻划线重合。二者的实际偏差称为零位，用 δ 表示，以格数计。一般在每次定向观测时，均需实际测定零位。当 δ 较大时，可用陀螺仪顶部悬挂架上面的两个螺丝进行校正。

（3）锁紧限幅机构

转动仪器外部的手轮，通过凸轮带动锁紧限幅机构的升降，可使陀螺灵敏部拖起（锁紧）或下放（摆动），如图 5－3 中的标号 7 和 17 所示。锁紧限幅机构的作用一是拖放，再有就是限幅。拖起灵敏部的目的是保护悬挂带不受折损，因此要求陀螺经纬仪在搬运途中，或者在启动以及制动过程中，灵敏部必须处于拖起状态。灵敏部下放的快慢直接影响着陀螺摆幅的大小，从而可实现限幅的功能。

（4）机体外壳

机体外壳由陀螺支柱、套筒、防磁层及电缆插头等组成。机体外壳要有一定的隔热、防磁作用。

5.2　摆式陀螺寻北仪工作原理

5.2.1　基于陀螺摆运动的基本原理

一般的陀螺仪在地球自转的作用下，其主轴的高度角和方位角在不停地变化，不能指示地理方位。陀螺经纬仪中的陀螺仪是采用悬挂且重心下移的摆式陀螺仪，利用地球引力特性和敏感地球自转角速度的水平分量，使其主轴跟踪地理子午面，从而测量出真北。摆式陀螺仪受重力作用的情况见图 5－5。

摆式陀螺寻北仪详细的工作原理如下：

1）如图 5－5 所示，将陀螺仪用弹性悬丝悬挂于 O 点，当陀螺主轴 X 处于水平时，重力 P 的方向通过重心 O'，也通过陀螺仪的支点 O，重力矩为零，对陀螺仪不发生作用，陀螺不产生进动。

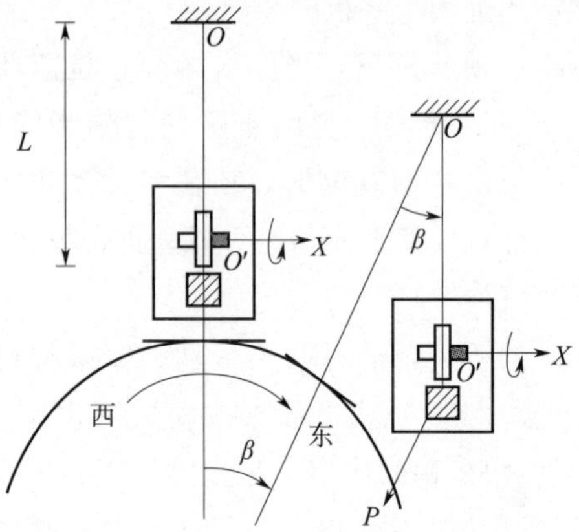

图 5-5　摆式陀螺仪受重力作用的情况

2）但当地球自转了 β 角之后，陀螺仪主轴相对地平面 AB 升高了 β 角，这时陀螺仪重力 P 的方向不再通过重心 O'，因而产生力臂为 $L\sin\beta$ 的重力矩 M_p，即

$$M_p = PL\sin\beta$$

重力矩 M_p 的方向指向纸里，陀螺主轴便开始向子午面方向进动，抬高角随着地球自转逐渐增大。

3）当陀螺仪主轴进动到子午面时，抬高角达最大，陀螺仪进动速度也最大，陀螺仪主轴继续向西进动。

4）当陀螺仪主轴指向偏西方向时，由于地球自转，抬高角 β 逐渐减小，进动速度随之减慢。当抬高角 β 减小到零时，重力矩也为零，向西的进动也就停止（此点称之为逆转点）。

5）由于地球继续自转，陀螺仪主轴相对地平面 AB 降低了 β 角，重力矩 M_p 的方向仍指向纸里，于是陀螺仪主轴开始返回向东朝子午面方向进动。陀螺仪主轴就围绕子午面作往复摆动，其摆动的中心位置即通常所称的陀螺北。陀螺北与真北理论上能做到一致，但实际上由于加工、装配等原因使两者不能重合。陀螺北与真北之差称为仪器常数，只要事先测得仪器常数，就可知道真北。也就是在地

球自转有效分量 ω_y 和重力矩 M_p 综合作用下，陀螺主轴总是存在向子午面方向进动的效应。造成这种效应的力矩称为指向力矩，其大小为

$$M_H = H\omega_y = H\omega_e \cos\beta \sin\alpha$$

式中　ω_e ——地球自转角速度；

H ——陀螺自转的动量矩；

β ——测站的地理纬度；

α ——陀螺自转轴与子午线的水平夹角。

指向力矩 M_H 表示将陀螺主轴进动至子午面的力矩大小。在赤道上，$\beta = 0°$，$\cos\beta = 1$，陀螺进动的指向力矩 M_H 最大；而在南、北极，$\beta = 90°$，$\cos\beta = 0$，$M_H = 0$，因此，陀螺仪放在两极，无指向力矩，无法定向。一般当 $\beta \geqslant 75°$ 后，陀螺经纬仪便失去了定向能力。

5.2.2　陀螺房运动的欧拉方程

陀螺房运动的欧拉方程原理见图 5-6。

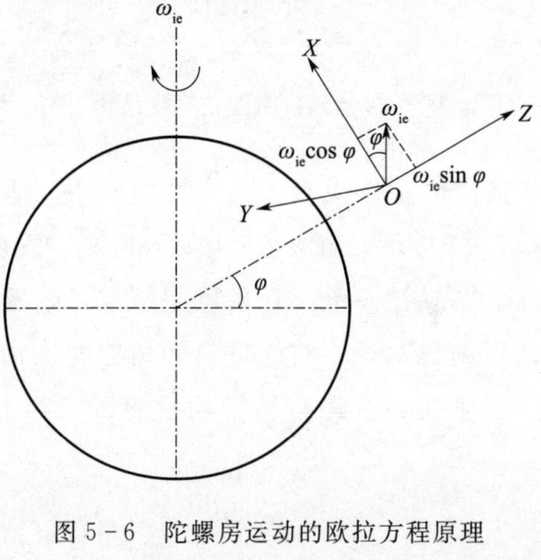

图 5-6　陀螺房运动的欧拉方程原理

在研究地球自转及其与陀螺仪转动的关系时（陀螺经纬仪正是

巧妙地利用这个关系发明的），必须以太阳或其他恒星作为惯性参考系，而不能以地球作为惯性参考系。

首先，需要研究自由陀螺仪的自转轴在地表面上的摆动情况。所谓自由陀螺仪是指陀螺轴在空间三维方向均可自由转动的陀螺仪，亦称为三自由度陀螺仪，具体结构见图 5-7。

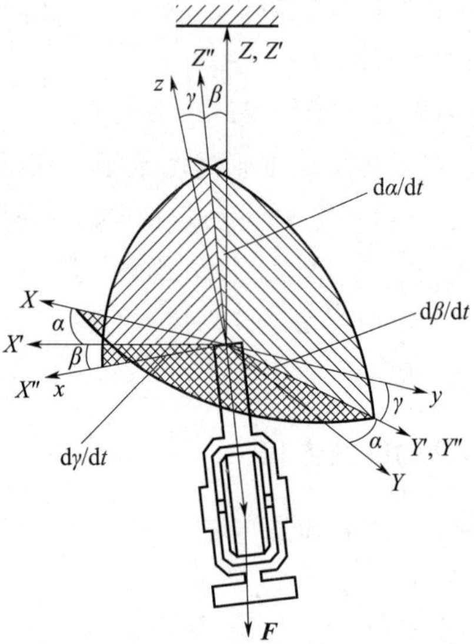

图 5-7　三自由度陀螺仪结构

在以太阳或其他恒星作为参考的惯性空间中，地球的自转角速度 $\omega_e = 1\ \mathrm{r/d} \approx 7\times10^{-4}\ \mathrm{r/min} \approx 7\times10^{-5}\ \mathrm{rad/s}$ 。现在，在地表面上纬度为 φ 的某点水平放置一个三自由度陀螺仪，陀螺仪自转轴与子午面的夹角为 α_0，见图 5-8。将地球自转角速度 ω_e沿铅垂线、陀螺自转轴，以及与铅垂线、陀螺自转轴均垂直的三个方向进行分解，得分量角速度

$$\omega_1 = \omega_e \sin\varphi \tag{5-1}$$

$$\omega_2 = \omega_e \cos\varphi \sin\alpha_0 \tag{5-2}$$

$$\omega_3 = \omega_e \cos\varphi \cos\alpha_0 \tag{5-3}$$

其中 ω_3 使陀螺仪的自转角速度增加到（$\omega + \omega_3$），因 $\omega_3 \ll \omega$，故 ω_3 可忽略，即陀螺自转角速度仍为 ω。

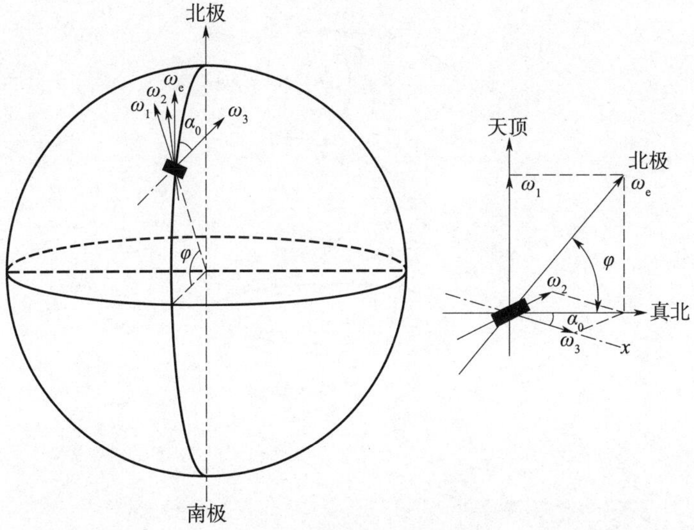

图 5－8　地速的分解

在无外力矩作用时，陀螺轴在惯性空间中的指向不变。因此，地球的自转将改变陀螺轴与地表面的关系。其中 ω_1 使陀螺轴逐渐偏离真北方向（实际上是在以太阳为参考的惯性系中，子午线远离陀螺轴），ω_2 使陀螺自转轴与地平面的夹角逐渐加大（该角用 ε 表示）。自由陀螺仪不能用来寻北。

5.2.3　地球自转对摆式陀螺仪的影响

如果在三自由度陀螺仪的自转轴上杆连一质量为 m 的刚体，则其自由度成为二个半，称为摆式陀螺仪，如图 5－9 所示。将摆式陀螺仪水平放置于纬度为 φ 的地面点时，如图 5－10 所示，则由 ω_2 引起的 ε 将对陀螺仪产生一外力矩

$$\boldsymbol{M}_{\mathrm{P}} = \boldsymbol{l} \times \boldsymbol{G} \qquad (5-4)$$

其中 $\boldsymbol{l}$ 由陀螺仪重心指向重物重心，$\boldsymbol{G}$ 为重物的重力

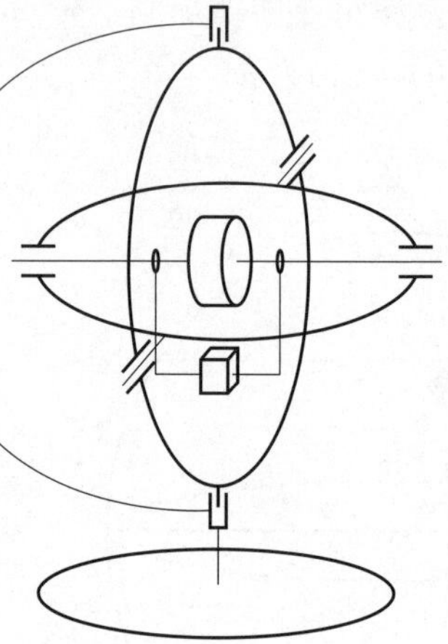

图 5-9　摆式陀螺仪

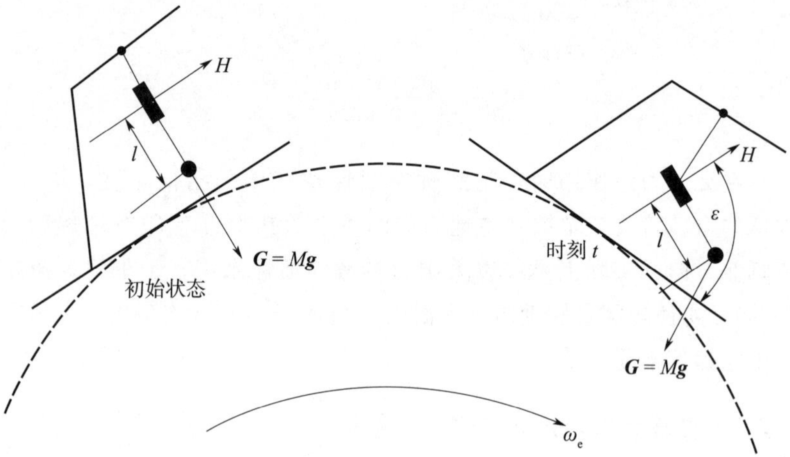

图 5-10　因地球自转产生外力矩的过程

$$\boldsymbol{G} = m\boldsymbol{g}$$

其中，$\boldsymbol{g}$ 为重力加速度，$\boldsymbol{G}$ 和 $\boldsymbol{g}$ 的方向指向地球中心（重心），$\boldsymbol{l}$ 与 $\boldsymbol{G}$ 的夹角为 ε。当 ε 很小时，sin ε=ε。令

$$M_G = mgl \tag{5-5}$$

则外力矩的大小为

$$M_P = M_G \varepsilon \tag{5-6}$$

$\boldsymbol{M}_P$ 的方向在图 5－11 中垂直纸面向里（陀螺轴在纸面内，故也有 $\boldsymbol{M}_P \perp \boldsymbol{H}$），它将使陀螺轴产生进动角速度 $\boldsymbol{\omega}_P$，其关系为

$$\boldsymbol{\omega}_P \times \boldsymbol{H} = \boldsymbol{M}_P \tag{5-7}$$

其中，$\boldsymbol{H} = J\boldsymbol{\omega}$ 为陀螺自转动量矩。$\boldsymbol{\omega}_P$ 在 $\boldsymbol{H}$ 与 $\boldsymbol{M}_P$ 形成的平面内，方向向上，将使陀螺轴转向真北方向，其大小为

$$\omega_P = \frac{M_P}{H} = \frac{M_G}{H}\varepsilon \tag{5-8}$$

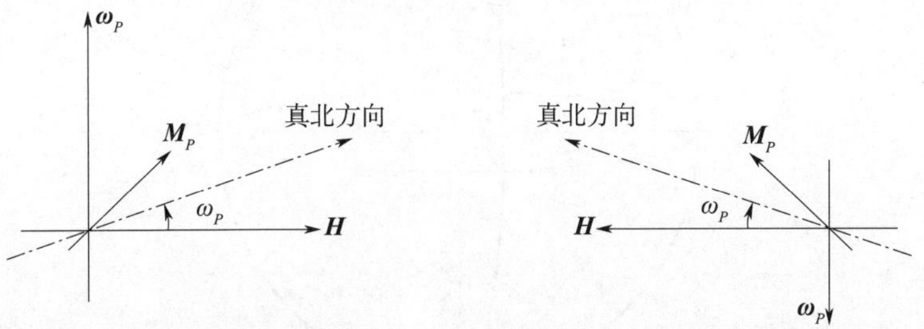

图 5－11　进动方向分析

结合图 5－11，现在分析 ε 的变化情况。ε 由 ω_2 引起，$\omega_2 = \omega_e \cdot \cos\varphi \sin\alpha$，随着陀螺轴接近真北，$\omega_2$ 逐渐接近 0，ε 逐渐接近最大值，ω_P 也逐渐接近最大值，也就是说，陀螺轴将以最快速越过真北方向；越过真北方向后，ω_2 为负值，ε 逐渐变小，在 ε 为 0 前，陀螺轴继续向左（西）转动；当 ε 为 0 时，ω_P 为 0（陀螺轴暂时停止），但 ω_2 的绝对值最大，符号为负，因此将导致 ε 向负值发展，这将导致陀螺轴向右（东）转动靠近真北方向；循环重复前述过程，从而陀螺轴会围绕真北作往复摆动。

5.2.4　摆式陀螺仪的运动方程

在论述了摆式陀螺仪自转轴在地球自转影响下将围绕真北方向作往复左右摆动这一结论后，在此基础上需要建立陀螺轴的摆动

方程。

设某时刻摆式陀螺仪与真北方向的夹角为 α，与地平面的倾角为 ε，在此刻建立（以太阳为参考的）惯性空间中的 xyz 坐标系如图5-12 所示，其中 x 轴与陀螺自转轴一致，z 轴与 x 轴垂直，z 轴与铅垂线的夹角为 ε，y 轴与 x 轴、z 轴构成右手坐标系。

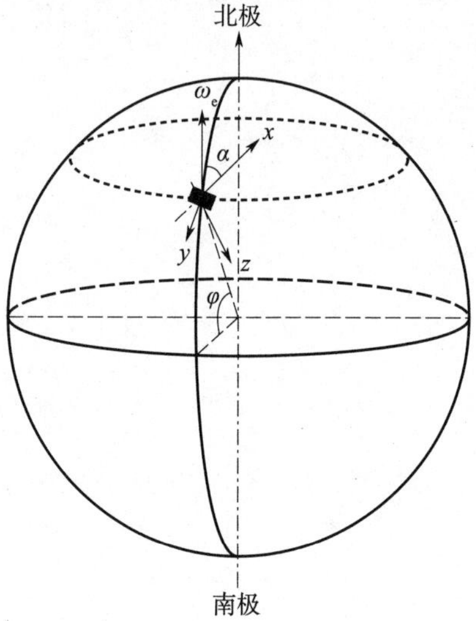

图 5-12 临时惯性参考系

设此刻存在 $\dfrac{d\alpha}{dt}$，$\dfrac{d\varepsilon}{dt}$，则陀螺仪在惯性空间中的转动角速度为

$$\begin{cases}\omega_x = \omega + \omega_3 \approx \omega \\ \omega_y = \dfrac{d\varepsilon}{dt} - \omega_2 = \dfrac{d\varepsilon}{dt} - \omega_e \cos(\varphi - \varepsilon)\sin\alpha \approx \dfrac{d\varepsilon}{dt} - \omega_E \cos\varphi\sin\alpha \\ \omega_z = \dfrac{d\alpha}{dt} - \omega_1 = \dfrac{d\alpha}{dt} - \omega_E \sin(\varphi - \varepsilon) \approx \dfrac{d\alpha}{dt} - \omega_e \sin\varphi \end{cases} \tag{5-9}$$

动量矩为

$$H_x = J_x\omega_x = J\omega = H$$

相对于 H_x 取

$$H_y=H_z=0$$

外力矩为

$$M_x=0;$$
$$M_y=-M_G\varepsilon;$$
$$M_z=0;$$

又

$$\begin{cases}\dfrac{\mathrm{d}\omega_y}{\mathrm{d}t}=\dfrac{\mathrm{d}^2\varepsilon}{\mathrm{d}t^2}\\[2ex]\dfrac{\mathrm{d}\omega_z}{\mathrm{d}t}=\dfrac{\mathrm{d}^2\alpha}{\mathrm{d}t^2}\end{cases}\tag{5-10}$$

将以上结果代入式（5-1）得

$$-M_G\varepsilon=J_y\frac{\mathrm{d}^2\varepsilon}{\mathrm{d}t^2}+(\frac{\mathrm{d}\alpha}{\mathrm{d}t}-\omega_e\sin\varphi)H\tag{5-11}$$

$$M_z=J_z\frac{\mathrm{d}^2\alpha}{\mathrm{d}t^2}-(\frac{\mathrm{d}\varepsilon}{\mathrm{d}t}-\omega_e\cos\varphi\sin\alpha)H\tag{5-12}$$

式（5-11）两边对 t 求导，并略去 $\frac{\mathrm{d}^3\varepsilon}{\mathrm{d}t^3}$，得

$$\frac{\mathrm{d}\varepsilon}{\mathrm{d}t}=-\frac{H}{M_G}\frac{\mathrm{d}^2\alpha}{\mathrm{d}t^2}\tag{5-13}$$

将式（5-13）代入式（5-12），则有

$$M_z=(J_z+\frac{H^2}{M_G})\frac{\mathrm{d}^2\alpha}{\mathrm{d}t^2}+H\omega_e\cos\varphi\sin\alpha\tag{5-14}$$

为使式（5-14）容易求解，需控制 α 数值，使 $\sin\alpha=\alpha$ 成立。另外，人们又将

$$D_k=H\omega_e\cos\varphi\tag{5-15}$$

称为陀螺力矩，将

$$M_k=D_k\sin\alpha=D_k\alpha\tag{5-16}$$

称为指向力矩。这样，可将式（5-14）写成

$$(J_z+\frac{H^2}{M_G})\frac{\mathrm{d}^2\alpha}{\mathrm{d}t^2}+D_K\alpha=M_z\tag{5-17}$$

在 $M_z=0$ 时，式（5-17）的一般解式为

$$\alpha = A\sin\frac{2\pi}{T_{\mathrm{A}}}(t-t_0) \tag{5-18}$$

其中 A，t_0 为积分常数，实际意义为陀螺摆幅和初相时间，由具体过程的初始状态所决定。摆动周期 T_{A} 的表达式为

$$T_{\mathrm{A}} = 2\pi\sqrt{\frac{J_z+\dfrac{H^2}{M_G}}{D_{\mathrm{K}}}} = 2\pi\sqrt{\frac{H}{M_G\omega_{\mathrm{e}}\cos\varphi}} \tag{5-19}$$

令

$$T_{\mathrm{A}}^0 = 2\pi\sqrt{\frac{H}{M_G\omega_{\mathrm{e}}}} \tag{5-20}$$

则

$$T_{\mathrm{A}} = \frac{T_{\mathrm{A}}^0}{\sqrt{\cos\varphi}} \tag{5-21}$$

将式（5-18）代入式（5-11），并忽略 $\dfrac{\mathrm{d}^2\varepsilon}{\mathrm{d}t^2}$，整理得陀螺轴的倾角方程为

$$\varepsilon = \frac{H\omega_{\mathrm{e}}\sin\varphi}{M_{\mathrm{G}}} - A\sqrt{\frac{H\omega_{\mathrm{E}}\cos\varphi}{M_{\mathrm{G}}}}\cos\frac{2\pi}{T_{\mathrm{A}}}(t-t_0) \tag{5-22}$$

令

$$\varepsilon_0 = \frac{H\omega_{\mathrm{e}}\sin\varphi}{M_G} \tag{5-23}$$

$$\varepsilon_{\max} = \varepsilon_0 + A\sqrt{\frac{H\omega_{\mathrm{E}}\cos\varphi}{M_{\mathrm{G}}}} \tag{5-24}$$

则式（5-22）成为

$$\varepsilon = \varepsilon_0 - (\varepsilon_{\max}-\varepsilon_0)\cos\frac{2\pi}{T_{\mathrm{A}}}(t-t_0) \tag{5-25}$$

将式（5-18）与式（5-25）合并，消去 t，得

$$\left(\frac{\alpha}{A}\right)^2 + \left(\frac{\varepsilon-\varepsilon_0}{\varepsilon_{\max}-\varepsilon_0}\right)^2 = 1 \tag{5-26}$$

椭圆进动轨迹见图 5-13。椭圆进动轨迹反映了陀螺轴在空间的运动轨迹，其中

$$(\varepsilon_{max} - \varepsilon_0) \ll A \tag{5-27}$$

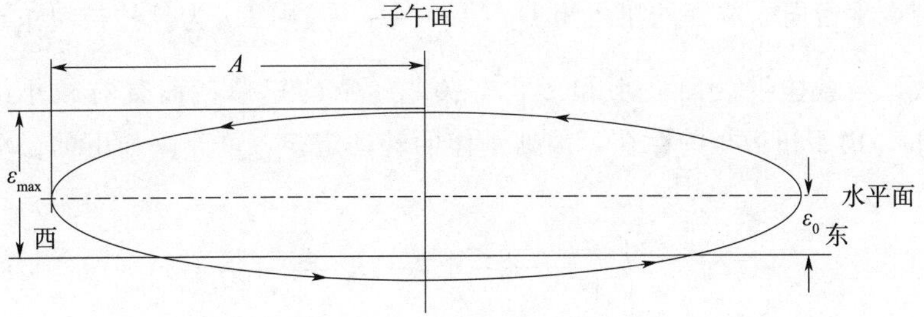

图 5-13　椭圆进动轨迹

最后要指出的是，上面讨论的所有角度，如 α 和 ε 等，均以 rad 为单位。

5.2.5　陀螺轴摆动方程的实用形式

在实际陀螺经纬仪的操作工程中，尤其是在人工观测的工况条件下，还需要进一步在以上被证明的较复杂的陀螺摆运动方程基础上进行合理的简化，给出便于实用的应用形式。

其中已知陀螺经纬仪是以目镜中的光标线来反映陀螺轴的摆动情况的，所以，为了叙述上的方便，下面对“光标线”和“陀螺轴”不加区分，并且把目镜分划板表示成左“-”右“+”的原理形式。

在陀螺经纬仪中，悬挂柱、陀螺房与陀螺轴一起摆动，它们由悬挂带悬吊，因此陀螺轴的摆动又受悬挂带扭力的影响。下面先讨论陀螺未自转时该扭力的影响情况，其结果也用于悬挂带零位的测定。

以下论述中，用 α_i 表示光标线在分划板上的位置读数（scale reading），以格数计。

(1) 陀螺轴的自由摆动方程

当陀螺仪未自转时，陀螺轴也将产生单摆运动，这是由悬挂带扭力矩引起的，所以称为扭摆运动，又因为无陀螺的进动参与，也称为自由摆动。

设陀螺轴自由摆动中心在分划板上的位置为 δ（即零位），悬挂带产生指向 δ 位置的扭力矩 $D_{\mathrm{B}}\dfrac{(\alpha-\delta)\tau}{\rho}$，其中 D_B 为悬挂带扭矩系数，与悬挂带截面大小和形状有关，较窄的矩形截面具有较小的 D_B。由于扭力矩的存在，根据刚体的转动定律，可建立如下的微分方程

$$J_Z\cdot\frac{\mathrm{d}^2}{\mathrm{d}t^2}\left[\frac{(\alpha-\delta)\tau}{\rho}\right]=-D_{\mathrm{B}}\frac{(\alpha-\delta)\tau}{\rho}\qquad(5-28)$$

其中"－"号表明扭力矩转向与 α 的正向相反，J_z 为陀螺仪绕 z 轴的转动惯量，z 轴通过陀螺仪重心与自转轴 x 垂直，与悬挂带轴线重合。若进一步考虑摩擦力矩的影响，则式（5－28）应修改为

$$J_Z\cdot\frac{\mathrm{d}^2}{\mathrm{d}t^2}\left[\frac{(\alpha-\delta)\tau}{\rho}\right]=-D_{\mathrm{B}}\frac{(\alpha-\delta)\tau}{\rho}-h\frac{\mathrm{d}}{\mathrm{d}t}\left[\frac{(\alpha-\delta)\tau}{\rho}\right]\qquad(5-29)$$

该微分方程的普通解式为

$$\alpha=\delta+D_{\mathrm{e}}-k_{\mathrm{D}}(t-t_0)\sin\frac{2\pi}{T_{\mathrm{D}}}(t-t_0)\qquad(5-30)$$

其中

$$k_{\mathrm{D}}=\frac{h}{2J_Z}\qquad(5-31)$$

$$T_{\mathrm{D}}=\frac{2\pi}{\sqrt{\dfrac{D_{\mathrm{B}}}{J_Z}-k_{\mathrm{D}}^2}}\approx2\pi\sqrt{\frac{J_Z}{D_{\mathrm{B}}}}\qquad(5-32)$$

初始摆幅 D 与初相时间 t_0 为积分常数，由具体的初始状态而定。

式（5－30）表明，在陀螺马达未启动时，陀螺轴的自由摆动为衰减的单摆运动。

在陀螺经纬仪定向实践中，式（5－30）被用于零位 δ 的测定。

（2）跟踪状态下陀螺轴的摆动方程

所谓跟踪状态，是指操作员转动经纬仪照准部的微动螺旋，使陀螺目镜分划板的某一刻划 α_A 始终与光标线重合。在此状态下，采集经纬仪水平度盘读数 θ 及时间观测值 t，以完成真北方向的确定。

当用分划板的 α_A 刻划跟踪陀螺轴时，存在指向 δ 的扭力矩 $D_B\dfrac{(\alpha_A-\delta)\tau}{\rho}$ 和摩擦力矩 $h\dfrac{d}{dt}\left(\dfrac{\theta_A-N}{\rho}\right)$，二者方向相同，均与图 5-12 中的 z 轴相反，以

$$M_Z=-D_B\frac{(\alpha_A-\delta)\tau}{\rho}-h\frac{d}{dt}\left(\frac{\theta_A-N}{\rho}\right) \tag{5-33}$$

代入式（5-14）得

$$\left(J_Z+\frac{H^2}{M_G}\right)\frac{d^2}{dt^2}\left(\frac{\theta_A-N}{\rho}\right)+D_K\left(\frac{\theta_A-N}{\rho}\right)=-D_B\frac{(\alpha_A-\delta)\tau}{\rho}-h\frac{d}{dt}\left(\frac{\theta_A-N}{\rho}\right) \tag{5-34}$$

整理成

$$\left(J_Z+\frac{H^2}{M_G}\right)\frac{d^2}{dt^2}[\theta_A-N+\lambda(\alpha_A-\delta)\tau]+h\frac{d}{dt}[\theta_A-N+\lambda(\alpha_A-\delta)\tau]+$$
$$D_K[\theta_A-N+\lambda(\alpha_A-\delta)\tau]=0 \tag{5-35}$$

式（5-35）的解式为

$$\theta_A=N+Ae^{-k(t-t_0)}\sin\frac{2\pi}{T_A}(t-t_0)-\lambda(\alpha_A-\delta)\tau \tag{5-36}$$

其中

$$\lambda=\frac{D_B}{D_K}=\frac{D_B}{H\omega_e\cos\varphi} \tag{5-37}$$

称为零位改正系数，或写成

$$\lambda=\frac{\lambda^0}{\cos\varphi} \tag{5-38}$$

式中

$$\lambda^0=\frac{D_B}{H\omega_e} \tag{5-39}$$

初始摆幅 A 与初相时间 t_0 为积分常数，由具体的初始状态而定。摆幅的衰减系数

$$k=\frac{h}{2\left(J_Z+\dfrac{H^2}{M_G}\right)}\approx\frac{hM_G}{2H^2} \tag{5-40}$$

k 一般很小，在 $10^{-5}\sim10^{-6}$ 之间；陀螺轴的摆动周期

$$T_A = \frac{2\pi}{\sqrt{\dfrac{D_K}{J_Z + \dfrac{H^2}{M_G}} - k^2}} \tag{5-41}$$

T_A 简称陀螺跟踪周期，忽略 k 与 J_z 即成为式（5－19）～式（5－21）。

在式（5－24）～式（5－37）中，θ_A 为 α_A 对应的水平度盘读数，但实际能观测到的只能是 θ，将

$$\theta_A = \theta - C_g + \alpha A\ \tau \tag{5-42}$$

代入式（5－37），整理得

$$\theta = N + C_g + \lambda\delta\tau + A\mathrm{e}^{-k(t-t_0)}\sin\frac{2\pi}{T_A}(t-t_0) - (1+\lambda)\alpha_A\tau \tag{5-43}$$

实践中一般总是用零刻划线跟踪，即 $\alpha_A=0$，并且将式（5－43）分写如下

$$N = M - \lambda\delta\ \tau - C_g \tag{5-44}$$

$$\theta = M + A\mathrm{e}^{-k(t-t_0)}\sin\frac{2\pi}{T_A}(t-t_0) \tag{5-45}$$

（3）经纬仪照准部固定状态下陀螺轴的摆动方程

当经纬仪照准部在近似北方向 N' 固定时，则陀螺轴的摆动完全反映在陀螺分划板上，陀螺轴摆动时，悬挂带的扭力矩也在改变。设陀螺轴某时刻的位置对应于分划板上的 α，对应经纬仪水平度盘于 N^α，则扭力矩和摩擦力矩形成陀螺仪的外加力矩

$$M_Z = -D_B\frac{(\alpha-\delta)\tau}{\rho} - h\frac{\mathrm{d}}{\mathrm{d}t}\left(\frac{N^\alpha - N}{\rho}\right) \tag{5-46}$$

代入式（5－17），有

$$\left(J_Z + \frac{H^2}{M_G}\right)\frac{\mathrm{d}^2}{\mathrm{d}t^2}\left(\frac{N^\alpha - N}{\rho}\right) + D_K\left(\frac{N^\alpha - N}{\rho}\right) = -D_B\frac{(\alpha-\delta)\tau}{\rho} - h\frac{\mathrm{d}}{\mathrm{d}t}\left(\frac{N^\alpha - N}{\rho}\right) \tag{5-47}$$

目镜分划板与水平度盘刻度的关系见图 5－14。由图 5－14 知 α 与 N^α 的关系为

$$N^{\alpha} = N' - C_{g} + \alpha\,\tau \tag{5-48}$$

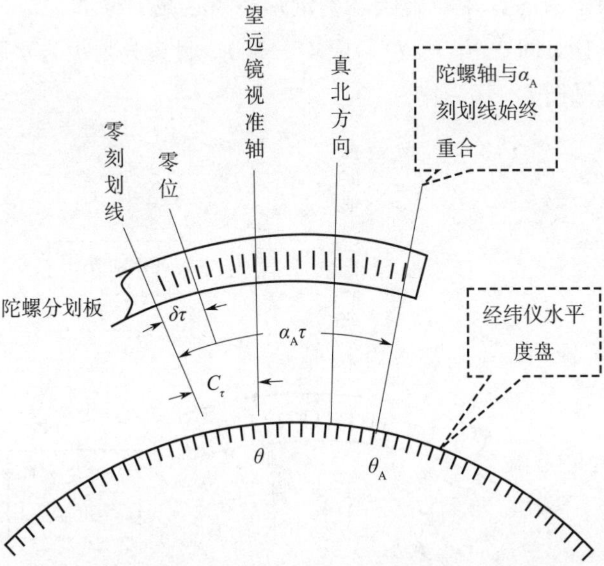

图 5-14　目镜分划板与水平度盘刻度的关系（跟踪）

将式（5-48）代入式（5-47），并进行整理得

$$\left(J_Z + \frac{H^2}{M_G}\right)\frac{d^2}{dt^2}\left[\alpha - \frac{N + C_g + \lambda\delta\tau - N'}{(1+\lambda)\tau}\right] + h\frac{d}{dt}\left[\alpha - \frac{N + C_g + \lambda\delta\tau - N'}{(1+\lambda)\tau}\right] + (D_B + D_K)\left[\alpha - \frac{N + C_g + \lambda\delta\tau - N'}{(1+\lambda)\tau}\right] = 0 \tag{5-49}$$

式（5-49）的解式为

$$\alpha = \frac{N + C_g + \lambda\delta\tau - N'}{(1+\lambda)\tau} + Be^{-k(t-t_0)}\sin\frac{2\pi}{T_B}(t - t_0) \tag{5-50}$$

其中陀螺轴的摆动周期

$$T_B = \frac{2\pi}{\sqrt{\dfrac{D_K + D_B}{J_Z + \dfrac{H^2}{M_G}} - k^2}} \tag{5-51}$$

简称不跟踪周期；积分常数 B 和 t_0 的意义为初始摆幅和初相时间，由陀螺轴摆动的具体初始状态确定；摆幅衰减 k 同式（5-40）；零位改正系数 λ 同式（5-27）~式（5-30）。目镜分划板与水平度盘刻度的关系见图 5-15。

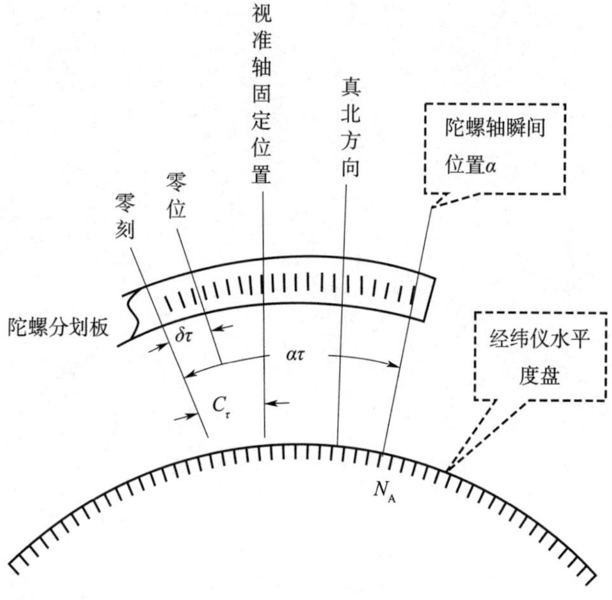

图 5-15　目镜分划板与水平度盘刻度的关系（照准部固定）

忽略 k 与 J_Z，则式（5-51）可简化为

$$T_B = 2\pi\sqrt{\frac{H^2}{M_G(D_K + D_B)}} \tag{5-52}$$

或将式（5-18）~式（5-20）及式（5-27）和式（5-28）代入，成为

$$T_B = \frac{T_A}{\sqrt{1+\lambda}} = \frac{T_A^0}{\sqrt{\cos\varphi + \lambda^0}} \tag{5-53}$$

或

$$\lambda = \frac{T_A^2}{T_B^2} - 1 \tag{5-54}$$

实践中，一般将式（5－50）分写如下

$$N = M - \Delta\delta - C_g \tag{5-55}$$

$$\Delta\delta = \lambda\delta\tau \tag{5-56}$$

$$M = N' + (1+\lambda)\beta\tau \tag{5-57}$$

$$\alpha = \beta + Be^{-k(t-t_0)}\sin\frac{2\pi}{T_B}(t-t_0) \tag{5-58}$$

5.3　温度、振动和磁场对陀螺寻北的影响分析

作为一种常应用于室外作业场合的仪器，陀螺经纬仪不可避免地受到环境因素的影响。本节详细地分析了三种典型的环境误差因素及其对总体精度的影响。

5.3.1　环境温度变化对仪器的影响

（1）环境温度对仪器北方向值影响的研究

用各种计时法求陀螺北方向时，均需要用到零位改正系数 λ，用中天法进行数据处理时还需要比例系数 C，温度的变化对这两个系数有一定的影响，即用同温度点上的系数去处理不同温度点的观测值是不合理的。因此，要分别测定出不同温度点的比例系数和零位改正系数。

比例系数的计算公式为

$$C = \frac{N'_2 - N'_1}{a_1\,\Delta t_1 - a_2\,\Delta t_2}$$

式中　a_1, a_2 ——摆幅值；

$\Delta t_1, \Delta t_2$ ——相邻两侧摆动时间差的平均值；

N'_1, N'_2 ——近似北在水平度盘上的读数。

零位改正系数 λ 通过照准部偏东、偏西两次用计时法观测得到，或按相应公式求得。

然后在 5 ℃，10 ℃，15 ℃，20 ℃，25 ℃，30 ℃，35 ℃温度点上测定五次 C 和 λ。再进行陀螺北方向值 N 的测定。首先做一组试

验，在试验中，为避免振动的影响，仪器及其他装置均放置在减振台上，陀螺经纬仪水平度盘的位置也保持不变（后同）。用中天法测定陀螺经纬仪的北方向值，同时按下面公式分别加入不同温度点的比例常数和零位改正值

$$N = N' - C \cdot a \cdot \Delta t + \Delta N$$

式中　N ——陀螺北方向值；

N' ——近似北在水平度盘上的读数；

a ——摆幅值；

Δt ——相邻两侧摆动时间差的平均值。

继续进行陀螺北方向值的检验。仪器在测量过程中，可能会出现异常数据，需对观测值进行判别，并剔除粗大误差。如果测量数据不可靠，还需重新测量，检验包括粗大误差、偶然误差和系统误差的判别。

最后整理得到陀螺北方向值试验数据。可以看到，随着温度的上升，陀螺北方向值（平均值）不断增大，而在测量过程中只有温度这一因素在变化，可以断定陀螺北方向均值 N 随温度 t 变化，即存在函数关系：$N = f(t)$ 。

由以上数据可求出用中天法观测的且加入零位改正后的陀螺北方向值与温度的变化函数关系为一指数上升的关系式

$$N = A \cdot e^{bt} + K \tag{5-59}$$

式中　N ——陀螺北方向值；

t ——温度；

K ——常数，由度盘位置确定。

通过式（5－59）可知，陀螺北方向值随环境温度的变化而变化，温度低时，变化率较小；温度高时，变化率较大。造成这种变化的原因主要是制造陀螺马达材料的膨胀系数不完全一致，当温度变化时，使组合件之间出现温差，膨胀不均将导致零件的相对位置与初始条件不一致，这样就造成了灵敏部重心位移。而重心位置的变化将会产生陀螺灵敏部的干扰力矩，从而引起陀螺的杂乱进动，

使陀螺轴相对给定方向产生偏差，陀螺仪产生漂移。

(2) 环境温度对仪器零位值的影响

环境温度对仪器零位值的影响见图 5-16。从图中两条典型的零位值-温度曲线可以看到，仪器的零位值具有负温度系数，即随温度的不断上升，零位值是不断减小的。

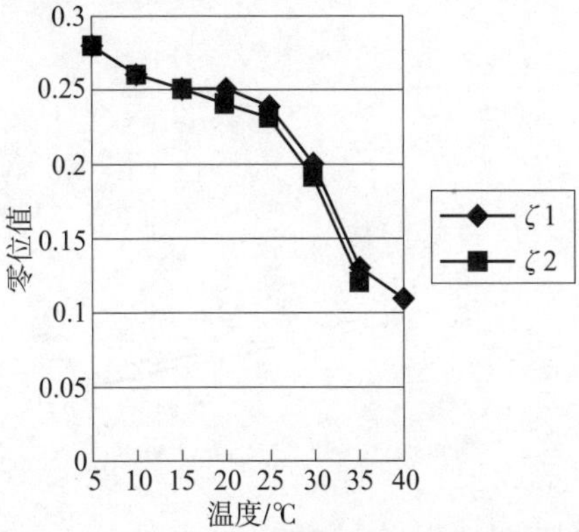

图 5-16　零位-温度关系

当温度较低（25 ℃以下）时，零位值随温度变化较缓慢；温度较高（大于 25 ℃）时，零位值随温度变化加快。因此，陀螺经纬仪不宜在环境温度较高的条件下进行定向作业，在 25 ℃以下进行定向作业较佳，可以减小温度引起零位变化对定向结果的影响。

(3) 温度变化对仪器常数的影响

在前文中，得出了温度变化引起陀螺北方向值变化量的计算公式，并说明了一旦温度从 t_1 变到 t_2，陀螺北方向值变化量 ΔN 就随之而定，而与经纬仪水平度盘的位置无关。仪器常数是陀螺经纬仪在使用前后及搬运后需要测定的，它是由于仪器测定的子午线与真子午线之间存在差值引起的，对测量结果有直接的影响。下面将进一步讨论温度变化对仪器常数的影响。

如图 5-17 所示，OR 为地理北，OG 为陀螺北，OX 为坐标北，地理北与陀螺北之间的夹角就是仪器常数，用 Q 表示。在测线的陀螺方位角中加入仪器常数后，才能获得测线的地理方位角。设 OP 为一已知边，其地理方位角 A_0 或坐标方位角 α_0 是已知的，通过陀螺定向，得其陀螺方位角 α_T ，那么

$$Q = A_0 - \alpha_0 \tag{5-60}$$

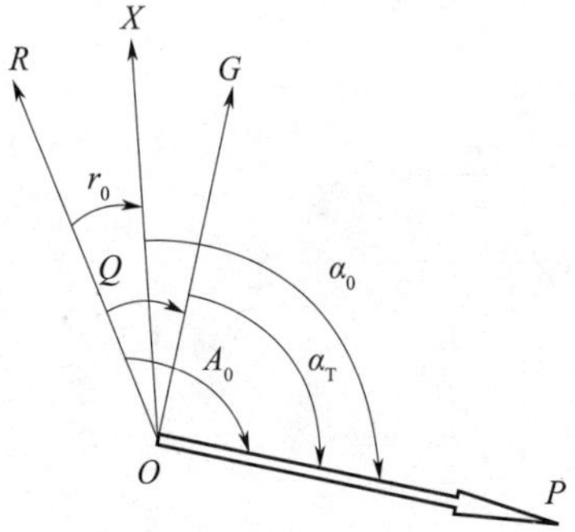

图 5-17　仪器常数 Q 定义

设测线的方向值为 L_0 ，陀螺北方向值为 N ，则

$$\alpha_0 = L_0 - N \tag{5-61}$$

考虑式（5-60）和式（5-61），则有

$$Q = A_0 - L_0 + N \tag{5-62}$$

若坐标方位角 α_0 已知，那么

$$Q = \alpha_0 + r_0 - L_0 + N \tag{5-63}$$

式中，r_0 为仪器安置处的子午线收敛角。式（5-62）和式（5-63）为仪器常数的计算公式。

陀螺北方向值 N 是温度的函数，温度变化时，N 的变化量为 ΔN，ΔN 由前文中的公式确定。假定仪器处于不同温度下，在已知边上测定仪器常数，并且保持经纬仪水平度盘位置不变，由于 N 是温度 t 的函数，那么由式（5-63）知 Q 也是温度 t 的函数，即

$$Q = Q(t) = \alpha_0 + r_0 - L_0 + N(t)$$

这里假定测线方向值 L_0 受温度的影响比 N 受温度的影响要小得多，因而可以忽略不计。在进行试验时，环境温度从 40 ℃变至

5 ℃，测线方向值变化范围在 6″以内，比陀螺北方向值的变化量要小得多，完全可以不考虑。

设在两个温度点 t_1、t_2 上测定常数 Q，有

$$\begin{cases} Q_1 = \alpha_0 + r_0 - L_0 + N(t_1) \\ Q_2 = \alpha_0 + r_0 - L_0 + N(t_2) \end{cases}$$

由此可得仪器常数 Q 的变化量为

$$\Delta Q = Q_1 - Q_2 = N(t_1) - N(t_2)$$

由于 N 的变化量为 ΔN，即

$$N(t_1) - N(t_2) = \Delta N$$

故有

$$\Delta Q = \Delta N \tag{5-64}$$

由式（5-64）可见，环境温度的变化引起仪器常数变化的量，等于环境温度变化引起陀螺北方向值变化的量，这就是温度变化对仪器常数的影响规律。例如，在两个温度点 $t_1 = 13$ ℃，$t_2 = 33$ ℃上测定仪器常数，ΔQ 按加零位改正的函数模型计算结果（中天法加零位改正）为

$$\Delta Q = 105'' = 1'45''$$

由此可见，环境温度的变化引起仪器常数的变化是不能忽视的。当测定仪器常数时的温度相差较大时，应该考虑到温差引起仪器常数的变化。

削弱温差对仪器常数的影响，主要有以下两种。

①在仪器常数中加温度改正数

设在地面测定常数时的温度为 t_1，测得常数为 Q_1；变化后温度为 t_2，此时的常数应为 Q_2。因此可求得温度从 t_1 变化到 t_2 时仪器常数的变化量 ΔQ，由于

$$Q_2 - Q_1 = \Delta Q = \Delta N$$

故

$$Q_2 = Q_1 + \Delta N$$

在求得仪器常数 Q_1 后，对其施加改正数 $\Delta Q = \Delta N$，就可以获

得温度变化后定向温度时的仪器常数，用改正后的仪器常数计算未知边的地理方位角或坐标方位角，这种方法能较好地削弱温差对仪器常数的影响。但是，要预先知道所用仪器的 $\delta-t$ 曲线或其函数模型。获得这种曲线并非易事，需要完成一系列试验工作，因此工作量巨大。在精度要求较高的定向中，可以考虑采用此法。

②选择合适的定向时间

在一段时间内当环境温度变化不大（如 2 ℃左右），仪器常数的变化量也不大，用公式估算得 $\Delta Q = \Delta N = 6.9''$，此偏差对仪器定向影响不大。因此在选择定向时间时，应考虑在温差小的时段内进行。

5.3.2　陀螺仪内部温度变化对仪器的影响

（1）陀螺仪内部温度变化产生的原因及测定方法

由于陀螺马达都安装在气密式陀螺房中，在转子高速旋转时，它将与周围的气体介质发生粘滞摩擦，从而产生风阻力矩。风阻力矩越大，陀螺马达克服风阻和轴承摩擦力所需的功率就越大，因此产生的热量与温升也越高。

可以用测定陀螺马达启动前后线电阻的方法来计算陀螺仪内部马达产生的温升，其计算公式为

$$\Delta T = (R - R_0) \times (235 + t)/R_0$$

式中　ΔT ——马达启动前后产生的温升；

R_0——启动前电阻；

R——启动后的电阻；

t——环境温度。

有数据显示，无论是国内还是国外的陀螺仪，当陀螺仪采用交流马达时，启动 1 h 后都有较大的温升，其中 DJ6 - T60 温升最大达 41.4 ℃，GAK - 1 最小，但也有 15.7 ℃；JT - 15 和 TJ - 84 均为 25 ℃左右。

（2）温升对陀螺定向影响的分析

1）陀螺仪内部温升大，会导致重心位置的变化，将产生对陀螺

灵敏部的干扰力矩，使陀螺仪产生漂移，而且会降低陀螺仪的稳定性。

2）采用温升低的直流马达，不仅能使陀螺北方向值漂移量减小，而且可大大提高陀螺仪的精度和稳定性。

3）为了避免因冷热温度循环后造成的重心位移，可采取的措施一是提高加工精度，使马达对称；二是尽量减少材料的种类，使热膨胀均匀。

5.3.3　振动对陀螺定向的影响

（1）振动产生的原因

由于陀螺经纬仪的马达一般由定子、转子、端盖和轴承等组合件组成，而组合件由于加工、装配、材料的稳定性以及温升等因素的影响，可能产生较高的温度梯度和温度梯度的变化，引起较大的随机质量位移，即其重心位置发生变化，从而引起马达转子转动不平衡，由此产生强迫力矩，引起陀螺马达振动，即引起陀螺经纬仪振动。

①结构引起的振动

1）由于结构上的限制所致的产品不对称；

2）紧固螺钉、槽、孔分布不对称；

3）结构刚性不足（转子、壳体、转子轴等）；

4）滚珠轴承的配合选择不当（间隙过大或过盈太大）。

②制造误差引起的振动

1）零件制造误差；

2）动平衡不准确和平衡设备的灵敏度不够，没有在工作转速下进行动平衡检查；

3）装配不良，如转子相对定子偏心，轴承拉紧力过高，轴承和垫片厚度不均匀等。

③外界条件引起的振动

1）观测人员在仪器房周围的走动；

2）观测地点附近有汽车等机动车行驶；

3）观测地点附近有爆破冲击振动源等。

（2）振动对陀螺定向的影响

无论是陀螺马达振动，还是测量位置上的地面振动，最终都会反映到陀螺经纬仪上，从而使陀螺经纬仪在正常的运动之外，附加其他运动。下式为附加了振动力矩后的陀螺运动方程

$$a = a_1 + a_2 = C_1\cos bt + C_2\sin bt - \frac{H\lambda_y M_y}{M_g\omega_e\cos\varphi}\cos\lambda_y t - \frac{M_z}{H\omega_e\cos\varphi}\sin\lambda_z t \tag{5-65}$$

式中 ω_e，φ——地球自转角速度和观测地点的纬度；

H，M_g——陀螺仪自转动量矩和重力矩；

M_y，M_z——振动在 y 轴、z 轴上的力矩幅值；

λ_y，λ_z——振动在 y 轴、z 轴上的力矩变化角频率。

由式（5-65）可以看出，当存在简谐振动力矩时，陀螺的运动除正常摆动之外，同时章动运动致使陀螺定向时存在偏差。当振动严重，即附加的章动运动达到一定的数值时，通过陀螺经纬仪的光学系统将无法观测到清晰的陀螺光标，看到的只是一条快速闪动的光带，也就是说不能观测到陀螺轴的真实摆动，自然陀螺定向也就不可能了。为了减少振动对陀螺定向的影响，根据振动产生的原因，可采取以下措施：

1）选用温升低、功耗小的直流无刷马达，有利于稳定重心，从而减少振动。

2）陀螺马达应在结构上完全对称，其材料要用等膨胀系数的材料，马达轴向与径向间隙一定要小，马达两端盖要采用能补偿变形的薄壁零件，这样有利于温升时马达重心位置的稳定。

3）从仪器结构上进行衰减，即在南北平面内的摆振动可通过在陀螺房周围隔一层间隙很小的空气，然后再加上屏蔽层的相对阻尼进行衰减，因为陀螺摆对于壳体的相对运动振动能量可通过空气摩擦而减小。东西平面内的摆动可由电子转换控制器在直流陀螺马达

转子上加适当的反力矩来衰减，这个原理基本上与借助控制阻尼质量的惯性阻尼法的原理相当。

4）陀螺定向的地点要远离外界振动源。

5.3.4　磁场强度变化对陀螺北方向的影响

在研究磁场对陀螺经纬仪工作影响时，研究内容分为两部分：第一部分目的在于求出陀螺北方向值随直流磁场变化的规律；第二部分主要考察陀螺北方向值随交流磁场变化的情况。观测方法为中天法，中天时间用秒表测定，磁场的大小由特斯拉计测定。

以对 JT－15 陀螺经纬仪进行的某相关试验结果为例，可知无论是直流磁场还是交流磁场，也无论磁场源在哪一个方向，当磁场强度达到约 5×10^{-4} T 时，它对 JT－15 陀螺经纬仪定向时的悬带零位和陀螺北方向值都有影响，并且磁场感应越大，它对定向结果的影响也越大。

磁场源的方位不同对陀螺定向结果影响不一致。本实例仪器影响最大的情况是磁场在周围，影响最小的情况是磁场在南面，并且每个方向影响的符号也不一样，有的为正，有的为负。

由于磁场对陀螺定向结果有影响，因此为了保证测量结果的准确性，必须采取措施消除或削弱磁场对定向结果的影响。采取的措施可有：

1）尽量避免在磁场感应比较大的地方定向。

2）从仪器结构上加以改进，在陀螺仪设计时避免选用磁性材料制造零部件；在陀螺灵敏部周围采用高磁导率的材料做屏蔽罩，适当增加屏蔽层数。对于地球弱磁场的屏蔽，除加装高磁导率的屏蔽罩外，还应增加防磁底盘，另外还要加强防磁筒的热处理工艺。

5.4　摆式陀螺经纬仪的设计

摆式陀螺经纬仪是一种光、机、电一体且较为复杂的精密仪器，在原理性方案一定的前提下，产品的高精度和高可靠性主要依赖于系统各部分的协调匹配和各核心环节的细节设计。

5.4.1 总体结构设计

图 5-18 所示为一典型下挂式陀螺经纬仪的系统结构。该种结构形式也是目前较常使用的新式结构方案，其特征是方位指向装置，即经纬仪在上，下挂陀螺房形成轴系。

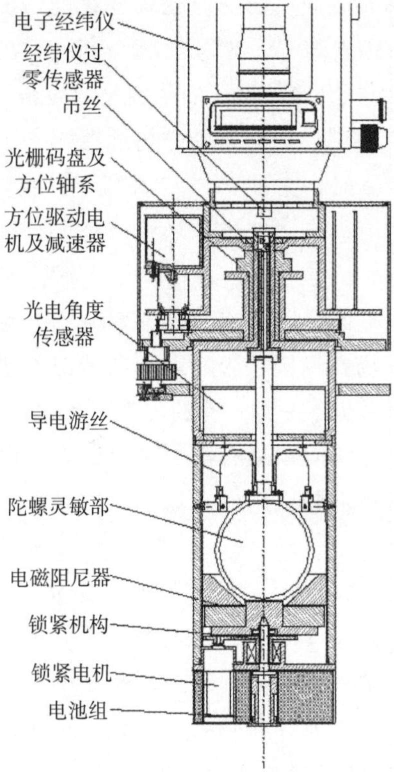

图 5-18 下挂式陀螺经纬仪结构组成

5.4.2 测控电路设计

摆式陀螺经纬系统的硬件部分是控制的基础，可从组成和功能上划分环节，采用模块化设计的方法进行设计。

典型的摆式陀螺经纬仪测控系统的组成如图 5-19 所示。

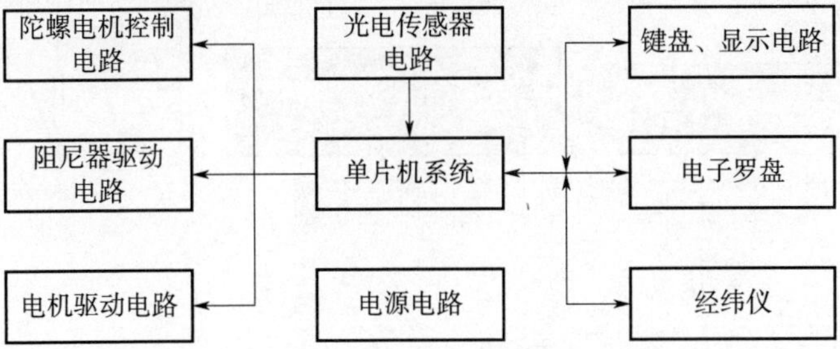

图 5-19　摆式陀螺经纬仪测控系统组成

硬件电路以单片机系统为中心，在陀螺电机同步状态下，采集反映陀螺摆动状态的光电耦合器件信号，单片机计算出陀螺灵敏部摆动的状态和位置，控制电磁阻尼器使陀螺灵敏部在所要求的范围内摆动，并将陀螺灵敏部摆动的位置通过通信接口送至键盘、显示控制电路进行显示。同时，单片机系统解算出粗北的位置，用步进电机带动方位回转伺服驱动系统，将陀螺仪转至该位置，之后进行精寻北过程，通过采集光电耦合器件信号，解算出北向值并传送给经纬仪，此时，经纬仪水平度盘显示的数值就是经纬仪光轴和真北的夹角。下面分别说明各组成模块电路的大概实现方法。

（1）单片机系统电路

单片机系统相当于系统的主板，是整个产品的大脑。它主要是由单片机、复位电路、振荡电路和外围扩展芯片组成。以图 5-20 所示的某方案原理图为例进行该部分设计要点的说明。

这部分系统设计的首要问题就是单片机/控制器的选型，这需要考虑传感器和驱动模块等外设以及寻北算法等要求综合给出。例如，图 5-20 中方案所采用的 80C552 单片机，是以 80C51 为核心发展起

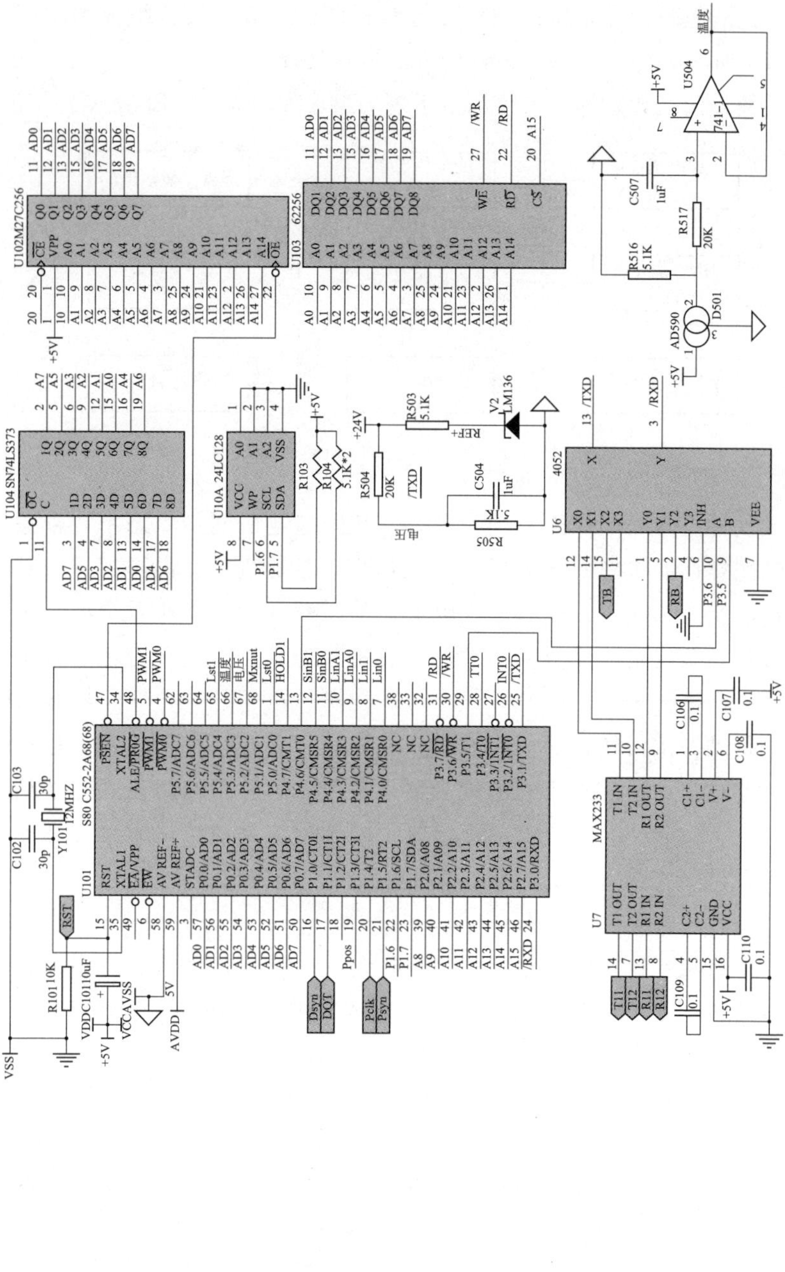

图 5－20 基于单片机的系统主板

来的高性能兼容性单片机，它速度快、功耗小，可扩展 64 kbyte 的程序存储器和数据存储器，具有 2 个标准的 16 位定时器/计数器 T0 和 T1，特别是它有一个附加的 16 位定时器/计数器 T2，具有捕捉功能，对光电耦合器件信号进行采集、定位非常方便、可靠。80C552 单片机还具有 8 路输入的 10 位 A/D 转换器，可以实时监测电源电压、温度，以及阻尼器工作过程中的电流和驱动电机工作过程中的电流，如有异常能及时报警，以保证系统可靠工作。80C552 单片机具有全双工串行通信 I/O 口，可与数字罗盘、经纬仪和键盘、显示电路进行数据传输。

为了满足编程和数据存储的需要，电路还需要扩展一片32 kbyte 的程序存储器和一片 32 kbyte 的数据存储器。因为要存储和修改参数，所以在系统中必须加入一片掉电可以保存数据的芯片 EEPROM，该器件有并行与串行之分，并行 EEPROM 读写的时间比串行的短，功耗比串行的高，数据的擦除、存储的时间相同。本系统的数据读写是在系统初始化时或标校时进行的，没有过分的时间要求，而且不过多地占用 I/O 接口，可选用串行的带 I2C 总线接口的 24LC256。80C552 单机片中的 P1.6 和 P1.7 扩展了 I2C BUS 引脚，因为数据的传送方式为 I2C 格式，所以数据出错、受干扰的可能性较小。80C552 单片机的定时器 T2 具有捕捉功能，它连接 4 个 16 位捕捉寄存器 CT0～CT3，当输入引脚 CT0I～CT03I（即 P1.0～P1.3）中的一个发生跳变时，相应的一个捕捉寄存器立刻捕捉定时器 T2 的内容，并置相应的中断标志位 CTI0～CTI3。置位 TM2CON 寄存器中的 T2ER 位，允许外部复位定时器 T2，则 RT2（P1.5）的上升沿复位 T2，TM2CON 寄存器的 T2MS0 和 T2MS1 置成 11，则选择 T2 引脚（P1.4）计数脉冲为时钟源。因此将光电耦合器件信号接到 P1.3 引脚，将光电传感器电路的记数脉冲信号和光积分信号 SH 分别接到 P1.4 和 P1.5 引脚，T2 通过预分频器对 P1.4 的脉冲计数，当光电耦合器件信号的上升沿来到，产生中断，T2 寄存器的读数乘以一当量，即为光信号在光电耦合器件上的位置，SH 信号的上升沿将 T2 清零。因此，单片机以 SH 信号的周期为采样周期，对光电耦合器件信号进行采样，快速、可靠，中断服务程序很短。LM136 和电阻等组成电路提供+5 V 参考电压，输入电压分压后连到 80C552 单片机的模拟输入端口 P5.2，进行 A/D 转换，检测输入电压。

AD590 温度传感器和 741 运放等组成温度检测电路，其输出连到 80C552 单片机的模拟输入端口 P5.3，检测温度。

单片机与码盘、数字罗盘和键盘、显示电路的通信采用 RS232 半双工异步串行通信，波特率为 9 600，CD4052 两路四选一模拟开关选择通信对象，MAX232E 芯片将+5 V 变换成产生 RS232 输出电平所需的±10 V 电压。

单片机系统还对阻尼器驱动电路、电机驱动电路和陀螺电机的启、停进行控制。

(2) 阻尼器驱动电路

阻尼器工作原理框图见图 5－21，80C552 单片机具有 2 路 8 位分辨率的脉冲宽度调制输出通道 PWM0 和 PWM1，它们分别产生频率相同而宽度（占空比）分别可调的脉冲，经隔离功率放大后驱动阻尼器，可以有效地控制阻尼器的激磁电压，以达到控制陀螺摆动的目的。

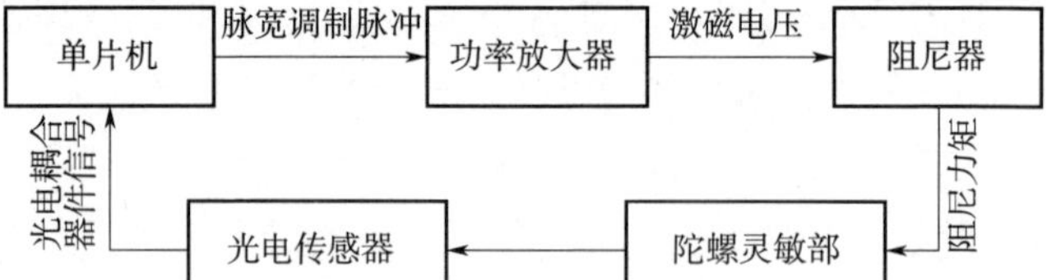

图 5－21　阻尼器驱动电路

(3) 电机驱动电路

方位回转系统的转动是由两相步进电机带动，P4.2 和 P4.3 I/O 口控制 A 相绕组，P4.4 和 P4.5 I/O 口控制 B 相绕组，采用 8 拍控制，每步为0.8度，控制信号经过功率放大驱动步进电机。为了消除由空回和失步造成的误差，系统安装了光栅码盘系统，该系统将陀螺仪实际转过的角度通过串行通信口传递给单片机，如果步进电机转动有误差，单片机会控制步进电机继续转动，直到转到所要求的位置。方位回转系统的工作框图见图5-22。

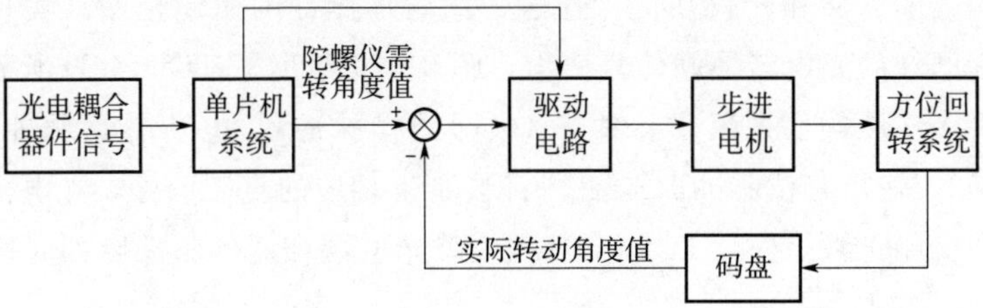

图5-22　方位电机驱动电路

陀螺灵敏部的锁放由直流电机驱动，其工作原理框图见图5-23。直流电机由2路I/O口P4.0和P4.1控制其转向和转速，并由功率放大电路进行驱动。定时器T2具有与T2时间或数值比较功能，它和3个16位比较寄存器CM0，CM1和CM2相连，可在预定的时间间隔（设置在CM0，CM1，CM2）内置位、复位，或触发P4口相应的输出引脚，因此能够控制P4.0和P4.1输出宽度可调的高、低电平，以改变输出电压，控制直流电机的转速。同时还对驱动电流进行采样，并送至A/D转换输入口P5.1，经A/D变换后，单片机可判断陀螺灵敏部是否锁紧或放下。锁放电机的功率放大电路同步进电机相似。

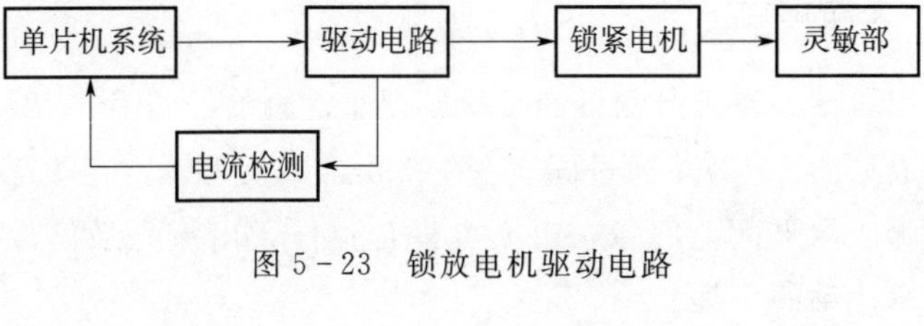

图5-23　锁放电机驱动电路

（4）光电传感器电路

光电传感器电路主要由电荷耦合器件及其正常工作要求的驱动脉冲和信号调理电路组成。为了满足高精度、高可靠性及温度环境的工作要求，可选用日本东芝公司生产的TCD142D型线阵光电耦合器件传感器，光电耦合器件光电传感器既具有光电转换功能，又具有信号的存储和转移功能，通过一组时序脉冲的驱动控制，实现对目标图像的光电转换和信号读出，图5-24给出了TCD142D所需的四种工作脉冲：光积分脉冲SH（即转移脉冲），电荷转移脉冲Φ1和Φ2，输出复位脉冲RS，此外还要加上相应的直流偏压，光电耦合器件就能正常工作。TCD142D型线阵光电耦合器件驱动脉冲时序图见图5-24。

为了保证光电耦合器件工作稳定可靠，必须设计出符合光电耦合器件正常工作要求的驱动脉冲和控制电路，只有驱动控制脉冲与光电耦合器件配合良好，才能充分发挥光电耦合器件的光电转换功能。由于光电耦合器件输出原始信号中混有幅度较大的高频复位干扰脉冲，其黑电平也不稳定，为了获得输出电平稳定、重复的视频与二值化脉冲信号，必须进行适当的处理和必要的放大。模拟处理主要包括信号的低通滤波、线性放大等。为了提高测量精度，在电路中可采用近饱和放大技术。通过多级信号放大使输出信号幅度接近电路的饱和值，这样可以减少信号前后沿的抖动，以保证稳定的信号输出。同时选用适当的阀值电平，可以产生较为理想的二值化脉冲信号。图5-25所示为光电耦合器件信号处理框图。

5.4.3 光路设计

应用典型光路进行测量的反射原理非常简单，见图5-26，其常见的组成见图5-27，通过固连在陀螺房上的反射镜，将陀螺房的摆角转换为成像平面上的像，由光电耦合器件读出该光强信号即可完成陀螺房运动的采集。

为了整体结构的紧凑，常常将图中的分划板、物镜、棱镜和反光

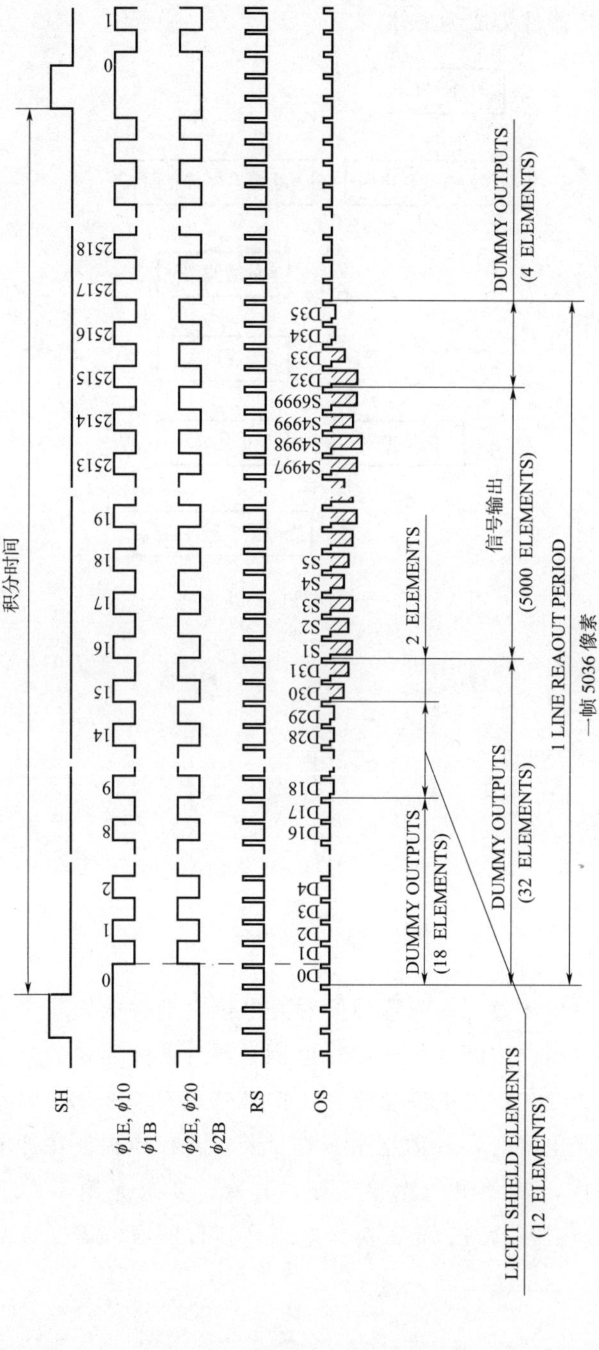

图 5－24　光电耦合器件的驱动与输出

镜、光电耦合器件集成为一体。

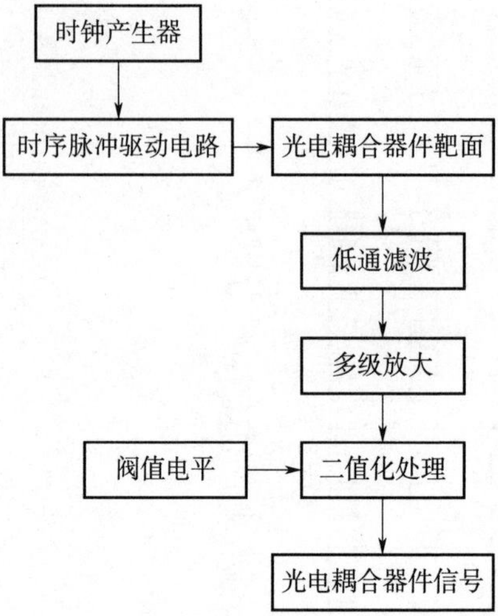

图 5-25　视频信号的产生过程

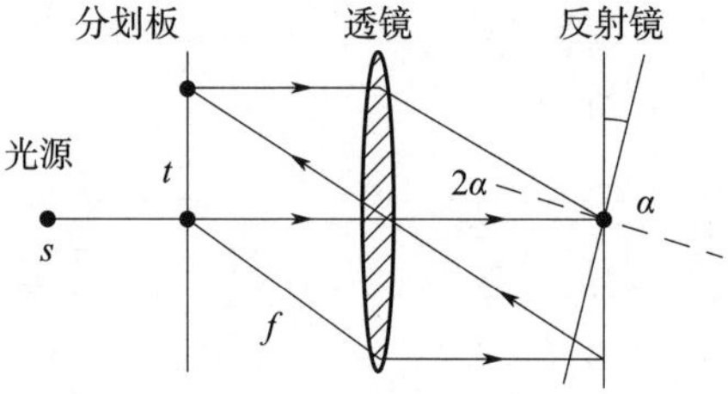

图 5-26　光路原理

实际设计中注意到，光源强度对光电耦合器件的影响很大。光标在光电耦合器件中间和光标在光电耦合器件两端测量的方位误差相当大。光源变化，光电耦合器件比例常数也发生变化，同时光标的光斑影响光电耦合器件的正常工作。要求光标应保证在外电压允许变化范围内，其发出的光强不变；其次，要求光源不产生光斑(采用恒流或稳压线路)。光源对光电耦合器件的影响需做进一步单项试验。

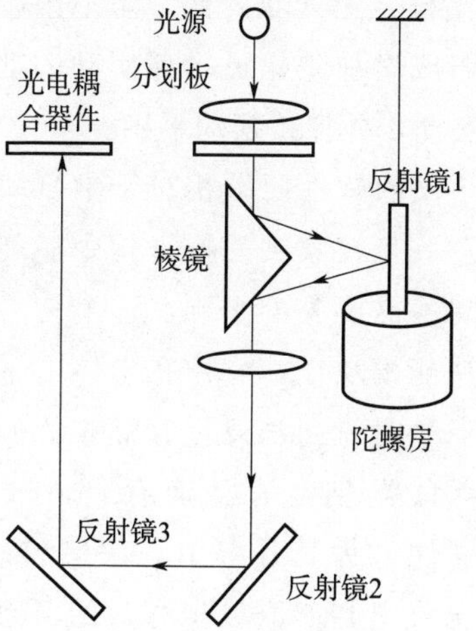

图 5 - 27　陀螺摆与光路

5.4.4　系统软件设计

对有自动化程度要求的陀螺经纬仪的设计，软件的设计显得尤为重要。

在控制系统的支持下，软件完成输入参数和被控制量的采集转换、数字滤波、执行寻北算法和输出控制等功能。

软件设计应针对产品工作及使用方面的需要完成与其相配套的功能。全自动陀螺经纬仪是通过阻尼器控制陀螺灵敏部，使其在一定范围内摆动，然后采集陀螺灵敏部的摆动状态，运用粗寻北算法，计算出陀螺仪 H 轴和真北的大致夹角，并依靠方位回转系统将陀螺经纬仪转至此方向，再对陀螺灵敏部进行限幅，采集陀螺灵敏部的摆动状态，运用精寻北算法，最终测出被测目标同真北的夹角。寻北结束后需与经纬仪进行通信，根据精寻北寻出的北向值对经纬仪读数进行修改，使经纬仪显示所瞄目标与北向之间的夹角。因此，粗寻北和精寻北的算法、阻尼限幅的好坏、数据采集处理等对寻北精度都会造成很大的影响，这也是陀螺经纬仪软件设计的核心。粗寻北和精寻北的算法已在第4章介绍，阻尼限幅主要是通过陀螺摆动的位置和速度削弱或增加陀螺灵敏部摆动的动能和势能，使其尽快在所要求的范围摆动，并保持摆动平稳。

全自动陀螺经纬仪的软件要求相对于半自动陀螺经纬仪软件而言，最大特点在于它一旦接收到一按键指令后就自动、按部就班地完成全部过程，其间不需要人的干预，这个特点显著地体现在软件的整体设计及许多功能模块上。软件在整体上采用消息流的组织方式，当有按键命令下达时就向消息流存储中心发布一条消息，不同的命令有不同的消息类型，消息流存储中心采取了先进先出(FIFO)的形式，软件上为其开辟了一块单独的内存作为缓冲区，当系统空闲时从消息流中心读取最先存入的消息，并响应消息以完成命令。而命令则是通过任务程序完成的，任务程序又是由更小的模块程序构建的，因此模块程序是软件最基本的构成单位，各模块程序包含了软件所需的各项功能，其中主要有：电机锁放模块、电阻尼控制模块、方位电机驱动模块，这些都是全自动陀螺经纬仪中解放人手操作而特有的功能模块。除此之外，还有通信模块、粗寻北解算模块、精寻北解算模块、数据采集模块、键盘扫描模块、E2ROM读写模块、串口通信模块、蜂鸣器控制模块、电机同步数据监测模块、电源电压监测模块、温度监测模块、数码管显示模块、消息流控制模块等。

任务程序将各个独立的功能模块有机地组织在一个整体中，以完成更复杂的功能。主要的任务程序有：复位任务、等待任务、串口命令解释任务、状态显示任务和运行任务，其流程图见图5-28。复位任务是程序在上电复位后首先执行的任务，要进行各功能寄存器、端口、中断的初始化工作。等待任务是在系统空闲时对马达同步与否、温度及电源电压等系统重要参数进行监测，并不断访问消息流，查询是否有新的任务发布。串口命令解释任务负责对串口接收的命令码及命令值予以解释，并产生相应的命令执行动作。状态显示任务是整个显示任务的一部分，由于全自动陀螺经纬仪在硬件上分为上下两层控制，相应地软件也分为上下两层，下层软件面向操作人员，响应其按键命令并显示操作菜单；而更复杂的信息显示，如命令执行的中间状态及最终结果等信息则由上层软件通过状态显示任务从串口发送过来。运行任务则是对操作人员完全透明的，它按照命令的要求将要完成的各项功能环环相扣地串接在一起，而整个软件正是通过这样有机的组织实现其各项功能的。

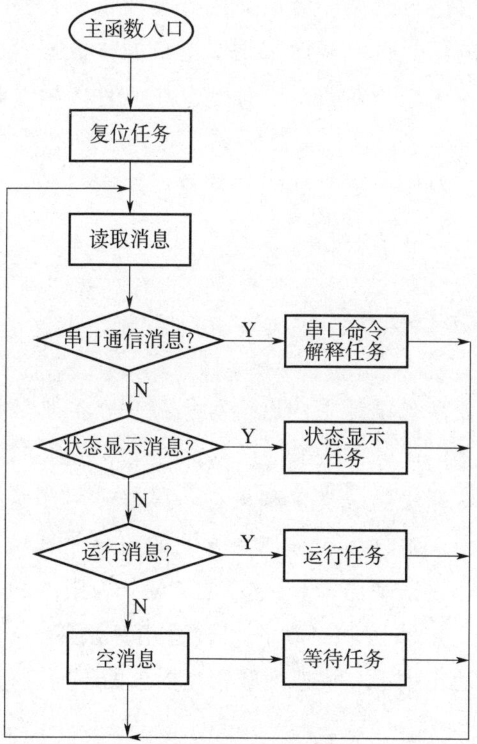

图 5-28　常用系统主流程

陀螺经纬仪最基本的工作过程可分为测量和标校两类，同时测量又可分为寻北测量和自摆测量，标校可分为标定 K 值及标定仪器常数值。仅就寻北测量而言，一次完整的寻北测量包括限幅、数据采集处理、北向值解算三个步骤，当陀螺的 H 轴离北向较远时，数据采集和北向值解算又分为粗北测量和精北测量两种，分别采用不同的数据处理方法和北向值解算方法，寻北结束后需与经纬仪进行通信，根据精寻北寻出的北向值对经纬仪读数进行修改，使得经纬仪显示所瞄目标与北向之间的夹角。整个过程要求软件能够显示每一步骤的运行状态和结果。由于北向值的解算与当地的纬度、仪器的定向系数 K 值以及仪器常数有关，因此要求能够对纬度、K 值、仪器常数等参数进行读出及修改。此外还要求在程序运行的过程中实时监测电源电压数据、温度数据、电机同步数据等。为了有效地完成测量和标校工作，在概要设计建立了软件的模块结构后，进一步就要考虑每个模块内部的算法问题，对算法的逻辑关系进行分析，给出清晰的表达，使之成为编码的依据，这就需要通过详细设计来设计出全部必要的过程细节。

5.5　后端数据处理

陀螺经纬仪系统设计中的后端数据处理，主要是指从提取的陀螺摆的运动信息中，解算出子午线位置的计算过程和算法。

子午线位置算法的分类多种多样，根据应用环境的不同和需要入口信息的多少，常分为用来初始寻北的粗寻北算法和若干不同的精确寻北算法；根据观测操作的不同又可分为跟踪和不跟踪观测的算法、手工观测用算法和自动化测试适用算法等。在实际运用中，常根据系统自动化水平、快速性和精度要求的不同进行灵活的选取。

5.5.1　粗寻北算法

在系统初始方位信息一无所知的情况下，粗寻北是系统进行精确寻北、逐次逼近真值的必需环节。它只利用陀螺摆运动中少量的特征信息，得出精度较为粗略的方位结果，解算速度通常较快。本节主要以逆转点法为例介绍其原理和精度分析，其他类型的粗寻北算法在后续章节快速性设计内容中还将进行详细介绍。

(1) 逆转点法

利用陀螺摆动逆转位置特征信息的算法即所谓的逆转点法，它是一种最经典和常用的粗寻北算法，常用于人工观测的陀螺经纬仪中。

如图 5－29 所示，陀螺电机同步后，放下灵敏部，陀螺初始位置为 α_0，如果没有限位块的限制，陀螺会围绕 α_n 摆动（由于悬丝和游丝扭力矩的作用，不是围绕子午线 N 摆动），因为是在粗北位置上，陀螺 H 轴偏离北向比较远，超出光电耦合器件的范围（光电耦合器件允许摆动范围为 $\pm 150'$），因此阻尼限幅使其一个逆转点在光电耦合器件上，如图中的 θ_2（θ 为光电耦合器件上陀螺摆动的位置），同时记录陀螺通过 θ_1 的时间 t_1 和 t_2，由下面陀螺的运动方程即可得出北向方位

$$\alpha = \alpha_m \cdot \sin \frac{2\pi}{T} t$$

$$\alpha_m = (\theta_2 - \theta_1) + \alpha_m \cdot \sin\left[\frac{2\pi}{T} - (t_2 - t_1)\right]^{\frac{1}{2}}$$

$$\alpha_m = \frac{\Delta\theta}{1 - \cos \frac{\pi}{T} \Delta t}$$

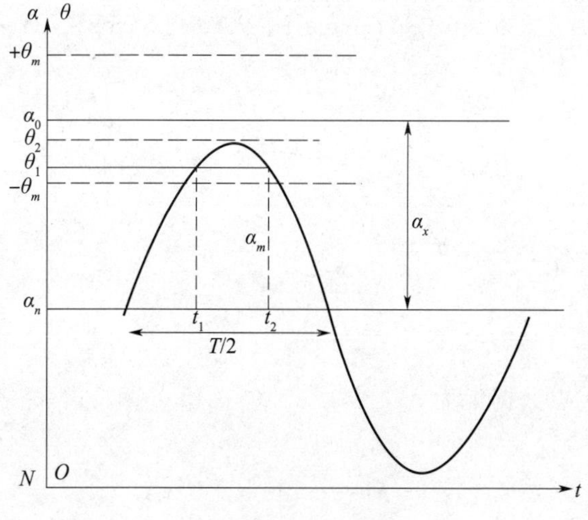

图 5－29　逆转点法

(2) 逆转点观测数据的处理方法

在陀螺轴摆动中，陀螺轴摆动方向改变处称为逆转点，如图 5-30 所示，逆转点处的观测数据简称为逆转点数据。

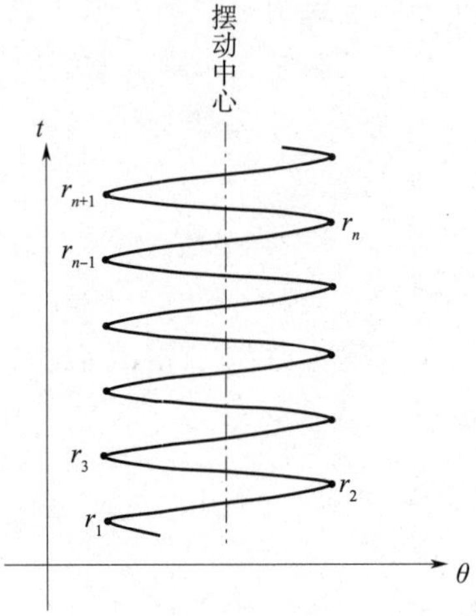

图 5-30 逆转点

以式 (5-45) 为例，逆转点的数学特征是

$$\frac{\partial \theta}{\partial t}=-kA\mathrm{e}^{-k(t-t_0)}\sin\frac{2\pi}{T_A}(t-t_0)+\frac{2\pi}{T_A}A\mathrm{e}^{-k(t-t_0)}\cos\frac{2\pi}{T_A}(t-t_0)=0 \tag{5-66}$$

或整理成

$$\cot\frac{2\pi}{T_{\mathrm{A}}}(t-t_0)=\frac{kT_A}{2\pi}\xlongequal{\text{取 }k=0}0$$

其解为

$$t_i=t_0+\frac{2i-1}{4}T_A \tag{5-67}$$

把逆转点数据记为 r_i，并以式 (5-45) 代入式 (5-67) 得逆转点方程

$$r_i=M\pm(-1)^i\mathrm{e}^{-\frac{2i-1}{4}kT_A}A \tag{5-68}$$

将式 (5-68) 右边的正负号合并到 A 中 (亦即 A 可正可负)，则简

化为

$$r_i = M + (-1)^i e^{-\frac{2i-1}{4}kT_A} A \tag{5-69}$$

在不跟踪式观测中，由于格值 τ 较大，导致逆转点数据的误差较大，由此求得的 β 的精度也较低，所以逆转点法一般不用于不跟踪式观测。后来有人在目镜分划板加测了测微装置，提高了逆转点数据的读取精度，使逆转点法在不跟踪式观测中也开始得到了应用。

通常认为零位 δ 的测取精度要求不高，所以零位测定基本上总是采用逆转点法。

在跟踪式观测中，操作员很少有机会在光学读数窗中读取经纬仪水平度盘读数，唯一可能的机会是在逆转点处。因此，逆转点法基本上成为跟踪式观测的唯一方法和专用方法，本节的讨论也无例外地以跟踪式观测为背景，尽管其中的大部分内容也同样适用于不跟踪式观测和零位观测。

逆转点法操作简便，反映原理直观（多数文献用逆转点法来图示陀螺仪的寻北过程），数据处理也很简单，而且在跟踪状态下能保证相当好的定向精度，所以它一直被认为是陀螺经纬仪定向的最经典的方法。但逆转点法效率太低，一个周期最多得三个数据，不符合快速定向的要求，因此该观测方案不可能用于快速定向，不具有发展性。

当仅观测两个相邻的逆转点时，令 $k=0$，可得

$$M = \frac{1}{2}(r_1 + r_2) \tag{5-70}$$

当仅观测三个连续的逆转点时，由式（5-69）可得

$$M = \frac{r_1 r_3 - r_2^2}{r_1 + r_3 - 2r_2} \tag{5-71}$$

下面讨论逆转点数据处理的一般方法。

①逆转点方程的最小二乘解

用一组逆转点数据对式（5-69）进行等权拟合，也就是通常所说的逆转点数据处理。式（5-69）中有三个待定参数，将其中 kT_A 视为一个参数，将其表示成 $M = M^{[0]} + \delta_M$，$A = A^{[0]} + \delta_A$，$kT_A =$

$(kT_A)^{[0]}+\delta_{kT_A}$，其中：$M^{[0]}$，$A^{[0]}$和 $(kT_A)^{[0]}$为近似值。将它们代入式（5－69），并对 r_i施加改正数 v_i，得误差方程式

$$v_i=\delta_M+(-1)^i\mathrm{e}^{-\frac{2i-1}{4}(kT_A)^{[0]}}\delta_A+(-1)^{i+1}\cdot\frac{2i-1}{4}\mathrm{e}^{-\frac{2i-1}{4}(kT_A)^{[0]}}A^{[0]}\delta_{kT_A}-r'_i \tag{5-72}$$

其中

$$r'_i=r_i-M^{[0]}-(-1)^i\mathrm{e}^{-\frac{2i-1}{4}(kT_A)^{[0]}}A^{[0]} \tag{5-73}$$

由此按最小二乘法即可求出各参数估值及精度。

②逆转点线性方程的最小二乘解

由于 k 值很小，如果取 $\mathrm{e}^{-\frac{2i-1}{4}kT_A}=1-\frac{2i-1}{4}kT_A$，代入式（5－69），则式（5－69）成为

$$r_i=M+(-1)^iA+(-1)^{i+1}(2i-1)\frac{kT_AA}{4} \tag{5-74}$$

对应式（5－72）即

$$v_i=M+(-1)^iA+(-1)^{i+1}(2i-1)\frac{kT_AA}{4}-r_i \tag{5-75}$$

设观测值的个数为 n，即 $i=1$，2，…，n，对式（5－75）进行最小二乘解算，结果为：

1）当 n 为奇数时

$$\begin{bmatrix}\hat{M}\\ \hat{A}\\ \dfrac{k\hat{T}_AA}{4}\end{bmatrix}=\begin{bmatrix}n & -1 & n\\ -1 & n & -n^2\\ n & -n^2 & \frac{1}{3}n(4n^2-1)\end{bmatrix}^{-1}\begin{bmatrix}\sum\limits_{i=1}^{n}r_i\\ \sum\limits_{i=1}^{n}(-1)^ir_i\\ \sum\limits_{i=1}^{n}(-1)^{i+1}(2i-1)r_i\end{bmatrix}$$

$$
= \frac{1}{n^2-1}\begin{bmatrix} n & 1 & 0 \\ 1 & 4n & 3 \\ 0 & 3 & \dfrac{3}{n} \end{bmatrix}\begin{bmatrix} \sum_{i=1}^{n} r_i \\ \sum_{i=1}^{n} (-1)^i r_i \\ \sum_{i=1}^{n} (-1)^{i+1}(2i-1) r_i \end{bmatrix}
$$

$$
= \begin{bmatrix} \dfrac{1}{n^2-1}\sum_{i=1}^{n} [n+(-1)^i] r_i \\ \dfrac{1}{n^2-1}\sum_{i=1}^{n} [1+(-1)^i(4n-6i+3)] r_i \\ \dfrac{1}{n^2-1}\sum_{i=1}^{n} 3\,(-1)^i\left(1-\dfrac{2i-1}{n}\right) r_i \end{bmatrix} \tag{5-76}
$$

$$
\hat{\sigma}_M = \hat{\sigma}_0\sqrt{\frac{n}{n^2-1}} \approx \frac{\hat{\sigma}_0}{\sqrt{n}} \tag{5-77}
$$

2）当 n 为偶数时

$$
\begin{bmatrix} \hat{M} \\ \hat{A} \\ \dfrac{k\hat{T}_A A}{4} \end{bmatrix} = \begin{bmatrix} n & 0 & -n \\ 0 & n & -n^2 \\ -n & -n^2 & \dfrac{1}{3}n(4n^2-1) \end{bmatrix}^{-1}\begin{bmatrix} \sum_{i=1}^{n} r_i \\ \sum_{i=1}^{n} (-1)^i r_i \\ \sum_{i=1}^{n} (-1)^{i+1}(2i-1) r_i \end{bmatrix}
$$

$$
= \frac{1}{n^2-4}\begin{bmatrix} \dfrac{n^2-1}{n} & 3 & \dfrac{3}{n} \\ 3 & \dfrac{4(n^2-1)}{n} & 3 \\ \dfrac{3}{n} & 3 & \dfrac{3}{n} \end{bmatrix}\begin{bmatrix} \sum_{i=1}^{n} r_i \\ \sum_{i=1}^{n} (-1)^i r_i \\ \sum_{i=1}^{n} (-1)^{i+1}(2i-1) r_i \end{bmatrix}
$$

$$
= \begin{bmatrix} \dfrac{2}{n(n^2-4)}\sum_{i=1}^{n}\left[\dfrac{n^2-1}{2}+3(-1)^{i+1}(i-\dfrac{n+1}{2})\right]r_i \\ \dfrac{1}{n^2-4}\sum_{i=1}^{n}\left[3+(-1)^i\dfrac{4(n^2-1)}{n}-(-1)^i 3(2i-1)\right]r_i \\ \dfrac{3}{n(n^2-1)}\sum_{i=1}^{n}\left[1+(-1)^i(n-2i+1)\right]r_i \end{bmatrix} \tag{5-78}
$$

$$
\hat{\sigma}_M = \hat{\sigma}_0\sqrt{\frac{n^2-1}{n(n^2-4)}} \approx \frac{\hat{\sigma}_0}{\sqrt{n}} \tag{5-79}
$$

若仅取必要观测，即令 $n=3$，则由式（5-76）可得

$$
M = \frac{1}{4}(r_1+2r_2+r_3) \tag{5-80}
$$

此即著名的舒勒平均值（Schuler's mean）。

另外，由式（5-77）、式（5-79）可以看出，$\hat{\sigma}_M$ 随着 n 的增大而减小，但减小的速度越来越慢。现在讨论最佳的 n 值。使

$$
\frac{\Delta\hat{\sigma}_M}{\hat{\sigma}_M} = \frac{\dfrac{\hat{\sigma}_0}{\sqrt{n}}-\dfrac{\hat{\sigma}_0}{\sqrt{n+1}}}{\dfrac{\hat{\sigma}_0}{\sqrt{n}}} = 1-\sqrt{\frac{n}{n+1}} \approx \frac{1}{2n} \leqslant \frac{1}{10} \tag{5-81}
$$

可得 $n \geqslant 5$。即当 $n \geqslant 5$ 时，增加一个逆转点观测值使 $\hat{\sigma}_M$ 减小至不到 $\frac{1}{10}$，所以常将 5 作为 n 的最佳值，这时由式（5-80）可得

$$
M = \frac{1}{12}(2r_1+3r_2+2r_3+3r_4+2r_5) \tag{5-82}
$$

5.5.2 不跟踪式观测

在人工观测类陀螺经纬仪的操作中，手动转动经纬仪跟踪陀螺房摆动是一项较为复杂和不易操作的步骤。因此，所谓不跟踪式观测就是将陀螺经纬仪照准部固定在近似北方向 N' 的情况下，观测陀螺轴在目镜分划板上的摆动情况，进而确定真北方向值 N。不跟踪

式观测的首要优点是操作方便，不仅很大程度上减轻了操作员的劳动，而且对陀螺轴的进动规律也减少了一个手动的不良影响因素。不跟踪式观测的另一个优点是容易获取数据，只需用跑表（stop watch）读取光标线经过分划板刻划线的时刻 t_i 即可，而且获取较多的（α_i，t_i）也是容易做到的。图 5－31 是一次观测数据实例，数据处理的数学模型为式（5－66）。

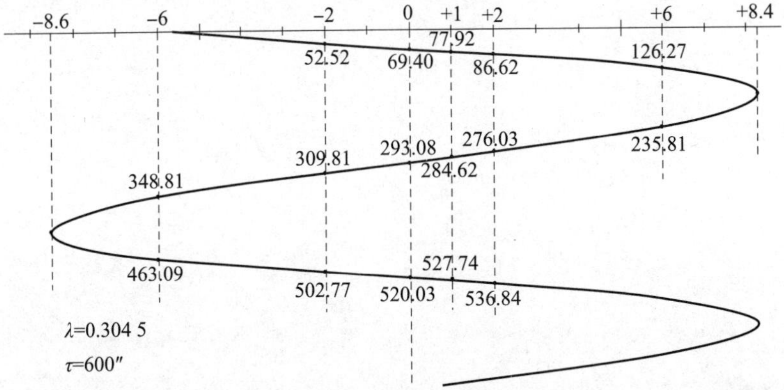

图 5－31　不跟踪数据

在这里，根据一组观测数据（α_i，t_i），由式（5－78）解算 β，成为最主要的计算工作。

不跟踪式观测在很大程度上减轻了操作员的劳动，而且在较短的时间内可以容易地获得较多的数据量（这是快速定向的有效途径之一），因此，不跟踪式观测已逐渐成为人们研究的重点，相继提出了中天法、时差法、记时摆幅法、三点法、直接解算法等多种观测方案，这些方案虽然明显有数据量较少的不足，但这一缺点也换来了计算上的简便，因此，这些简便方案在生产中得到了非常广泛的应用。

在上述简易方案的数据处理中，一般总是忽略摩擦力矩的影响，将式（5－66）简化为

$$\alpha = \beta + B\sin\frac{2\pi}{T_{\mathrm{B}}}(t - t_0) \tag{5-83}$$

另外，在式（5-66）或式（5-83）的解算中，β 与 t_0 的关系最为密切，所以，一个常用的计算是用一系列中天时间 t_1，t_2，…，t_n 来解求 t_0。

“中天”一词是从天文学中借鉴来的，原意指子午线位置。在这里，中天时间是指光标线穿越分划板零刻划线的时刻 t_i。将中天时间依次代入式（5-83），则有

$$0 = \beta + B\sin\frac{2\pi}{T_{\mathrm{B}}}(t_1 - t_0)$$

$$0 = \beta + B\sin\frac{2\pi}{T_{\mathrm{B}}}(t_2 - t_0) = \beta - B\sin\frac{2\pi}{T_{\mathrm{B}}}\left(t_2 - t_0 - \frac{T_{\mathrm{B}}}{2}\right)$$

$$\vdots$$

$$0 = \beta + B\sin\frac{2\pi}{T_{\mathrm{B}}}(t_n - t_0) = \beta - (-1)^{n-1}B\sin\frac{2\pi}{T_{\mathrm{B}}}\left[t_n - t_0 - \frac{(n-1)T_{\mathrm{B}}}{2}\right]$$

如果认定 β 与零刻划线很接近，也就是说，在以上各式中成立

$$\sin\frac{2\pi}{T_{\mathrm{B}}}\left[t_i - t_0 - \frac{(i-1)T_{\mathrm{B}}}{2}\right] = \frac{2\pi}{T_{\mathrm{B}}}\left[t_i - t_0 - \frac{(i-1)T_{\mathrm{B}}}{2}\right], i = 1,2,\cdots,n$$

因此可得下列方程

$$t_0 - \frac{T_{\mathrm{B}}\beta}{2\pi B} = t_1$$

$$t_0 + \frac{T_{\mathrm{B}}\beta}{2\pi B} = t_2 - \frac{T_{\mathrm{B}}}{2}$$

$$\vdots$$

$$t_0 + (-1)^n\frac{T_{\mathrm{B}}\beta}{2\pi B} = t_n - \frac{(n-1)T_{\mathrm{B}}}{2}$$

以 t_0 和 $\frac{T_{\mathrm{B}}\beta}{2\pi B}$ 为参数，进行最小二乘求解，得

$$\hat{t}_0 = \begin{cases} \dfrac{1}{n^2-1}\sum\limits_{i=1}^{n}[n + (-1)^i]t_i - \dfrac{n-1}{4}T_{\mathrm{B}}（当 n 为奇数时） \\ \dfrac{1}{n}\sum\limits_{i=1}^{n}t_i - \dfrac{n-1}{4}T_{\mathrm{B}}（当 n 为偶数时） \end{cases} \tag{5-84}$$

和

$$\hat{\beta}=\begin{cases}\dfrac{2\pi B}{T_{B}}\dfrac{\sum\limits_{i=1}^{n}[1+(-1)^{i}n]t_{i}}{n^{2}-1}（当 n 为奇数时）\\ \dfrac{2\pi B}{T_{B}}\left[\dfrac{\sum\limits_{i=1}^{n}(-1)^{i}t_{i}}{n}-\dfrac{T_{B}}{4}\right]（当 n 为偶数时）\end{cases}\tag{5-85}$$

对式（5-84）和式（5-85）的使用，补充以下几点：

1）式（5-84）对应的是图 5-32（a），即观测开始于陀螺轴正向摆动时。当观测开始于陀螺轴负向摆动时，如图 5-32（b），则由式（5-84）计算出的结果需再加 $\dfrac{T_B}{2}$，式（5-85）计算出的结果反号。

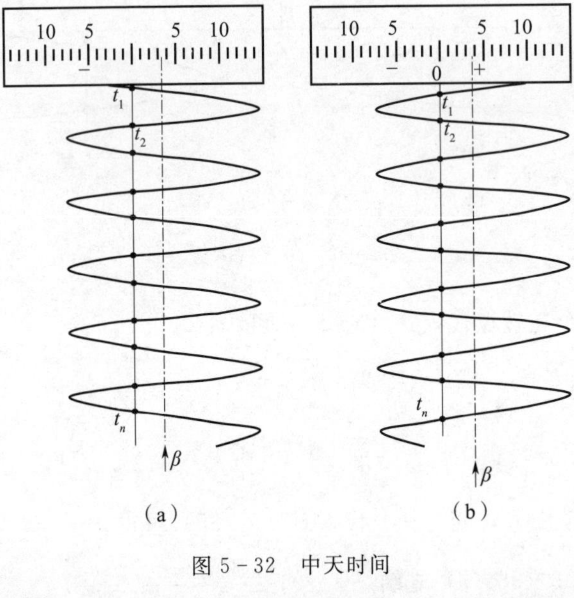

图 5-32　中天时间

2）t_0 实际上是多值的，对 $\hat{t}_0$ 加减任意倍的 T_B 均不影响最后的 $\hat{\beta}$。

3）如果 t_1，t_2，…，t_n 对应的不是零刻划线，而是 α_i 刻划线，只要认定 α_i 与 β 接近，式（5-83）同样可以使用。式（5-85）计算

出的结果需加该刻划值。

当然，由穿过同一刻划线的一系列观测时间 t_1，t_2，…，t_n，也可以求得摆动周期 T_B

$$T_B = t_{i+2} - t_i, i = 1,2,\cdots,n-1 \tag{5-86}$$

式（5－86）亦应按最小二乘求解。

不跟踪式观测的简易方案有很多，而且新的方案仍在各种文献中不断出现。下面仅对其中比较常用的几种进行介绍，并且给出完整的公式推导过程，便于读者对方法的理解。

（1）中天法

中天法的必要观测数据是两个相邻的逆转点 a_1 和 a_2，以及两个连续的中天时间 t_1 和 t_2，如图 5－33 所示。

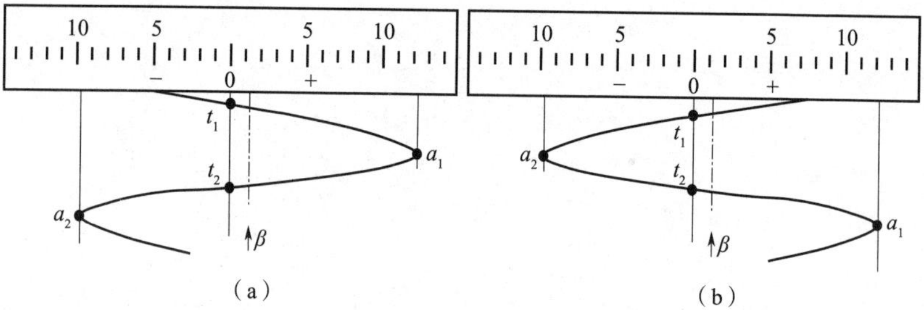

图 5－33　中天观测方法

将两个逆转点代入式（5－83）可得：

1）图 5－33（a）之结果：$B = \dfrac{1}{2}(a_1 - a_2)$；

2）图 5－33（b）之结果：$B = \dfrac{1}{2}(a_2 - a_1)$。

将两个中天时间 t_1 和 t_2 代入式（5－85）可得：

1）图 5－33（a）之结果：$\beta = \dfrac{2\pi B}{T_B}(\dfrac{t_2 - t_1}{2} - \dfrac{T_B}{4})$；

2）图 5－33（b）之结果：$\beta = -\dfrac{2\pi B}{T_B}(\dfrac{t_2 - t_1}{2} - \dfrac{T_B}{4})$。

实践中经常测取五个中天时间，这时：

1）图 5-33（a）之结果：$\beta = \frac{\pi B}{2T_{B}} \Delta t$；

2）图 5-33（b）之结果：$\beta = -\frac{\pi B}{2T_{B}} \Delta t$。

其中，$\Delta t = \frac{1}{3}(-2t_1 + 3t_2 - 2t_3 + 3t_4 - 2t_5)$。将以上结果代入式(5-66)，并令

$$\Delta N = (1+\lambda)\beta\tau = (1+\lambda)\frac{\pi B}{2T_{B}} \Delta t\tau = c_{中} B \Delta t$$

式中　$c_{中} = (1+\lambda)\frac{\pi\tau}{2T_{B}}$——中天法比例常数。

若取三个中天时间，则由式（5-85）及上述推导可得

$$\Delta t = -t_1 + 2t_2 - t_3 = (t_2 - t_1) - (t_3 - t_2) \qquad (5-87)$$

由式（5-87）可以看出，陀螺轴经过正半周的时间为正，经过负半周的时间为负。当测取五个连续的中天时间时，则有两个正半周时间和两个负半周时间，依次取相邻两个正、负半周时间的代数和，得三个时间差，三者的平均值作为最后的Δt。这是生产实践中的算法，容易记忆，但显然比较近似。

图 5-33 所示数据计算结果

$$B = \frac{1}{2}(a_1 - a_2) = \frac{1}{2}(8.4 + 8.6) = 8.5('')$$

$$c_{中} = (1+\lambda)\frac{\pi\tau}{2T_{B}} = (1+0.304\,5)\frac{\pi \times 600''}{2\times(520.03 - 69.40)}$$

$$= 2.728('')/(格 \cdot s)$$

$$\Delta t = -t_1 + 2t_2 - t_3 = -69.40 + 2\times 293.08 - 520.03 = -3.27(s)$$

$$\Delta N = c_{中}\Delta t = 2.728 \times 8.5 \times (-3.27) = -76''(\beta = -0.10\,格)$$

中天法比例系数可由陀螺摆动周期计算

$$c_{中} = (1+\lambda)\frac{\pi\tau}{2T_{B}} = \frac{\pi\tau T_{A}^{2}}{2T_{B}^{3}}$$

因此 $c_{中}$ 也是纬度 φ 的函数

$$c_{中} = \frac{\pi\tau(\lambda^{0} + \cos\varphi)^{\frac{3}{2}}}{2T_{A}^{0}\cos\varphi}$$

实践中，$c_{中}$ 一般在实地测出。测定时，将陀螺经纬仪先后置于子午线以东和以西的两个近似北位置，偏离 10′～15′为宜。摆幅约为 10 格，用中天法各测定一次陀螺北在度盘上的读数。这样有

$$\begin{cases} N = N'_1 + c_{中} B_1 \Delta t_1 - \lambda\delta_1\tau - C_g \\ N = N'_2 + c_{中} B_2 \Delta t_2 - \lambda\delta_2\tau - C_g \end{cases}$$

解之，得

$$c_{中} = -\frac{(N'_2 - N'_1) + \lambda(\delta_2 - \delta_1)\tau}{B_2 \Delta t_2 - B_1 \Delta t_1}$$

或当 $\delta_1 \approx \delta_2$ 时，变为

$$c_{中} = -\frac{(N'_2 - N'_1)}{B_2 \Delta t_2 - B_1 \Delta t_1}$$

（2）时差法

设 α_i、α_j 分别为对称于中天位置的两个分划值，在一个周期内观测穿过 α_i、α_j 的时刻 t_{i1}、t_{i2}、t_{i3}、t_{j1}、t_{j2}、t_{j3}，如图 5－34 所示。

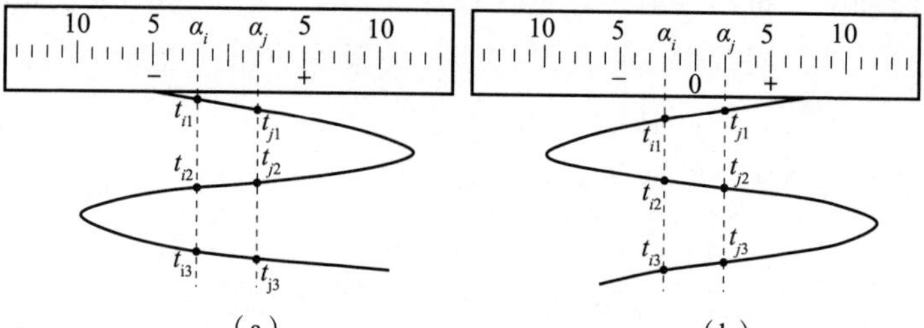

图 5－34　时差法

将穿过两刻划线的时刻值代入式（5－83），则有

$$\beta - \alpha_i = \pm \frac{\pi B}{2T_{\mathrm{B}}} \Delta t_i \tag{5-88}$$

$$\beta - \alpha_j = \pm \frac{\pi B}{2T_{\mathrm{B}}} \Delta t_j \tag{5-89}$$

其中“±”号分别对应图 5－34 中的两种情况。将式（5－88）和式（5－89）等号两边分别相比，得

$$\frac{\beta-\alpha_i}{\beta-\alpha_j}=\frac{\Delta t_i}{\Delta t_j} \tag{5-90}$$

求解式（5-90），并将 $\alpha_i=-\dfrac{\Delta\alpha}{2}$、$\alpha_j=\dfrac{\Delta\alpha}{2}$ 代入，得时差法计算公式

$$\beta=\frac{\Delta\alpha}{2}\frac{\Delta t_i+\Delta t_j}{\Delta t_i-\Delta t_j}$$

或写成

$$\Delta N=c_{时}\frac{2(\Delta t_i+\Delta t_j)}{\Delta t_i-\Delta t_j}$$

其中$\Delta t_i=-t_{i1}+2t_{i2}-t_{i3}$；$\Delta t_j=-t_{j1}+2t_{j2}-t_{j3}$；$c_{时}=(1+\lambda)\dfrac{\Delta\alpha}{4}\tau$，称为时差法比例系数。

图 5-34 中，选取 $\alpha_i=-2$ 格，$\alpha_j=+2$ 格，即$\Delta\alpha=4$，则有

$$c_{时}=(1+1.3045)\times\frac{4}{4}\times 600=783''$$

$$\Delta t_i=-52.52+2\times 309.81-502.77=64.33(\mathrm{s})$$

$$\Delta t_j=-86.62+2\times 276.03-536.84=-71.40(\mathrm{s})$$

$$\Delta N=783\times\frac{2(64.33-71.40)}{64.33-(-71.40)}=-82''(\beta=-0.10\text{ 格})$$

（3）直接解算法

直接解算法是时差法的扩展，如图 5-34 所示，这时并不要求 $\alpha_j=-\alpha_i$。

先考虑 t_{i1}、t_{i2}、t_{i3}，根据它们可求出初相时间 $t_0=\dfrac{1}{4}(t_{i1}+2t_{i2}+t_{i3})-\dfrac{T_B}{2}$［图 5-34（a）］或 $t_0=\dfrac{1}{4}(t_{i1}+2t_{i2}+t_{i3})$［图 5-34（b）］，从而有

$$\begin{aligned}\alpha_i&=\beta+B\sin\frac{2\pi}{T_B}\left[t_{i1}-\frac{1}{4}(t_{i1}+2t_{i2}+t_{i3})+\frac{T_B}{2}\right]\\&=\beta+B\sin\frac{2\pi}{T_B}\left[t_{i1}-\frac{1}{4}(t_{i1}+2t_{i2}+t_{i3})+\frac{t_{i3}-t_{i1}}{2}\right]\\&=\beta-B\sin\frac{\pi\,\Delta t_i}{2T_B}\text{［对应图 5-34（a），其中}\Delta t_i=-t_{i1}+2t_{i2}-t_{i3}\text{］}\end{aligned}$$

或

$$\alpha_i = \beta + B\sin\frac{2\pi}{T_B}\left[t_{i1} - \frac{1}{4}(t_{i1} + 2t_{i2} + t_{i3})\right]$$

$$= \beta - B\sin\frac{2\pi}{T_B}\left[t_{i1} - \frac{1}{4}(t_{i1} + 2t_{i2} + t_{i3}) + \frac{T_B}{2}\right]$$

$$= \beta + B\sin\frac{\pi\Delta t_i}{2T_B}$$ [对应图 5-34（b），其中$\Delta t_i = -t_{i1} + 2t_{i2} - t_{i3}$]

或统一写成

$$\alpha_i = \beta \mp B\sin\frac{\pi\Delta t_i}{2T_B} \tag{5-91}$$

同理有

$$\alpha_j = \beta \mp B\sin\frac{\pi\Delta t_j}{2T_B} \tag{5-92}$$

式（5-91）和式（5-92）联立求解，消去 B 即得

$$\beta = \frac{\alpha_j\sin\frac{\pi\Delta t_i}{2T_B} - \alpha_i\sin\frac{\pi\Delta t_j}{2T_B}}{\sin\frac{\pi\Delta t_i}{2T_B} - \sin\frac{\pi\Delta t_j}{2T_B}}$$

在图 5-34 中所示的数据中，选取 $\alpha_i = -2$ 格，$\alpha_j = +1$ 格，另外已知 $T_B = 450$ s，则

$$\Delta t_i = -52.52 + 2\times 309.81 - 502.77 = 64.33\ (\text{s})$$

$$\Delta t_j = -77.92 + 2\times 284.62 - 527.74 = -36.42\ (\text{s})$$

$$\beta = \frac{1\times\sin\frac{\pi\times 64.33}{2\times 450} - (-2)\times\sin\frac{\pi\times(-36.42)}{2\times 450}}{\sin\frac{\pi\times 64.33}{2\times 450} - \sin\frac{\pi\times(-36.42)}{2\times 450}} = -0.09\ 格$$

或

$$\Delta N = -56''$$

（4）记时摆幅法Ⅰ

记时摆幅法Ⅰ观测方案如图 5-35 所示，该法脱胎于中天法，目的是改善观测的图形结构。

将 α_1、t_1、t_2代入式（5-83）

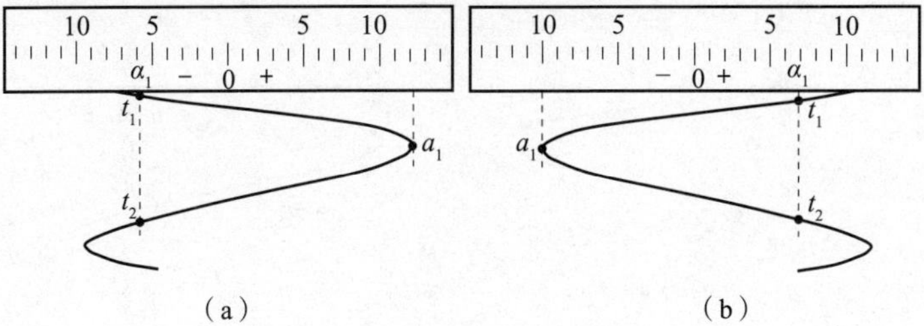

图 5-35　记时摆幅法 I

$$\alpha_1 = \beta + B\sin\frac{2\pi}{T_B}(t_1 - t_0)$$

$$\alpha_1 = \beta + B\sin\frac{2\pi}{T_B}(t_2 - t_0)$$

消去 t_0 得

$$\alpha_1 = \beta \pm B\cos\frac{\pi}{T_B}(t_2 - t_1)$$

其中"±"对应图 5-35 中（a)、(b）两种情况。再将逆转点 a_1 也代入式（5-83)，有

$$a_1 = \beta \pm B$$

上两式联立消去 B 得

$$\beta = \frac{\alpha_1 - a_1\cos\frac{\pi}{T_B}(t_2 - t_1)}{1 - \cos\frac{\pi}{T_B}(t_2 - t_1)}$$

在图 5-35 中取数据 $a_1 = -8.6$，$\alpha_1 = +2$，$t_1 = 276.03$ s，$t_2 = 536.84$ s，计算得

$$\beta = -0.10\ (\text{格})$$

（5）记时摆幅法 II

记时摆幅法 II 观测方案如图 5-36 所示，其思路是用 t_2 代替记时摆幅法 I 中不易测准的 a_1，以提高定向精度。

将观测值代入式（5-83)

$$\alpha_1 = \beta + B\sin\frac{2\pi}{T_B}(t_1 - t_0)$$

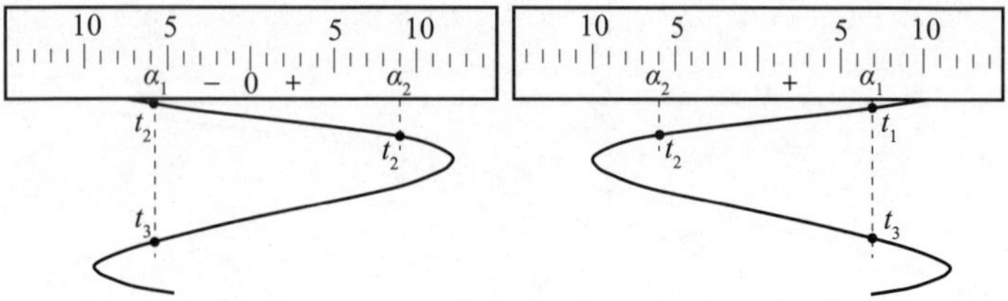

（a） （b）

图 5-36 记时摆幅法Ⅱ

$$\alpha_2 = \beta + B\sin\frac{2\pi}{T_B}(t_2 - t_0)$$

$$\alpha_1 = \beta + B\sin\frac{2\pi}{T_B}(t_3 - t_0)$$

上三式联立求解得

$$\beta = \alpha_1 - (\alpha_2 - \alpha_1)\frac{\cos\frac{\pi}{T_B}(t_3 - t_1)}{2\sin\frac{\pi}{T_B}(t_3 - t_2)\sin\frac{\pi}{T_B}(t_2 - t_1)}$$

在图 5-36 中取 $\alpha_1 = +2$，$t_1 = 276.03$ s，$t_3 = 536.84$ s；$\alpha_2 = -6$，$t_2 = 348.81$ s，计算得 $\beta = -0.10$ 格。

（6）改化振幅法

用逆转点（即所谓振幅）来定 β 无疑最为简捷，但分划板上的逆转点读数精度很低。本观测方案的设计目的是用时间观测值来改化（优化）分划板上的逆转点读数。

如图 5-37 所示，由

$$\alpha_j = \beta + B\sin\frac{2\pi}{T_B}(t_{j1} - t_0)$$

$$\alpha_j = \beta + B\sin\frac{2\pi}{T_B}(t_{j2} - t_0)$$

联立以上两式，消去 t_0，可得

$$\beta = \alpha_j - B\cos\frac{\pi}{T_B}(t_{j2} - t_{j1})$$

亦即陀螺观测方程为

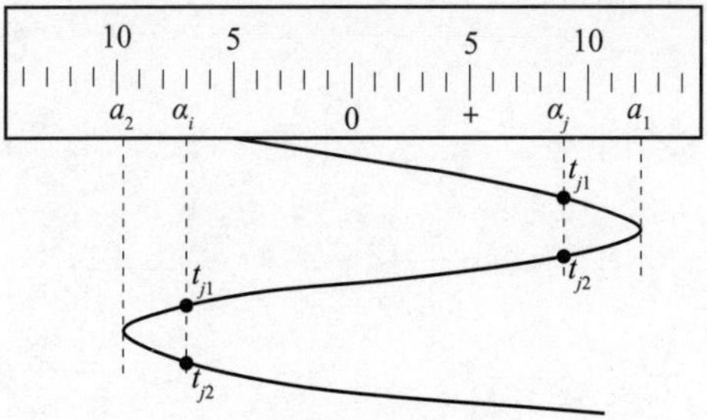

图 5 - 37　改化振幅法

$$\alpha = \alpha_j - B\cos\frac{\pi}{T_B}(t_{j2} - t_{j1}) + B\sin\frac{2\pi}{T_B}(t - t_0)$$

因此，逆转点 a_1 应为

$$\bar{a}_1 = \alpha_j - B\cos\frac{\pi}{T_B}(t_{j2} - t_{j1}) + B = \alpha_j + B\left[1 - \cos\frac{\pi}{T_B}(t_{j2} - t_{j1})\right]$$

同理可得

$$\bar{a}_2 = \alpha_i - B\left[1 - \cos\frac{\pi}{T_B}(t_{i2} - t_{i1})\right]$$

$$\vdots$$

其中，$B = \frac{1}{n}\sum_{i=1}^{n}|a_i|$ 。对于多组观测数据，同样可使用舒适勒平均值等公式进行计算

$$\beta = \frac{1}{4}(\bar{a}_1 + 2\bar{a}_2 + \bar{a}_3)$$

$$\beta = \frac{1}{8}(\bar{a}_1 + 3\bar{a}_2 + 3\bar{a}_3 + \bar{a}_4)$$

$$\beta = \frac{1}{12}(2\bar{a}_1 + 3\bar{a}_2 + 2\bar{a}_3 + 3\bar{a}_4 + 2\bar{a}_5)$$

$$\vdots$$

从图 5 - 37 中取观测数据：$a_j = +6$，$t_{j1} = 126.27$ s，$t_{j2} = 235.81$ s，$a_1 = 8.4$；$a_i = -6$，$t_{i1} = 348.81$ s，$t_{i2} = 463.09$ s，$a_2 = -8.6$；另外取 $T_B = 450$ s，则

$$B=\frac{1}{n}\sum_{i=1}^{n}|a_i|=\frac{1}{2}(|8.4|+|-8.6|)=8.5$$

$$\bar{a}_1=6+8.5\left[1-\cos\frac{\pi}{450}(235.81-126.27)\right]=8.3667$$

$$\bar{a}_2=-6-8.5\left[1-\cos\frac{\pi}{450}(463.09-348.81)\right]=-8.5647$$

$$\beta=\frac{1}{2}(\bar{a}_1+\bar{a}_2)=\frac{1}{2}(8.3667-8.5647)=-0.10(\text{格})$$

（7）三点快速法

式（5-83）中有三个待定参数β、B、t_0（可认为T_B为已知），因此只要取三个观测值（α_1，t_1）、（α_2，t_2）和（α_3，t_3）代入式（5-86）中即可求得

$$\beta=\frac{\alpha_3\sin\frac{2\pi}{T_B}(t_1-t_2)+\alpha_1\sin\frac{2\pi}{T_B}(t_2-t_3)+\alpha_2\sin\frac{2\pi}{T_B}(t_3-t_1)}{\sin\frac{2\pi}{T_B}(t_1-t_2)+\sin\frac{2\pi}{T_B}(t_2-t_3)+\sin\frac{2\pi}{T_B}(t_3-t_1)}\tag{5-93}$$

这里，三个数据点的位置也应适当照顾图形结构，例如记时摆幅法Ⅱ中对三点的选择。三点快速法提出时，观测网形选择如图5-38所示。

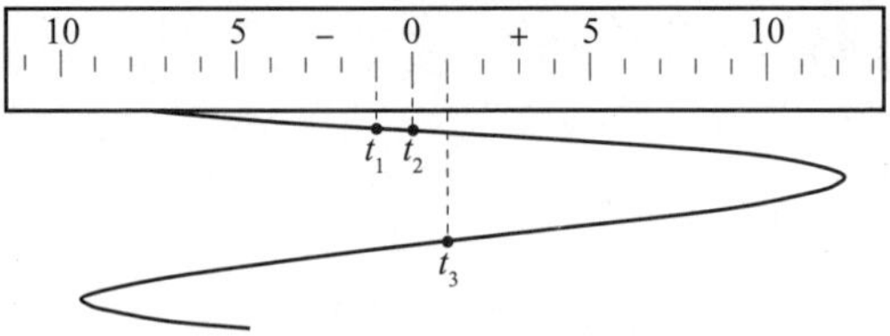

图5-38　三点快速法

从图5-38中取观测数据（－2，52.52）、（0，69.40）、（2，276.03），代入式（5-93）　（其中取$T_B=450$ s）求得$\beta=-0.09$格。

5.5.3　精寻北算法

（1）六点法

六点法是手工观测中最典型的精寻北算法，它利用了陀螺房摆动的更多信息，是一种中天法的改进算法。

如图 5－39 所示，光电耦合器件的中心位置定为 O，L 和 R 间的夹角已知为$\Delta\alpha$，先后以百分之一秒的精度记录陀螺灵敏部穿过点 L 和点 R 的时间 t_1、t_2、t_3、t_4、t_5 和 t_6，于是可得到

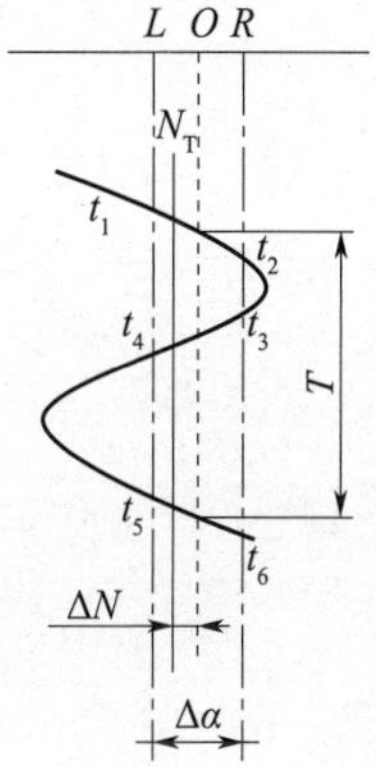

图 5－39　六点法观测

$$\Delta N_1 = \frac{\alpha_R - \alpha_L}{2}(1+\lambda_1) = \frac{\Delta\alpha}{2}\cdot\frac{\cos\dfrac{\pi}{T}\Delta t_{54} - \cos\dfrac{\pi}{T}\Delta t_{32}}{\cos\dfrac{\pi}{T}\Delta t_{54} + \cos\dfrac{\pi}{T}\Delta t_{32}}(1+\lambda_1)$$

式中　ΔN_1 ——陀螺仪 $\boldsymbol{H}$ 矢量相对于北向的夹角；

　　T——摆动周期。

同理还可求得

$$\Delta N_2 = \frac{\Delta\alpha}{2}\cdot\frac{\cos\dfrac{\pi}{T}\Delta t_{41} - \cos\dfrac{\pi}{T}\Delta t_{63}}{\cos\dfrac{\pi}{T}\Delta t_{41} + \cos\dfrac{\pi}{T}\Delta t_{63}}(1+\lambda_1)$$

$$\Delta N = \frac{1}{2}(\Delta N_1 + \Delta N_2)$$

$$\Delta N = \frac{\Delta\alpha}{2} \cdot \frac{\cos\frac{\pi}{T}\Delta t_{54}\cos\frac{\pi}{T}\Delta t_{41} - \cos\frac{\pi}{T}\Delta t_{63}\cos\frac{\pi}{T}\Delta t_{32}}{(\cos\frac{\pi}{T}\Delta t_{54} + \cos\frac{\pi}{T}\Delta t_{32})(\cos\frac{\pi}{T}\Delta t_{63} + \cos\frac{\pi}{T}\Delta t_{41})}(1+\lambda_1)$$

令

$$P = \frac{\cos\frac{\pi}{T}\Delta t_{54}\cos\frac{\pi}{T}\Delta t_{41} - \cos\frac{\pi}{T}\Delta t_{63}\cos\frac{\pi}{T}\Delta t_{32}}{(\cos\frac{\pi}{T}\Delta t_{54} + \cos\frac{\pi}{T}\Delta t_{32})(\cos\frac{\pi}{T}\Delta t_{63} + \cos\frac{\pi}{T}\Delta t_{41})}$$

则

$$\Delta N = KP$$

式中 K——定向系数，可用试验法求之；

P——陀螺摆动中心。

陀螺北方向值为

$$N_T = N_0 + \Delta N + \Delta$$

式中 N_0——粗北角度值；

Δ——仪器常数。

1）标定定向系数 K：

在真北偏离东、西 10′的位置分别进行寻北测量，则应该有

$$0°10'0'' = K \times P_1 + \Delta$$

$$359°50'0'' = K \times P_2 + \Delta$$

得出：$K = \frac{20}{(P_1 - P_2)}$。

2）标定仪器常数 Δ：

根据 $0°0'0'' = K \times P + \Delta$，将光学陀螺经纬仪置于真北方位上进行测量，测量值与 $0°0'0''$的差值即为仪器常数 Δ，取 10 次的平均值，如下式

$$\bar{\Delta} = \frac{\sum_{i=1}^{10} 0 - N_i}{10}$$

(2) 积分法

积分法是在光电传感器引入陀螺经纬仪系统设计后诞生的一类新型精寻北算法。与前述算法最大的区别就在于，它不再依赖陀螺摆运动中靠人工观测的少数特征点信息，而是利用了陀螺摆运动完整周期中依靠光电传感器采集的海量数据进行解算，通常具有很高的解算精度。

如图 5-40 所示，假设陀螺 H 方向偏离真北 α_N，由于悬挂带反力矩作用，使摆动平衡位置偏离真北 α_K，即 R 方向，其平衡条件为

$$\alpha_K D_B = (\alpha_N - \alpha_K) D_K$$

$$\alpha_N = \alpha_K (1 + \lambda_1) = K \cdot \alpha_K$$

式中　K ——定向系数，可通过试验法求得。

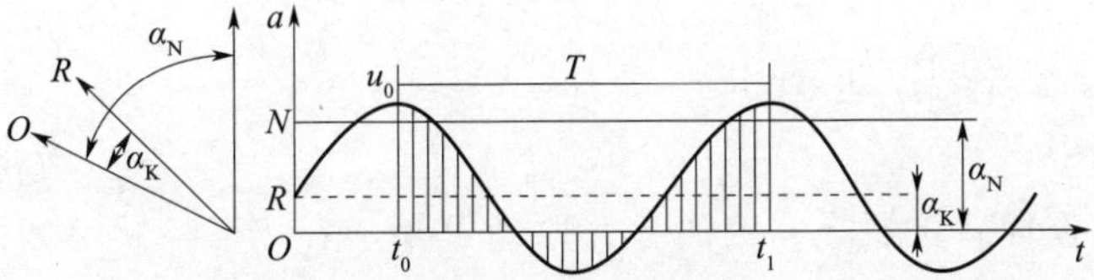

图 5-40　六点法

从某一时刻 t_0 开始，对光电耦合器件信号进行求和运算，到 t_1 时刻结束，时间为一个周期，即可求得 α_K

$$\alpha_K = \int_0^T C \cdot e^{-\mu t} \cdot \cos(\sqrt{\omega^2 - \mu^2} \cdot t + \varepsilon) dt$$

积分法通常精度较高，德国生产的 GYROMAT 2000 型陀螺经纬仪就是采用了这种算法，但是它需要光电耦合器件信号的精度非常高。实际经过试验发现，如果光路和光电耦合器件本身的误差，很难在光电耦合器件的采样范围（$+120' \sim -120'$）内保证精度要求，非线性的影响也可能造成用积分法的实际精度并不如用六点法精度高，这需要在系统硬件设计中加以关注。

第6章　磁悬浮陀螺寻北仪

目前，磁悬浮技术的发展方兴未艾，它具有无接触、低阻尼、干扰少、环境适应性强的优点，在多种工程技术中已经有了广泛的应用。将磁悬浮技术引入摆式陀螺寻北仪作为支撑，也是当前寻北技术重要的技术创新。本章就以某新型摆式陀螺寻北仪为对象，对其相关原理和技术进行详尽的介绍。

6.1　工作原理简介

根据摆式陀螺寻北仪的寻北原理可知，安装于陀螺房体内的陀螺马达高速旋转时，其主轴指向相对于惯性空间保持不变。但是由于地球自转，水平面相对于主轴东面下降而西面上升，即主轴相对于水平面绕其中心的转动出现高抬角，摆式陀螺仪中房体的重心位于悬挂点之下，用重力迫使陀螺主轴维持在主轴方向，给陀螺房施加了一个重力矩，使陀螺具有了寻北功能。这种寻北方式原理简单，技术成熟，但是对操作人员要求高、重要部件易损坏（悬挂带、导流丝等）、寻北周期长、对使用环境要求苛刻等缺点都严重制约着其应用范围。

捷联式陀螺寻北仪是利用陀螺敏感出地球自转角速度，通过力平衡法给陀螺敏感轴施加平衡力矩，通过测量平衡力矩大小从而解算出真北方位。这种寻北方法操作简便，寻北周期短，没有易损部件，但是产品精度往往不高，这主要是受到的所采用陀螺受到的干扰力矩的量级相对于寻北所期望精度过大的原因造成的。

如何汲取以上两种寻北方式的优点，摒弃各自不足，设计出一种更优的寻北方案呢？随着磁悬浮技术的发展，其无接触、低阻尼、干扰少、环境适应性强的优点成为工程技术界关注的焦点。因此，将磁悬浮技术引入陀螺寻北仪中也就水到渠成了。

磁悬浮陀螺寻北仪应用单自由度陀螺捷联式寻北原理，利用磁悬浮技术使陀螺房悬浮于空气中，不需要额外的支撑或者悬挂部件(介质)，尽可能避免介质摩擦带来的干扰力矩，从而提高寻北精度和仪器可靠性，其原理如图 6-1 所示。

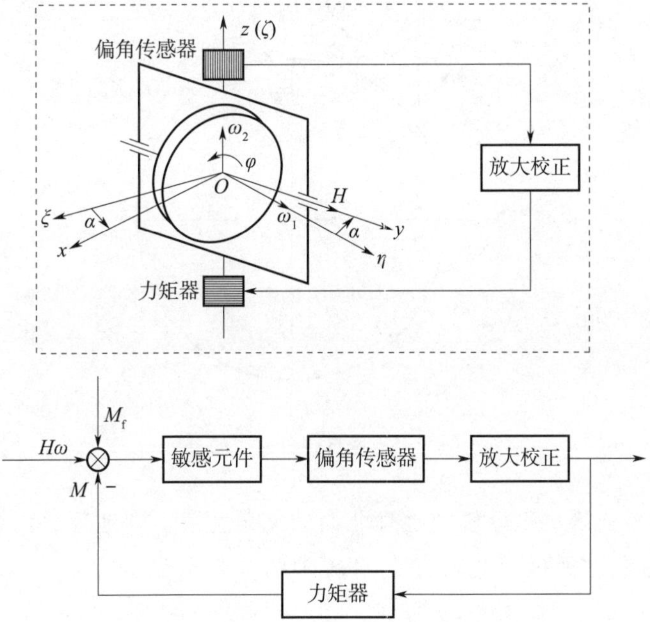

图 6-1　单自由度陀螺力平衡回路原理

从图 6-1 可以得到

$$ki = H\omega + M_{\mathrm{f}} \tag{6-1}$$

式中　k ——力矩器力矩系数；

i ——力矩器转子电流；

H ——马达角动量；

ω ——输入角速度；

M_f ——干扰力矩。

其中，k,H 均是已知量，i 是可测量，ω 是待求量，M_f 是不可测量。

输入角速度和真北方位的关系是怎样的呢？

假设在地球上纬度为 φ 的某点，地球自转角速度 ω_e 可以分解为地理北向角速度 $\omega_e \cos\varphi$ 和天向角速度 $\omega_e \sin\varphi$，如图 6-2 所示。

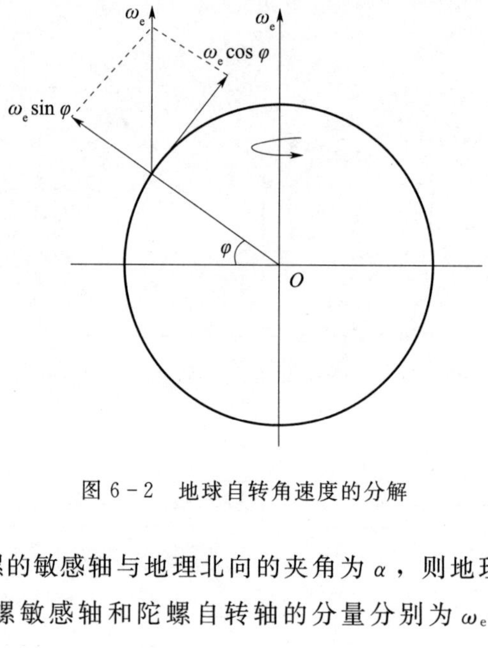

图 6-2 地球自转角速度的分解

假设陀螺的敏感轴与地理北向的夹角为 α，则地理北向角速度 $\omega_e \cos\varphi$ 在陀螺敏感轴和陀螺自转轴的分量分别为 $\omega_e \cos\varphi\sin\alpha$ 和 $\omega_e \cos\varphi\cos\alpha$，如图 6-3 所示。

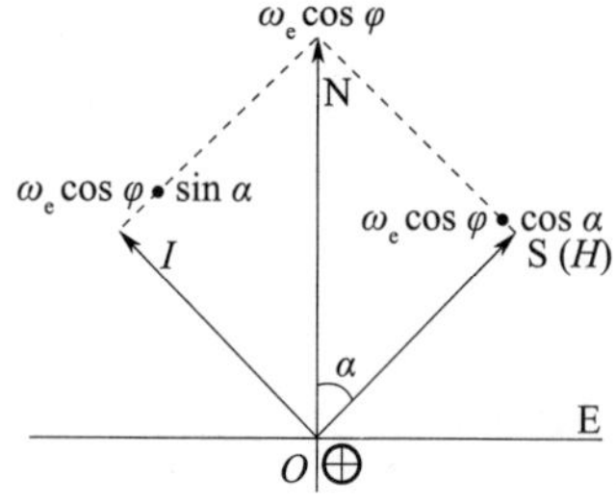

图 6-3 地速北向分量的二次分解

将输入轴的角速度带入式（6-1），得

$$ki = H\omega_e \cos\varphi \sin\alpha + M_f \tag{6-2}$$

在式（6-2）中，存在未知量 α, M_f。尽管采用磁悬浮支撑、无接触光电传感技术等技术可充分降低式（6-2）中输出轴干扰力矩 M_f 的量级，但对于高精度定向系统该力矩还是不能忽略的。对此，辅以精密回转测角系统，实现两位置寻北，如图 6-4 所示。

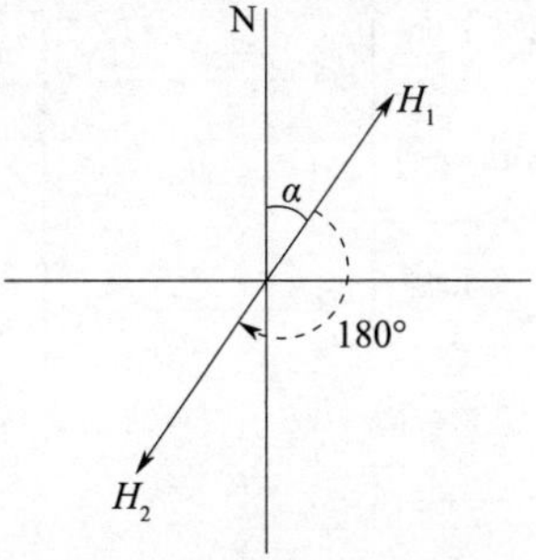

图 6-4　两位置寻北原理图

由式（6-2）不难得出当敏感轴分别处于 H_1 和 H_2 状态下力矩平衡式分别为式（6-3）和式（6-4）

$$ki_1 = H\omega_e \cos\varphi \sin\alpha + M_f \tag{6-3}$$

$$ki_2 = H\omega_e \cos\varphi \sin(180^\circ + \alpha) + M_f \tag{6-4}$$

假定输出轴干扰力矩 M_f 为常值，则式（6-3）减式（6-4）可得

$$k(i_1 - i_2) = H\omega_e \cos\varphi [\sin\alpha - \sin(\alpha + 180^\circ)]$$

即

$$k(i_1 - i_2) = 2H\omega_e \cos\varphi \sin\alpha \tag{6-5}$$

由式（6-5）可得陀螺敏感轴与地理北向的夹角 α 为

$$\alpha = \arcsin\frac{k(i_1 - i_2)}{2H\omega_e \cos\varphi} \tag{6-6}$$

由此完成寻北。

6.2 系统组成

磁悬浮陀螺寻北仪系统主要由两大部分组成：本体和电控箱，如图 6 - 5 所示。

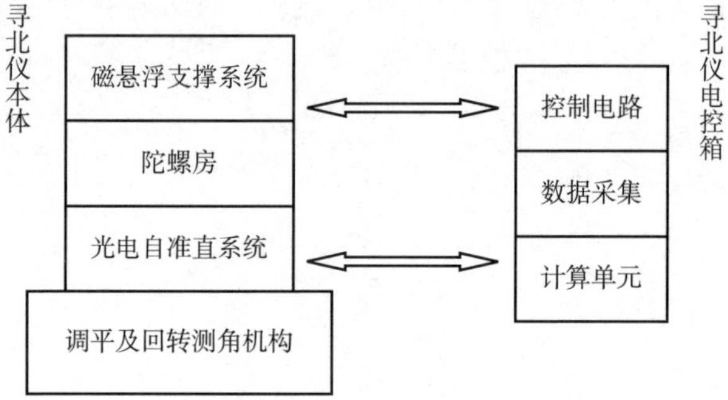

图 6 - 5 磁悬浮陀螺寻北仪的系统组成

(1) 磁悬浮陀螺寻北仪本体

①磁悬浮支撑系统

磁悬浮线圈通电后，陀螺房顶部的软磁材料浮球将受到竖直向上的磁力吸引，并带动陀螺房克服其重力向上运动；同时，位置线圈将敏感其上浮的位置，并产生相应交流信号，此信号经放大解调后，控制磁悬浮线圈中的电流，从而构成磁悬浮反馈系统，最终使陀螺房所受磁浮吸力与其重力平衡，并悬浮于平衡位置。

磁悬浮支撑系统具有以下优点：

1) 系统最主要的优点就是无机械接触，避免了机械摩擦对系统的不利影响，并且可以延长其工作寿命。

2) 通过合理调整系统参数，可以降低产品对运输振动的敏感度，能够适应一定的载体振动。

3) 由于系统实现了无接触式支撑，因此没有应力释放过程，从而提高了产品运输后的即时测量性能。

4）系统工作时敏感元件处于悬浮状态，断电后则通过锁定装置使敏感元件处于弹力压紧约束状态，从而产品在使用后可以即时撤收。

5）由于系统在正常工作中存在断电落磁浮方式，故诸如突然断电等突发事件不会影响整机后续工作，可以保证再次测试的精度。

6）在原理上，磁悬浮系统有可能受到外界强磁场的干扰影响；提高磁悬浮系统的电磁环境适应性成为保证陀螺罗盘整机可靠性的关键。高精度磁悬浮陀螺罗盘采用如下措施以消除外界电磁环境的影响。

a）采用有源、反馈、强磁场主动吸引方式（悬浮质量约 1 kg），而一般的外界自然电磁干扰不会对其构成影响。

b）位置传感器采用 100 kHz 交流激磁，在线路上采用了带通滤波处理。

c）为了防止外界人为电磁干扰对磁悬浮系统影响，采用真空处理的 1J81 软磁材料构造成屏蔽层，对磁悬浮陀螺进行整体屏蔽。

②陀螺房

陀螺电机是陀螺房的关键组件。电机的机电性能及其高速滚珠轴承的优劣将直接影响陀螺精度和寿命。为消除磁滞同步电机的低频振荡，提高电机效率，减小谐波力矩影响，更重要的是为了避免磁滞环磁化磁极的随机性而使陀螺逐次漂移重复性差的问题，磁悬浮陀螺寻北仪采用交流异步电机。

③光电自准直系统

光电自准直系统原理如图 6 - 6 所示。该系统中发光二极管通电后调整为点光源，经三棱镜、反射镜等光学元件反射，如入射光线与反射镜垂直，则反射光线将按原光路返回，并入射四象限光电传感器；当敏感元件相对随动壳体转动角度 α 后，反射光线将偏离入射光线，也改变了反射光线入射四象限光电传感器的区域，使四象限光电传感器的输出电压值 U 不再为零；而此电压值 U 与角度 α 成正比关系。另外，随动壳体上的挡钉限制了敏感元件的运动，使其只能在小角度内转动，从而保证了四象限光电传感器输出的单调性。光电自准直系统作为陀螺闭路系统的核心部件，其稳定性是至关重要的，需在具体设计时予以考虑。

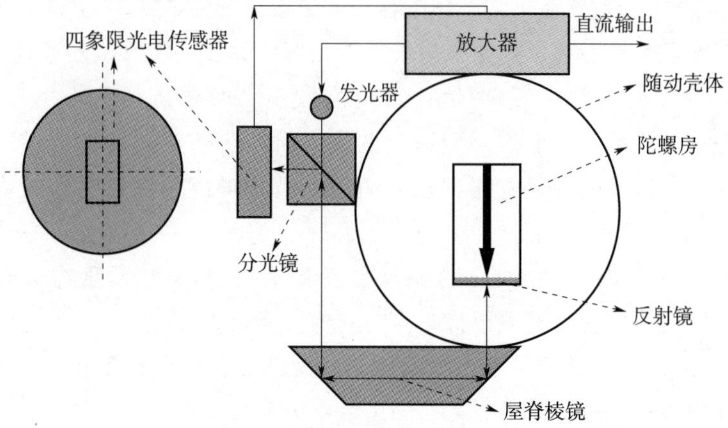

图 6 - 6　光电自准直系统原理示意图

④调平及回转测角机构

调平机构的功能是当固定惯性测量组件的平台倾斜较大时，将其调整到接近水平的状态，以利于寻北精度的提高。

回转测角机构主要提供高精度的敏感元件位置测量值，使得多位置寻北算法成为可能。目前采用两相圆感应同步器配以正余弦变压器构成精密测角系统。其中正余弦变压器作为大角度回转的参考，而决定测角系统精度的是感应同步器。

（2）磁悬浮陀螺寻北仪电控箱

①控制电路

控制电路包含：磁浮控制电路，用来控制陀螺房磁浮的高度；马达控制电路，用来控制陀螺马达的启动、加速及稳速；光电力反馈控制电路，用来输出与敏感元件敏感到的由于地球自转产生的科氏力矩相等的力矩，使二者平衡，从而通过测量输出力矩达到寻找北向的目的。

②数据采集

将测量到的模拟量（输出电压值）转换成计算机可以识别的数字量，使用高精度的模数转换电路即可实现。

③计算单元

由于寻北仪是一种智能化程度较高的智能仪器，而且发展趋势是小型化、一体化，因此就要求电控箱中的计算单元为高性能、微体积，故采用 TI 公司 2000 系列的浮点 DSP（TMS320F28335）的嵌入式主控制器电路方案，并外扩 SRAM 和 FLASH、IO 驱动电路、键盘电路、液晶显示电路和 RS232/422 通信电路等。

6.3 各分系统的设计实现

6.3.1 陀螺电机稳速控制系统

（1）基本原理

在传统的液浮陀螺中，一般采用的是磁滞同步电机，这种陀螺电机一般只需要提供一个固定频率的三相电源即可稳速旋转。在高精度磁悬浮陀螺寻北仪系统中，为了获得更加稳定的角动量，采用了具有转速闭环反馈的陀螺电机构成的陀螺房体。通常所采用的陀螺电机一种为交流感应式异步电机，一种为方波型永磁同步电机（又称为永磁无刷直流电机）。这两种电机的转速闭环控制可简单地用图 6-7 所示的原理框图来表达：速度指令与速度反馈的误差量作为控制量，经控制器校正和变换后进入脉宽调制型（PWM）逆变器驱动电机稳速运转。

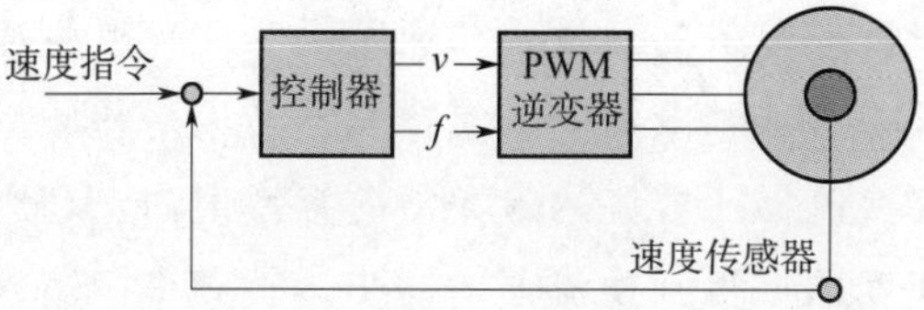

图 6-7　电机转速控制系统基本原理框图

(2) 高精度稳速控制技术

①交流感应式异步陀螺电机控制原理

交流感应式异步陀螺电机，结构简单、坚固，不需要磁性材料，容易大批量生产，在各领域应用非常广泛。根据交流异步电机的调速控制系统结构和控制方法不同，可以有如表 6-1 所示的 4 种控制方法。

表 6-1 交流异步电机的调速控制方法

控制方法	控制类型	子类
脉宽调制控制	开环	变压定频控制（VVCF control）
		定压变频控制（CVVF control）
		变压变频控制（VVVF control）
滑差调节器控制	闭环	电压源换流器滑差比控制
		电流源换流器滑差比控制
磁场矢量控制	闭环	直接式磁场矢量控制（direct field-oriented control）
		间接式磁场矢量控制（indirect field-oriented control）
		滑差扭矩控制（slip torque control）
		磁场加速控制（field acceleration control）
无速度传感器控制	虚拟闭环	电压电流反馈转速估计磁场矢量控制
		电流反馈转速估计磁场矢量控制

由于陀螺电机的转速比较高，且转速控制精度比较高（优于万分之一），简单且典型的控制方法就是采用基于滑差调节模式的控制原理。

图 6-8 所示为基于滑差调节模式的异步电机转速控制原理，借助测速传感器反馈电机的速度，与速度指令比较形生速度误差，此速度误差经 PID 控制器及滑差调整控制器产生滑差频率指令，其最大值被限制在换流器所容许的最大滑差频率值内。利用滑差频率指令和反馈的速度即可得到换流器的同步运转频率，输入到异步电动机端子的电压大小则是由同步运转频率经由电压/频率控制器产生

的，它可确保异步电动机在基速以下能以定转矩转动，以及在基速以上以固定的输出功率转动。

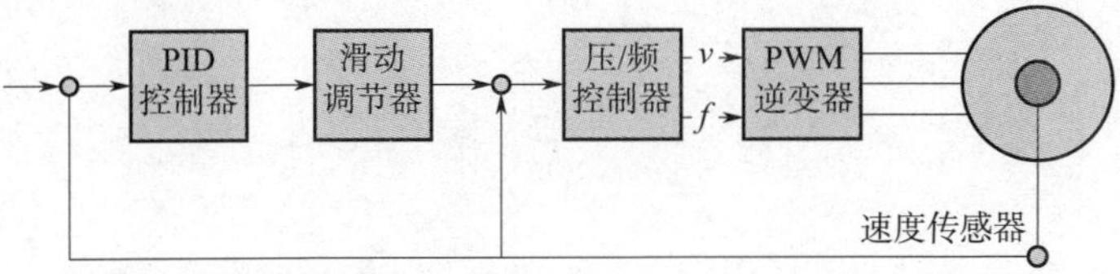

图 6－8　基于滑差调节模式的异步电机转速控制原理

当电机输入阶跃转速命令时（比如电机启动时），上述闭环控制会产生正的速度误差，因此，滑差频率命令被设置在最大值，电动机则以其所能容许的最大电流加速驱动，且产生可利用的最大转矩，直到速度误差降至稳态时的最小值。当驱动系统最终运转处于稳态时，电机所产生的转矩恰与负载所需的转矩平衡而以定速旋转。这种类型的转速闭环控制方法可以获得相当高的控制精度和速度控制范围，且比较不易受参数变化和负载波动的影响。

②永磁无刷直流电机的控制原理

永磁无刷直流电机是一种机电一体化电机驱动系统，它既有交流同步电机的简单结构，又有直流电机优良的调速特性，同时因采用高矫顽力的稀土永磁材料，又使得电机具有体积小、质量轻、效率高等一系列优点。

无刷直流电动机避免了机械换向带来的换向火花、电磁噪声、电磁干扰、机械磨损及维修性差等种种弊端，因而大大提高了电机的可靠性，延长了电机的工作寿命。采用反电势换相的无刷直流电机与带有霍尔位置传感器的无刷直流电机相比，省去了三个霍尔位置传感器和繁琐的接线方法，具有可靠性高、使用简单方便的优点，但同时又有大惯量启动时反电势检测困难的缺点。

无刷直流电动机稳速控制系统包括电机本体、换相驱动电路及稳速控制电路三大部分。其中，换相驱动电路主要包括主功率逆变器、功率驱动电路、换相控制电路；稳速控制电路主要包括逻辑处理电路、DSP 稳速主控电路。整个控制电路系统各部分之间的电气连接如图 6－9 所示。

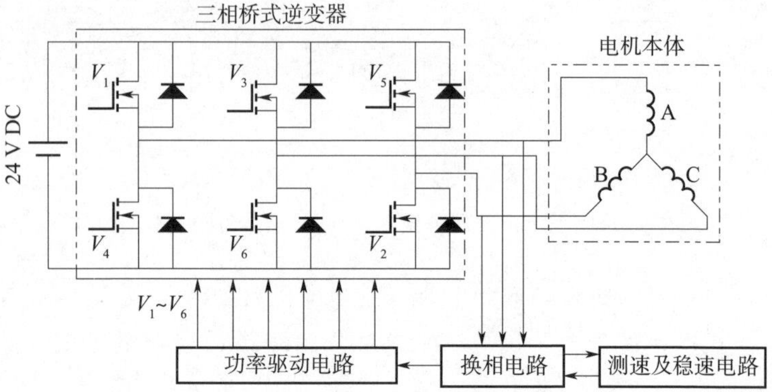

图 6－9　无刷直流电机及驱动器系统电气连接图

其中，电机本体采用的是稀土永磁无刷直流电机（REPM-BLDCM），三相 Y 形接法，外转子式结构，3 对极数，工作于二相导通三相六状态。

该电机的换相检测和转速获取主要有两种方法：一种方法是依靠自身的转子位置传感器（霍尔效应传感器）来不断检测转子的当前位置，并提供给电机控制器，控制器对转子位置信号进行逻辑编码，进而控制三相逆变器的六只功率管，按一定的顺序给三相绕组通电，从而控制电机中的磁场合成矢量按照六步运行规律在空间沿同一方向旋转。由于每相绕组通电顺序和通电交变频率与转子位置严格对应，因而电机始终是同步旋转的，不会出现“失步”现象，所以也称为自控式同步电机。

当没有位置传感器时，另外一种换相和转速检测方法是采用反电势检测换相技术获取转子的位置。一般采用检测电机的磁链、电流和电压等物理量，再经过相应的处理间接地求得转子磁极的位置。无位置传感器检测换相技术一直是国内外研究热点，目前主要的方法有：反电势法、续流二极管检测法、磁链估计法、扩展卡尔曼滤波法等。反电势检测的应用又可分为三种，即过零点法、反电势积分及参考电压比较法、反电势积分及锁相环法。

反电势过零检测方法是最常用的一种无传感器控制方法。在通常的换流条件下，采用电压比较器来检测过零点，在某相逆变器的上管在相电势下降沿过零点前 30°关断，下管在该过零点后 30°导通；反之亦然。相电势与霍尔换相信号的对应关系如图 6－10 所示。

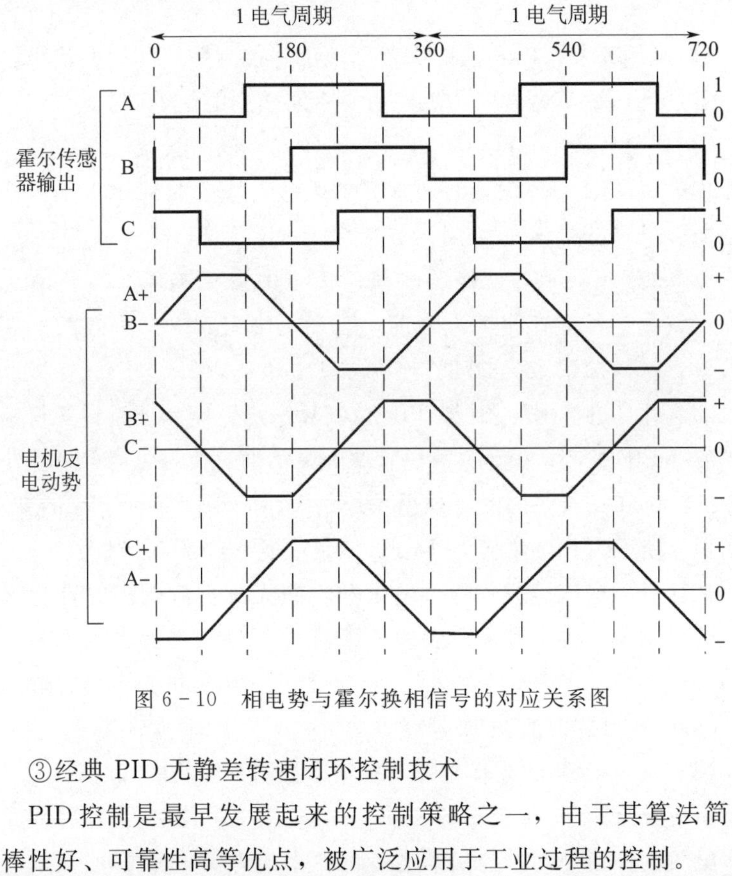

图 6－10　相电势与霍尔换相信号的对应关系图

③经典 PID 无静差转速闭环控制技术

PID 控制是最早发展起来的控制策略之一，由于其算法简单、鲁棒性好、可靠性高等优点，被广泛应用于工业过程的控制。

常规的 PID 控制系统结构框图如图 6－11 所示，系统由模拟 PID 调节器、执行机构及控制对象组成。

PID 调节器各校正环节的作用如下：

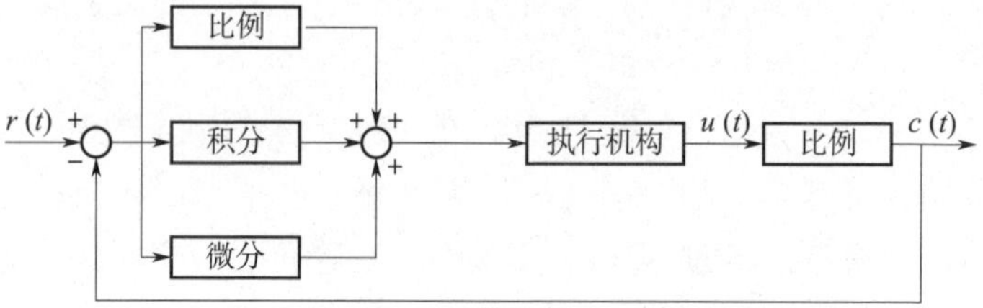

图 6-11　PID 控制系统结构框图

1）比例环节（P）：及时成比例地反映控制系统的偏差信号，偏差一旦产生，调节器立即产生控制作用以减小偏差。

2）积分环节（I）：主要用于消除静差，提高系统的无差度。积分作用的强弱取决于积分时间常数的大小，积分时间越大，积分作用越弱，反之越强。

3）微分环节（D）：能反映偏差信号的变化趋势（变化速率），并能在偏差信号值变得太大之前，在系统中引入一个有效的早期修正信号，从而加快系统的动作速度，减小调节时间。

随着计算机技术的发展，PID 控制算法已经能够通过计算机编程构成数字 PID 控制。由于计算机软件的灵活性，使得数字 PID 算法不断得到修正和完善。因此可根据系统的要求，采用各种 PID 的变种，例如积分校正式 PID 控制，PI、PD 控制，不完全微分控制等。

在这里，交流感应式异步电机和永磁无刷直流电机的转速闭环控制均采用了一种带有积分校正的绝对式 PID 控制器进行单环校正控制。这种 PID 算法的好处是，能非常快地退饱和，且参数整定容易，其算法框图如图 6-12 所示。

（3）基于 DSP 的异步陀螺电机稳速控制系统的实现

本设计采用了 TI 公司的 2000 系列专用电机控制 DSP 进行异步陀螺电机的稳速控制，控制策略采用了脉宽调制方式的电压/频率变换方式的控制驱动器，驱动电路采用了三相 MOSFET 功率桥。采用这种软硬件结合的电路简单可靠，体积小，控制精度高，可以满足系统精度要求。

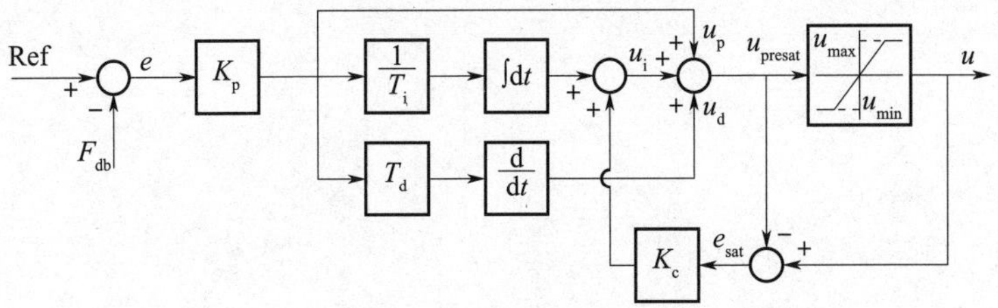

图 6 - 12　积分改良型 PID 控制器算法框图

闭环伺服控制算法是整个系统正常运行的核心，该算法需要由计算速度快、运算能力强的微控制器完成，因此选用了 TI 公司 2000 系列 DSP 芯片 TMS320F2808，其最高运算速度可达到 100 MIPS，足以满足实时高精度控制要求。

三相正弦波电源的生成采用 SPWM 调压技术，PWM 的生成采用了 DSP 芯片 TMS320F2808 集成的 ePWM 外设模块。其原理为通过对一系列脉冲的宽度进行调制，来等效地获得脉冲宽度按正弦规律变化而和正弦波等效的 PWM 波形（含形状和幅值）。如图 6 - 13 所示为用一系列等幅不等宽的脉冲来代替一个正弦半波。可以看到，正弦半波 N 等分，看成 N 个相连的脉冲序列，它们宽度相等，但幅值不等；用矩形脉冲代替，等幅，不等宽，中点重合，面积（冲量）相等，宽度按正弦规律变化。要改变等效输出正弦波幅值时，按同一比例改变各脉冲宽度即可。

如图 6 - 14 所示为异步电机 DSP 稳速控制电路软件算法流程图，由陀螺电机测速传感器输出的信号经整形六分频后作为速度反馈信号，此信号经 DSP 内部 ECAP 模块捕获后，经 CAP _ EVENT _ DRV 运算获得转速信号的周期值，再经 SPEED _ PRD 作标幺化处理（500 Hz 认为单位 1）获得转速频率值 Speed。

给定的转速指令值 SpeedRef 经斜坡生成器算法模块生成软启动转速指令 SetPointValue；当电机启停信号（GPIO25）置低时，CloseLoopFlag＝0，SetPointValue 值进入电压频率变换算法模块（V _ HZ _ PROFILE）后获得三相 SPWM 信号的占空比时间值

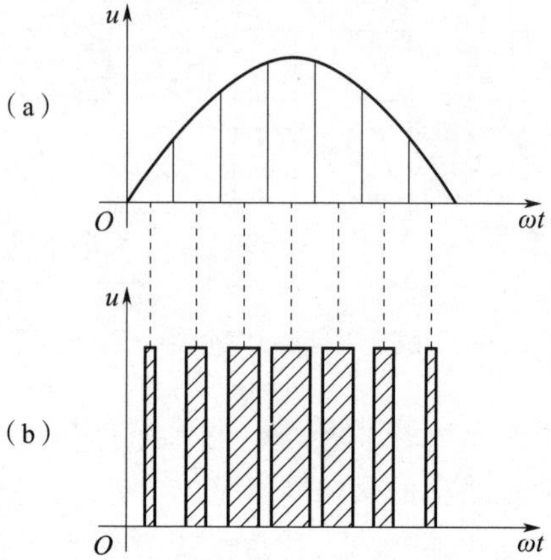

图 6-13　用 PWM 波代替正弦半波

（Ta，Tb，Tc），然后进入 FC _ PWM _ DRV 模块生成 SPWM 信号控制功率桥生成三相交流电源，电机因此开始软启动；当电机软启动（这里设定为 90 s）结束后，CloseLoopFlag＝1，SetPointValue＝SpeedRef，进入位置 PID 模块（PID _ REG3）进行校正，校正后的输出量与 SetPointValue 求和后作为控制量进入电压频率变换算法模块（V _ HZ _ PROFILE）等控制电机稳速闭环运行。

（4）基于 DSP 的无刷直流陀螺电机稳速控制系统的实现

无刷直流电机的稳速控制主要包括驱动电路和控制电路。其中，能量调控通道采用三相桥式逆变器，电机工作于 120°三相六状态换相控制模式。电机由单片机和数字信号处理器（DSP）控制，采用软硬件相结合的控制电路，实施功率变换、转速闭环、软启动、系统监控与保护等功能。其中，具有高速 RISC 架构的 AVR 单片机实现三相反电势的过零检测，通过内部电压比较器和模拟开关完成三相六状态的逻辑切换，同时实现灵活可控的换相延时和稳定的速度频率信号输出。而采用 DSP 数字信号处理器，可提高测速精度和闭环运算处理的实时性，其丰富的接口和强大的软件功能也可提高系统的监控水平。

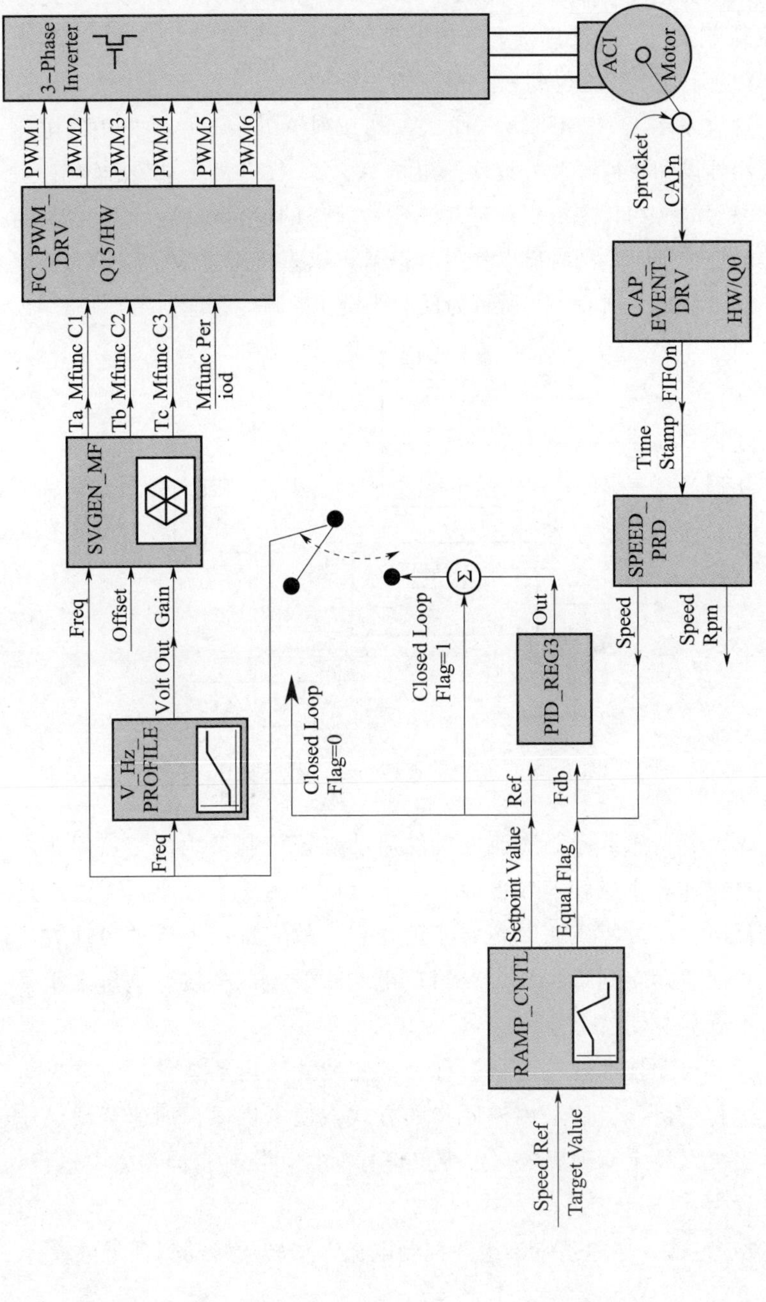

图 6－14　异步电机 DSP 稳速控制电路软件算法流程图

反电势过零检测换相技术作为一种常用的无刷直流电机无传感器控制方法，一般硬件实现采用电压比较器检测到过零点来再作 30°或 90°的延时，就可得到一个换流的关键位置。

这里采用了 ATMEL 公司的 AVR 系列 Atmega8 单片机中的电压比较器外设和模拟开关外设检测电机 A、B、C 三相反电势过零信号，配合编写的换相状态机程序进行三相六状态的逻辑切换，可获得灵活可控的换相延时，同时反电势过零信号可以直接通过 I/O 口作为速度频率信号输出。图 6－15 所示为反电势换相的硬件原理框图。

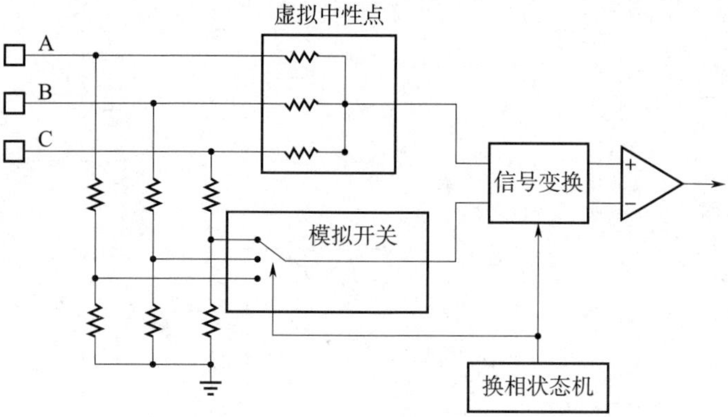

图 6－15　反电势换相的硬件原理框图

无位置传感器无刷直流电机的启动是该控制系统的难点问题之一。电机在静止或转速较低时，由于反电势为零或较小，无法通过检测反电势的过零点来判定转子的位置，故需采用一定的启动方法使电机能够运转到可以稳定获得反电势过零点的速度。这里采用了经典的开环起动技术。

开环启动技术现在通常被称为“三段式”启动技术，即首先对转子进行定位，然后采用外同步的方式，使电机逐步加速至预定速度，当可以稳定得到反电势过零点信号时，切换到自同步方式运行。其过程为：

1）定位：导通预定绕组并控制电流，使转子转动到预定位置。

2）加速：按适当的顺序导通绕组，控制电压和换相时间，使电机转速逐步上升。

3）切换：即将电机从外同步方式切换到自同步方式，当电机的转速达到可以稳定检测反电势过零点时，就可以按照控制策略切换到自同步状态。

如图 6－16 所示为控制流程框图，电机切换到自同步状态后，DSP 软启动程序开始运行，DSP 按照程序中预设的起动占空比发出 PPM 信号，单片机接收到此信号后，生成与 PPM 信号成正比的 PWM 信号，此信号作为 3 个下桥臂控制信号与 DSP 生成的占空比为 100％的 PWM 信号相遇后，进入三相功率桥驱动电动机运行起来，然后逐渐增大 PPM 信号的脉宽，PWM 占空比也逐渐增大，电机转速积分上升。在这里，占空比的增量按照系统的起动要求设定，即电流不超过 3 A，起动时间不大于 40 s。当电机的转速上升到设定的最高起动转速时，软起动过程结束。

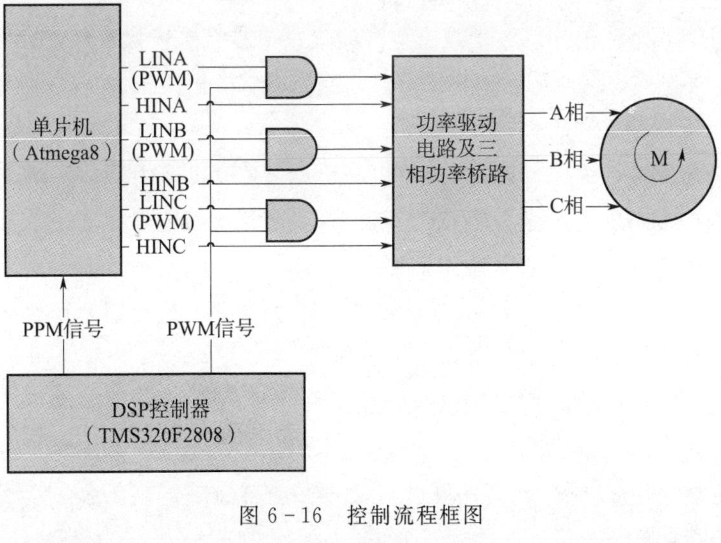

图 6－16　控制流程框图

在电机软启动结束之后进入系统速度闭环工作模式。全数字系统闭环控制算法是整个系统正常运行的核心，该算法需要由计算速度快、运算能力强的微控制器完成，因此选用现阶段功能强大的 DSP 芯片 TMS320F2808，其最高运算速度可达到 100 MIPS，足以满足实时高精度控制要求，其控制总体策略框图如图 6－17 所示。

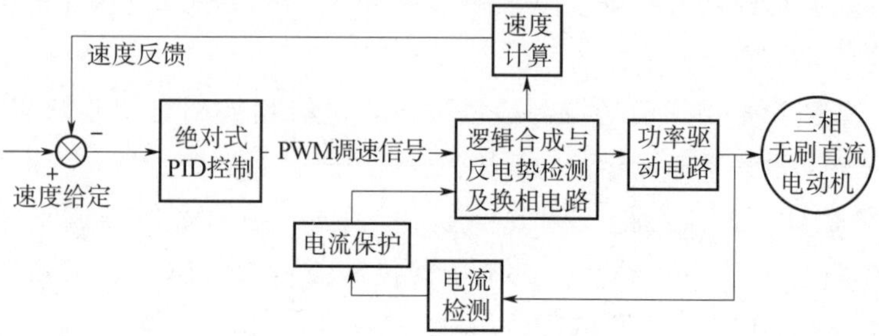

图 6－17　控制总体策略框图

在图 6－17 的控制框图中，速度给定与速度反馈形成偏差，经过速度调节器调节 PWM 占空比，从而实现电动机的稳速控制。电流的检测是通过直流母线串联的精密采样电阻来实现的。速度反馈信号为采用 Atmega8 单片机过零检测获得的过零信号直接输出获得，此信号在单片机内部同时用于电机的三相六状态的状态机换相控制。

（5）系统性能

在试验过程中发现，高精度及高稳定度的转速闭环将导致电流调节作用比较强，这种电流的反作用力矩将导致陀螺房壳体频繁抖动。在磁悬浮寻北仪系统中磁悬浮系统为单自由度吊式悬浮，在水平 2 个正交方向抗扰动能力比较差，因而这种干扰足以影响到磁悬浮闭路及陀螺力反馈闭路的正常工作。

针对这种情况，这里重点修正了马达控制板闭环程序的 PID 参数，同时修改速度输出范围，使其调节速度尽量慢些，柔和些。在电流波动不大于 30 mA 的同时，又要保证转速稳定度不低于万分之一的指标。

在使用异步电机 DSP 稳速控制电路配合异步陀螺电机进行的稳速精度测试试验中，通过给定 400 Hz 频率的速度指令进行试验，其速度反馈频率闭环在 399.951～400.025 Hz 之间，转速稳定度为 0.009 25%，达到了陀螺电机所要求的转速稳定度要求。

在使用无刷直流电机稳速控制电路配合无刷直流电机（3 对极）进行的稳速精度测试试验中，通过给定 1 200 Hz 频率的速度指令进行试验，其电子速度反馈频率闭环在 1 201.06～1 201.27 Hz 之间，转速稳定度为 0.008 75%，达到了陀螺电机所要求的转速稳定度要求。

（6）方案小结

在高精度磁悬浮寻北仪中，使用了交流异步电机和永磁无刷直流电机这两种陀螺电机。这两种电机从结构上看都各有优缺点，交流异步电机不需要磁性材料，但需要一个转速传感器；永磁无刷直流电机虽然需要永磁材料，但省去了转速传感器。从控制角度来看，在二者转速闭环控制均采用 DSP 数字闭环控制的前提下，交流异步电机的硬件电路和控制策略较为简单，采用了脉宽调制方式的 SPWM 调压技术实现了三相正弦波交流电源的设计，永磁无刷直流电机由于有了反电势过零检测进行换相，硬件电路实现较为复杂。

对于大惯量电机的高精度稳速控制，目前采用了带有积分校正的绝对式 PID 控制器进行单环校正控制，来实现高稳态的速度精度。在后续的研究中希望能在如下方面进行改进，以降低电流波动，并改善转速稳定度指标：

1）控制大惯量被控对象，调整其控制策略，如采用锁相环控制、各种智能 PID、模式识别、神经网络等可以适用的转速闭环控制方法，来改善动态响应，提高转速控制精度和系统稳定性。

2）在转速环里增加一个内环——电流环，改善对电流的调节精度和调节力度。

3）提高主控 DSP 的处理速度，提高闭环系统的控制实时性。

6.3.2　高精度测角及回转控制系统

（1）高精度测角及回转控制系统的基本原理

在高精度磁悬浮陀螺寻北仪系统中，采用多位置测量方法实现寻北结果的计算补偿，测角装置的精度同时也决定着回转控制系统的定位精度。

如图 6－18 所示为高精度测角及回转控制系统的基本原理框图。在寻北仪随动装置与外壳之间装有高精度的测角反馈装置；首先，给定的位置指令与位置反馈作差，然后此误差量作为控制量经过控制器校正后输出两路正反转控制用的 PWM 调宽波，此信号经 H 桥功率驱动电路来驱动伺服电机，伺服电机经减速传动机构带动寻北仪随动装置的转动，从而实现精确的位置伺服控制。

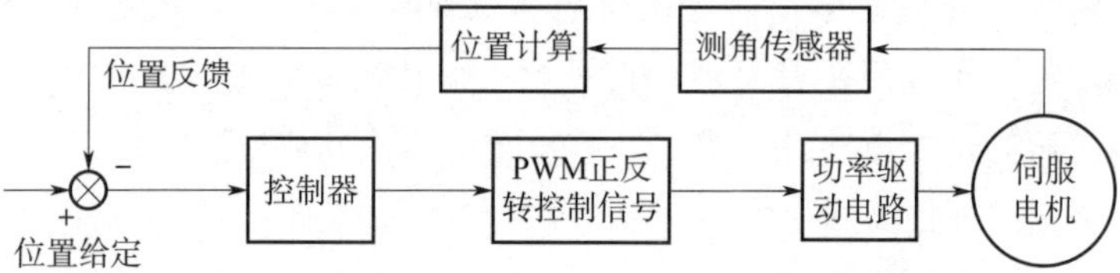

图 6－18　高精度测角及回转控制系统的基本原理框图

（2）高精度的测角技术

①圆感应同步器测角技术

圆感应同步器是一种常用的高精度电磁式角度测量装置，具有耐恶劣环境、测量精度高、运行速度快、工作稳定可靠等一系列优点，在航天技术、军事目标跟踪等外场环境下有广泛的应用前景。圆感应同步器经过信号的前置放大和 RDC 变换后，可以同时输出绝对式角度值和增量式角度值，是一种简单经济的高精度测角方法。

在分体式高精度磁悬浮陀螺寻北仪系统中，使用了中国船舶工业集团公司 6354 研究所生产的 360 对极的圆感应同步器，由于多极结构对误差所起的补偿作用，该圆感应同步器具有很高的精度，电气误差可以控制在±2″以内。

如图 6－19 所示，圆感应同步器主要包括定子和转子两部分。转子绕组为一相的连续绕组，由 N 根均匀分布的有效导体组成，N 即为感应同步器的极数，定子绕组 A 和 B 两相分段式绕组，由 $2K$

组导体组成，每组由 M 根有效导体串联而成，两相空间相位相差 $\frac{\pi}{2}$ 电弧度。工作时，在转子绕组中通以频率为定值的交流电压 U，会产生同频的一定幅值的交变磁场，此磁场会在定子的 A、B 两相绕组中产生感应电势，且感应电势与转子上绕组和定子上绕组的相对位置有关。由于定子 A、B 相绕组在空间上相差 $\frac{\pi}{2}$ 电弧度，即 A、B 绕组正交，它们的输出电势可表示为

$$E_A = E_m \sin a_D$$

$$E_B = E_m \cos a_D$$

式中　E_m ——输出电势幅值（即正相耦合时的最大值，一般为 mV 级）；

a_D ——转子绕组和定子绕组间的偏离角度（电弧度）。

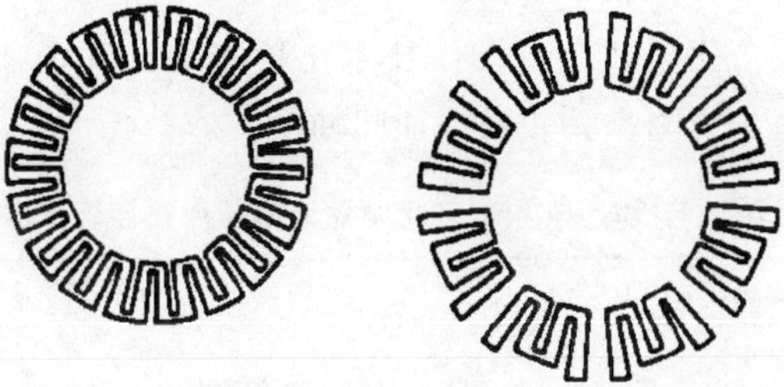

图 6-19　圆感应同步器定转子图

偏差角 a_D 与机械转角 a 的关系如下，即感应同步器每转 $\frac{N}{2}$ 度，定子两相绕组信号重复一次。所以要确定绝对位置，感应同步器必须配备粗极，寻北仪的测角组件就配备了一套正余弦旋转变压器作为粗极

$$a_D = \frac{N}{2}a$$

式中　$\frac{N}{2}$ ——极对数。

(3) 圆光栅测角技术

光电编码器是一种集光、机、电为一体的数字检测装置，具有精度高、响应快、抗干扰能力强、性能稳定可靠等显著的优点。从输出信号种类来划分，光电编码器可分为增量式和绝对式两大类。

在一体式的高精度磁悬浮陀螺寻北仪系统中，选择了长春光学精密仪器公司 YH110－14 增量式正余弦光学编码器。此正余弦光学编码器的基本原理是在码盘上刻有 10 800 线数的刻线，然后通过透射式光学敏感装置读数，正余弦电子细分方法进行细分，其精度主要决定于刻线的精度。这种编码器一般为一体式，包括光学码盘、读数装置、细分装置以及轴系组件放在一起用外壳封装，其输出轴通过联轴器与用户轴系连接，且内含处理电路，可以很方便地用于高精度轴角位移量的数字输出。表 6－2 为 YH110－14 增量式正余弦光学编码器的详细技术指标。

这种测角方案的优点是国内技术比较成熟、售后有保证，缺点是与用户轴系配合复杂，较难保证同轴度。

表 6－2　YH110－14 增量式正余弦光学编码器详细技术指标

原始刻线	10 800
精度	±2″
分辨率	21 位（0.5″）
工作电压	DC（5±5%）V
输出信号	RS422 接口
绝对零位	全周一个
光源	LED
最高允许机械转速	3 000 r/min
使用温度	－40～＋60 ℃
保存温度	－40～＋70 ℃
振动	10 *g*
冲击	100 *g*（6 ms）

(4) 回转控制算法

随着计算机技术的发展，控制方法已经能够通过计算机编程构成数字式算法控制。例如数字 PID 控制算法一般分为绝对式 PID 控制算法和增量式 PID 控制算法，但可以很灵活地根据系统的要求，采用各种 PID 的变种，如积分校正式 PID 控制，PI、PD 控制，不完全微分控制等。下面介绍在高精度磁悬浮陀螺寻北仪系统中所使用的几种回转控制算法。

①乒乓控制算法

在回转装置对定位精度要求不高的情况下，可以采用较为简单的乒乓控制算法。其原理是每当发现被控对象的状态超出预定范围时，便输出控制信号，由执行机构将被控对象的状态调整到由上下限阈值设定的范围之内，因此这种算法又叫做阈值控制算法。

图 6-20 为乒乓控制算法的流程图。

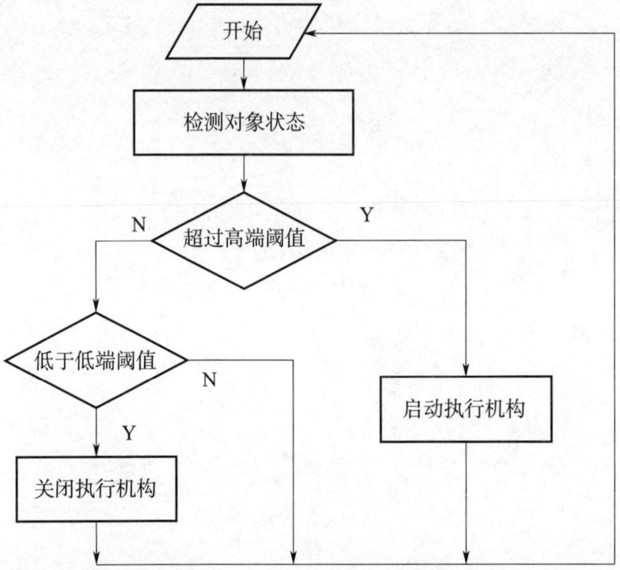

图 6-20　乒乓控制算法的流程图

在悬浮陀螺寻北仪寻北时，需要随动装置自锁并保持绝对的稳定静止。因此乒乓控制算法的优点是可以避免频繁启动执行机构，并消除伺服干扰，这比较适合单向弹簧自锁和消隙装置的传动机构。这种算法的缺点是超调量大、易振荡发散。为了降低超调量和减小振荡，有时还会将阈值分段和控制量分段，这样更具有实用性。

②绝对式 PID 算法

在工程上具有实际应用价值的是带有积分校正的绝对式位置 PID 控制算法。这种 PID 算法的好处是，能非常快地退饱和，且参数整定容易，其算法框图如图 6－12 所示。

积分校正 PID 控制器在饱和之前，其控制器输出

$$u_{\text{presat}}(t)=u_{\text{p}}(t)+u_{\text{i}}(t)+u_{\text{d}}(t)$$

其中，比例项

$$u_{\text{p}}(t)=K_{\text{p}}e(t)$$

积分项

$$u_{\text{i}}(t)=\frac{K_{\text{p}}}{T_{\text{i}}}\int_{0}^{t}e(\zeta)\mathrm{d}\zeta+K_{c}[u(t)-u_{\text{presat}}(t)]$$

微分项

$$u_{\text{d}}(t)=K_{\text{p}}T_{\text{d}}\frac{\mathrm{d}e(t)}{\mathrm{d}t}$$

式中 $u(t)$ ——控制器输出；

$u_{\text{presat}}(t)$ ——饱和前的控制器输出；

$e(t)$ ——指令值与反馈值之间的偏差；

T_{i} ——积分时间常数；

T_{d} ——微分时间常数；

K_{c} ——积分校正增益。

设采样时间周期为 T，然后将上述各公式离散化，可以写成

$$u_{\text{presat}}(k)=u_{\text{p}}(k)+u_{\text{i}}(k)+u_{\text{d}}(k)$$

各分量

$$u_{\text{p}}(k)=K_{\text{p}}e(k)$$

$$u_{\text{i}}(k)=u_{\text{i}}(k-1)+K_{\text{p}}\frac{T}{T_{\text{i}}}e(k)+K_{\text{c}}[u(k)-u_{\text{pre}}(k)]$$

$$u_{\mathrm{d}}(k)=K_{\mathrm{p}}\frac{T_{\mathrm{d}}}{T}[e(k)-e(k-1)]$$

定义积分常数 $K_{\mathrm{i}}=\dfrac{T}{T_{\mathrm{i}}}$，微分常数 $K_{\mathrm{d}}=\dfrac{T_{\mathrm{d}}}{T}$，这样带有饱和校正的积分项和微分项可分别表示成

$$u_{\mathrm{i}}(k)=u_{\mathrm{i}}(k-1)+K_{\mathrm{i}}u_{\mathrm{p}}(k)+K_{\mathrm{c}}[u(k)-u_{\mathrm{pre}}(k)]$$

$$u_{\mathrm{d}}(k)=K_{\mathrm{d}}[u_{\mathrm{p}}(k)-u_{\mathrm{p}}(k-1)]$$

③增量式 PID 算法

在工程应用上，对于增量式 PID 算法，由于微分环节影响较小，一般把微分环节省略构成增量式 PI 算法，带来的优点是可以简化参数整定。

一般，模拟 PI 控制规律为

$$u(t)=K_{\mathrm{p}}\left[e(t)+\frac{1}{T_{\mathrm{i}}}\int_0^t e(t)\mathrm{d}t\right] \tag{6-7}$$

如果以一系列的采样时刻点 kT 代表连续时间 t，以“和”式代替积分，则公式（6-7）可近似作如下离散变换

$$\begin{cases} t\approx kT(k=0,1,2,\cdots) \\ \int_0^t e(t)\mathrm{d}t\approx\sum_{j=0}^{k}e(jT)=T\sum_{j=0}^{k}e(j) \end{cases} \tag{6-8}$$

式中　T——采样周期（s）。

显然，在上述离散化过程中，采样周期 T 必须足够短，才能保证有足够的精度。将式（6-8）代入式（6-7），可得离散 PI 的表达式为

$$u(k)=K_{\mathrm{p}}\left[e(k)+\frac{T}{T_{\mathrm{I}}}\sum_{j=0}^{k}e(j)\right]=K_{\mathrm{p}}e(k)+K_{i}\sum_{j=0}^{k}e(j) \tag{6-9}$$

式中　k——采样序号；

$u(k)$——k 次采样时刻的输出值；

$e(k)$——第 k 次采样时刻输入的偏差值；

$e(k-1)$ ——第 $k-1$ 次采样时刻输入的偏差值；

K_p ——比例系数；

K_i ——积分系数。

由式（6-9）可得，$k-1$ 时刻的控制量 $u(k-1)$ 为

$$u(k-1) = K_p e(k-1) + K_i \sum_{j=1}^{k-1} e(j) \tag{6-10}$$

则有

$$\Delta u(k) = u(k) - u(k-1) = K_p[e(k) - e(k-1)] + K_i e(k) \tag{6-11}$$

式中　$\Delta u(k)$ ——第 k 次相对于第 $k-1$ 次的控制量增量。

由此可见，调节器的输出仅仅与最近两次的偏差值有关。由于一般计算机控制系统采用恒定的采样周期 T，这样在确定了 K_p、K_i 之后，根据最近两次的偏差值即可求出控制增量。

（5）基于 DSP 的 RDC 测角及回转控制系统的实现

在高精度磁悬浮陀螺寻北仪系统中使用了基于 DSP 的 RDC 测角及回转控制系统。如图 6-21 所示为其系统原理框图，主要由伺服电机、360 对极圆感应同步器和 1 对极旋转变压器测角组件、测角前置放大电路和 RDC 解调及回转控制电路组成，其中 RDC 解调及回转控制电路主要由双通道 AD2S82 解调电路、CPLD 解码及激磁功放电路、DSP 控制及 H 桥隔离驱动电路、闭环伺服控制算法及通信程序等部分组成。

回转传动方式采用了德国 FAULHABER 公司的 24 V 空心杯伺服电机驱动涡轮螺杆减速机构，同时还采用了单向弹簧自锁和消隙技术。这种传动方式具有减速比大、可实现断电自锁、传动间隙小等优点，但同时又有传动噪声大、正反转时负载力矩差异大的缺点。

对于 RDC 解调芯片 AD2S82A，通过合理设计可以构成一个完整的二阶闭环跟踪鉴幅测角系统。当此系统输入旋转变压器或感应同步器定子输出的 SIN/COS 信号后，可输出 16 位的二进制数字角度。

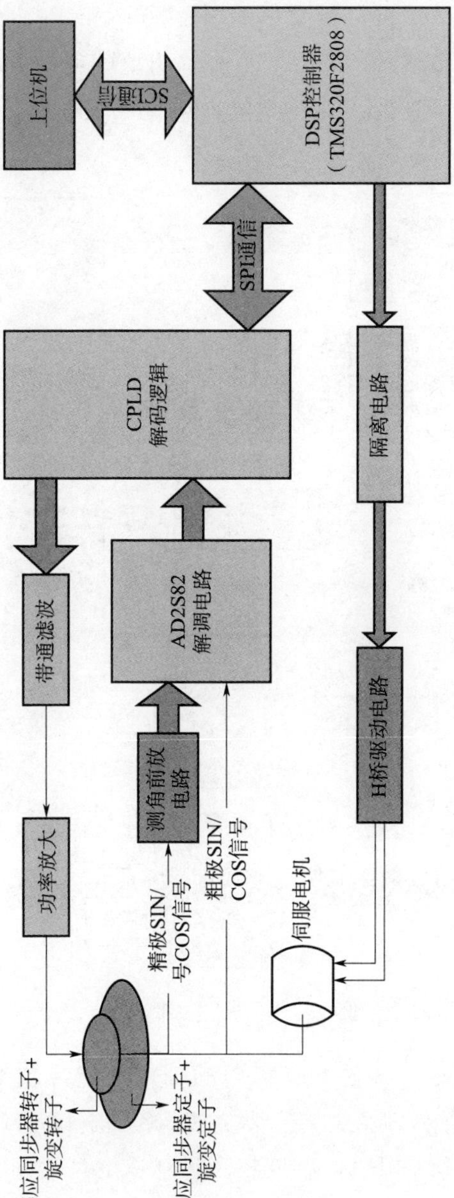

图 6－21　基于 DSP 的 RDC 测角及回转控制系统原理框图

图 6－22 为在 CPLD 中的 VHDL 程序功能框图，在这里主要对来自粗精通道 AD2S82 的并行数据锁存后 SPI 串行输出和生成激磁信号；其中激磁部分采用了由移位寄存器组成的多次谐波抑制正弦振荡器（CPLD 软核实现），此信号经由带通滤波器及功率放大后作为粗精级的激磁信号。

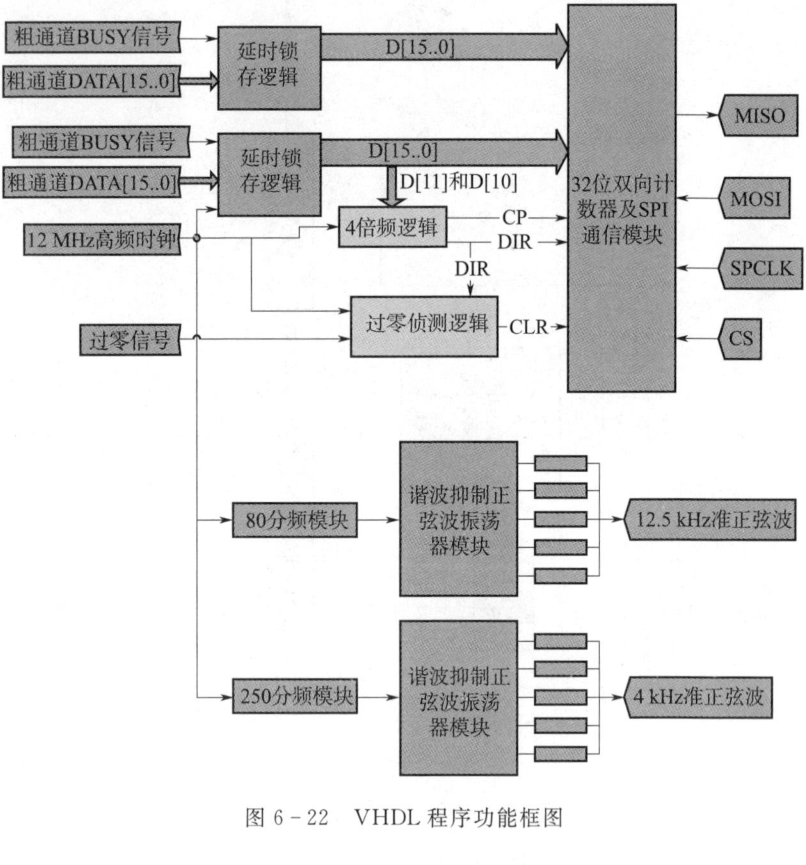

图 6－22　VHDL 程序功能框图

闭环伺服控制算法是整个系统正常运行的核心，该算法需要由计算速度快、运算能力强的微控制器完成，因此选用了 TI 公司 2000 系列 DSP 芯片 TMS320F2808，其最高运算速度可达到 100 MIPS，足以满足实时高精度控制要求，控制算法选用了前面介绍的绝对式位置 PID 控制算法和乒乓控制算法。

图 6 - 23 为 RDC 解调及回转控制电路软件算法流程图，由测角装置（圆感应同步器和旋转变压器）输出的正余弦信号进行 RDC 解调后通过 SPI 通信进入 DSP，DSP 对粗通道和精通道的角度数据在 ad2s82spi 算法模块里进行粗精耦合。上位机发送的 RS232 通信串口帧数据，经由帧校验后获得位置角度指令和运行模式指令；位置角度的指令 REF 与当前位置的角度值 FDB 进入带有积分校正的位置 PID 模块（PID _ REG3）进行校正，校正后的输出量直接进入 BDC _ PWM _ DRV 模块生成驱动有刷直流电机的 PWM 信号；这里规定控制量如果大于 0 则顺时针转，小于 0 则逆时针转，从而实现电动机精确位置的伺服控制。

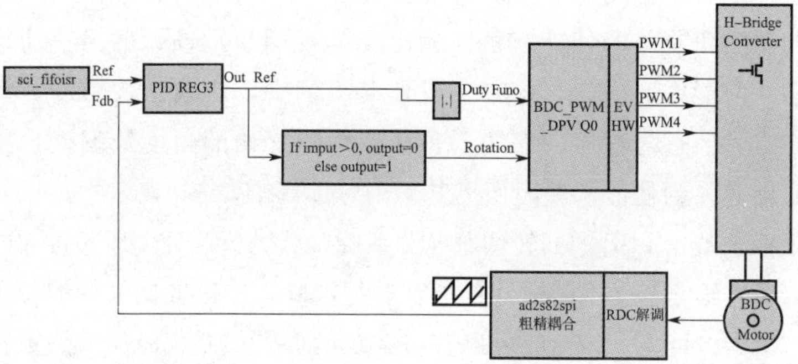

图 6 - 23　RDC 解调及回转控制电路软件算法流程图

（6）系统性能

按照 360 对极圆感应同步器的技术条件，每对极刻线的工艺精度可达到 2″左右，但在实际的圆感应同步器应用系统中，由于 RDC 电路（即前置放大、滤波、解调等线路）的性能和质量问题，往往很难达到所要求的测角精度（峰峰值 4″）。

另外，可研制一套圆感应同步器 RDC 测试系统，对圆感应同步器和测角前置放大电路进行鉴定测试。图 6 - 24 为测试某套前置放大电路的角度误差曲线，其中角度峰峰值误差为 4.2″。图 6 - 24 中纵坐标单位为（″），横坐标为每 30″一个步进点，120 个点刚好 1°（一个电子周期）。

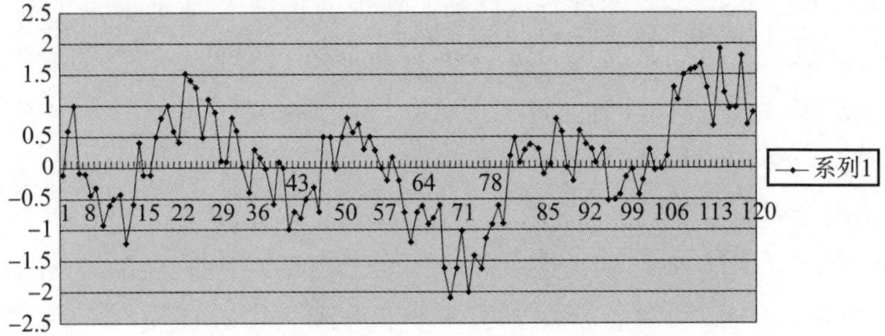

图 6－24　测试某套前置放大电路的角度误差曲线

在试验中还发现，在电机旋转过程中，功率驱动芯片的工作会影响到测角装置的性能，角度输出会出现明显跳动，但当把功率驱动芯片使能端关闭时，这种干扰便基本消失，所输出的角度数据非常稳定。经过对程序的完善，每次读取圆光栅的角度数据时，将功率驱动芯片的使能端关闭便可基本消除此影响。

对于基于 DSP 的回转伺服控制系统，可进行位置伺服精度单元测试，通过给定若干不同的位置指令进行试验，经位置伺服后的位置反馈与给定位置指令相比较可以获得系统的静态误差。经测试最大正静差为 0.003 1°(10.8″)，最小负静差为 0.006 8°(20.48″)，平均静差为 0.004 9°(17.64″)，基本可以满足系统回转的位置精度要求。

（7）方案总结

在高精度磁悬浮陀螺寻北仪系统中，高精度测角装置和回转控制系统的采用实现了多位置寻北结果的补偿方法。通过对精密测角装置及 DSP 高精度回转伺服控制子系统的设计和相关试验，可以总结如下：

1）采用 TI 公司 2000 系列 DSP 可以非常方便、快捷地实现数字化伺服控制系统的设计，而且具有硬件电路简单、控制策略灵活、精度高、实时性好等特点，非常有利于实现一体化指北仪的系统集成设计。

2）采用感应同步器作为高精度的测角装置，并辅以相关的激磁、信号放大、信号解调电路的成功设计，可以认为，此种高精度的测角方式简单、可靠，便于安装调整，能大力推广使用。

3）本系统类似于一个超微型转台系统，但与其真正转台的定位精度尚有差距，进一步分析原因，认为是由于机械传动部分单向消隙弹簧的使用导致正反转时负载力矩差异变大，以及涡轮螺杆传动润滑不良等所致，若能做一定改进，将有效提高系统精度。

4）由于本系统为大惯量被控对象，故其动态响应特性不佳，因此有必要提高 DSP 高精度回转伺服控制系统的抗扰动能力。应着重优化其控制策略，如采用积分分离式 PID 控制、变参数 PID 控制、模糊 PID 控制等。

6.3.3　光电反馈控制系统

（1）基本组成

光电反馈控制系统是使磁悬浮陀螺所感应到的地球自转角速率和力矩器产生的被动力矩相平衡的闭环回路，它的控制精度直接影响到最终寻北结果，因此在整个磁悬浮陀螺寻北仪系统中有着举足轻重的地位。光电反馈控制系统主要由五部分组成：磁悬浮陀螺、光电传感器、校正网络、电压-电流转换环节和力矩器等。图 6 - 25 为光电反馈控制系统的示意图。

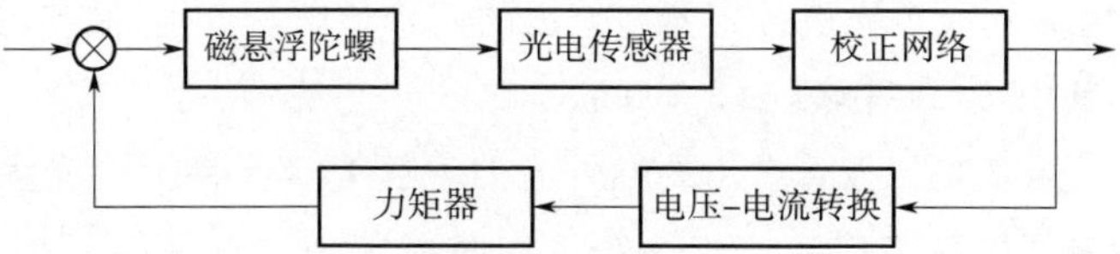

图 6 - 25　光电反馈控制系统示意图

作为敏感元件的磁悬浮陀螺是整个系统的核心元件，用来敏感科氏力矩和力矩器输出的差值。光电传感器是将角度信号转换成电压信号，电压信号经过放大、解调、滤波，再经过校正网络后，将校正网络的输出信号进行电压-电流转换，并驱动力矩器，给陀螺施加一个与科氏力矩大小相等、方向相反的力矩，使陀螺达到力平衡。

（2）系统模型

①磁悬浮陀螺模型的建立

由于磁悬浮陀螺是用来敏感科氏力矩与力矩器输出的差值的，也就是说对于陀螺传感器来说它输入的物理量是力矩，输出是光电传感器所能敏感到的角度信号，故可得陀螺的近似数学模型为

$$J\alpha = M_{\mathrm{k}} - M_{\mathrm{l}}$$

式中 J ——陀螺的转动惯量（kg·m^2）；

α ——陀螺转角；

M_{k} ——科氏力矩（N·m）；

M_{l} ——力矩器输出力矩（N·m）。

②光电传感器模型的建立

光电传感器是将陀螺输出的角度信号通过光路转换成电信号，以便电路可以对此信号进行校正。光电传感器的核心是光源恒功率系统，它的主要作用并不是保证发光二极管发出的红外光强度恒功率，而是为了保证如果被发光二极管发出的红外光经过光路后产生的光斑完全照射到光敏二极管的感应面上时，光敏二极管产生的光电感应电压只随照射在感应面上的光斑面积成比例变化，而不随发光二极管的光强变化。光敏感器件的原理如图 6-26 所示。图中 1，2，3，4 分别代表光电传感器敏感区的四个象限，分别安装有光敏二极管，其中 1，4 并联，2，3 并联。

1）当发光二极管发出的红外光照射到光敏元件上的光强一定，光斑位置发生变化时（在本系统工作时光斑是左右平移，上下基本不变），比如光斑从右逐渐向左移，这时由于照射在 2，3 象限的面积大于 1，4 象限的面积，所以 2，3 象限光敏二极管的输出电压就会大于 1，4 象限，这两个电压差就反映出了光斑面积之差，也就间接反映了系统所敏感到的角度变化。

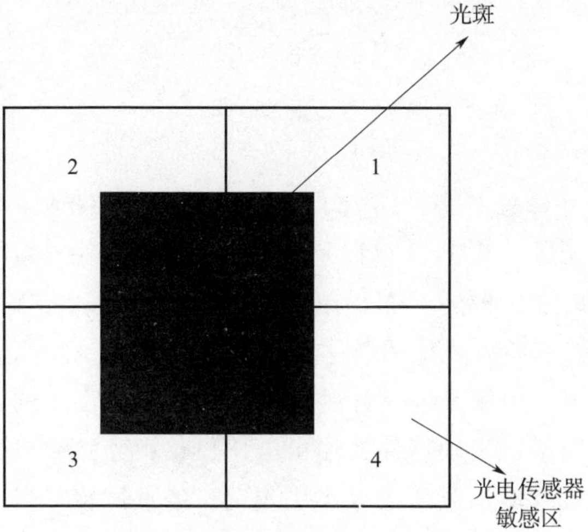

图 6-26　光敏感器件的原理图

2）当发光二极管的发出的红外光照射到光敏元件上的光强发生变化，即使光斑位置不变，光敏二极管的输出电压之差还是会改变的，这就会使系统误以为是由于角度的变化造成了输出电压的变化，所以恒功率系统首先要保证光敏二极管产生的光电感应电压只随照射在感应面上的光斑面积成比例变化，而不随发光二极管的光强变化。

以上描述可用数学方式表达。

设系统需要得到的输入输出关系为

$$U = k\theta$$

式中　U——系统的输出电压；

θ——系统的输入角度。

而

$$U = U_1 - U_2$$

式中　U_1，U_2——位于不同象限的光敏器件由于感应到照射面积的变化而产生的电压。

但是 U_1，U_2 不但随感应到照射面积的变化而变化，而且随感应

到的光强而变化，即 U_1，U_2 同时是两个变量的函数

$$U_1 = f(S_1, Q_1)$$

$$U_2 = f(S_2, Q_2)$$

故

$$U = U_1 - U_2 = f(S_1, Q_1) - f(S_2, Q_2)$$

只有当光强一定时，即 $Q_1 = Q_2 = Q$ 时，$U = U_1 - U_2 = f(S_1) - f(S_2)$，输出的电压差 U 才只与面积有关，也才能反映出输入的角度。

ⓐ发光二极管及光敏感器件

由于发光二极管是通过光路照射在光敏感器件上的，在照射面积不变的情况下，光敏器件的输出电压仅仅由光强决定，而光强又是由发光二极管驱动电压的大小决定的。经过试验，当工作在线性区时，输出电压和驱动电压近似成比例关系

$$U_1(U_2) = kU_q$$

式中　U_q ——发光二极管的驱动电压。

ⓑ发光二极管采样电路

当发光二极管驱动电压发生变化，若大于其导通电压，其导通电流就会发生变化，通过采样电路，可以实时反映出其导通电流的变化，从而反映出发光二极管的光强大小。采样电路中可调电阻两端的电压值就可以反映发光二极管的光强

$$U_3 = l(U_q - U_D)$$

式中　U_3 ——可调电阻的电压值；

U_D ——发光二极管的压降；

l ——采样系数。

ⓒ求和放大器

由光敏感器件所敏感到的光强分别输出的两个电压 U_1，U_2，以及发光二极管的采样电压 U_3 经过求和放大器后的输出为

$$U_s = \frac{-0.33s}{0.33 \times 10^{-2}s + 1}(U_1 + U_2 + U_3)$$

式中　U_s ——求和放大器的输出。

由于U_1，U_2，U_3均是交流信号，此处的求和放大器的作用是将三个信号先隔直高通，再求和并放大，使输出的交流信号峰值放大 100 倍。

ⓓ相敏解调电路及低通滤波

经过求和放大器后输出的信号为交流信号，一般对信号进行处理都是针对直流信号，因此需要对交流信号进行解调。此处采用的是二极管半波相敏解调，当信号为正半周时，二极管导通，输出为正半周的信号；当信号为负半周时，二极管截止，输出为零。低通滤波可以滤除经相敏解调后信号的纹波，使之变为直流信号。这两个环节可以看做是系数为 1 的纯比例环节。

ⓔ电压比较器

要控制发光二极管的光强，就要预先设定一个电压值，通过和解调后电压的比较，利用系统的误差作为改变发光二极管光强的标准。电路中设置的电压可调范围约为 0～700 mV，此环节的传递函数为

$$U_C = 12U_{sD} - 11U_B$$

式中　U_C——电压比较器的输出；

U_{sD}——解调后的直流信号；

U_B——基准电压。

ⓕ信号放大及低通滤波

此环节的传递函数为

$$U_o = \frac{-46.3}{1.68s + 1}U_C$$

式中　U_o——低通滤波器的输出。

ⓖ交流载波及功率放大

利用三极管的开关特性，可将U_o加载在由信号发生电路传输过来的 6 kHz 信号上，变成交流信号，并通过功率放大，成为驱动发光二极管发光的U_q，此环节亦可作为比例环节处理。

由以上分析可知，光电传感器的具体构成是比较复杂的，但是就

其对整个控制系统而言，它的核心作用还是将陀螺输出的角度信号转换成电信号，因此完全可以将其看做是一个纯比例环节。经过分析测试，当光路在一定范围内转动，光电传感器是有近似线性输入、输出关系的，通过调整相关参数，可得到一个比例系数为 10 mV/(″) 的比例环节，其传递函数为

$$U_{ak} = k_{ak}\alpha$$

式中 U_{ak} ——光电传感器的输出信号；

k_{ak} ——比例系数，10 mV/(″) 。

③校正网络

输入 U_{ak} 和输出 U_o 的关系表示如下

$$U_o = k_a W(s) U_{ak}$$

式中 k_a ——校正网络的静态放大倍数；

$W(s)$ ——校正网络传递函数，其分子、分母最低阶次为零次。

校正网络传递函数的设计是控制系统设计的核心，要考虑多种技术指标，因此会在本章最后专门介绍此系统校正网络的设计方法。

④电压-电流转换环节

校正网络一般是对电压信号进行调节，换句话说，也就是校正网络的输入、输出信号一般也是电压信号。而对于大部分实际中应用的力矩器而言，其输入一般为电流，输出力矩的大小是和输入的电流值成比例关系的，故在校正网络和执行机构力矩器之间要安插一个可以将电压转换成电流的环节，一般设计一固定值电阻，再将电阻串联到力矩输入端，这样电压就可以通过这个电阻变换成相对应大小的电流，输入给力矩器，从而力矩器再输出力矩。此环节的输入电压 U_o 与输出电流 I_o 的关系表示如下

$$I_o = k_o U_o$$

式中 k_o ——设计电阻值与力矩器等效电阻值之和的倒数。

⑤力矩器

作为控制回路的执行机构，力矩器输出的力矩 M_l 与输入电流 I_o

之间的关系表示如下

$$M_l = k_l I_o$$

式中　k_l ——力矩器放大倍数（N · m/mA）

（3）控制系统分析与校正

对上述各环节的数学模型进行拉普拉斯变换，变换后的结果可用下式表示

$$\begin{cases} Js^2\alpha(s) = M_k(s) - M_l(s) \\ U_{ak}(s) = k_{ak}\alpha(s) \\ U_o(s) = k_a W(s) U_{ak}(s) \\ I_o(s) = k_o U_o(s) \\ M_l(s) = k_l I_o(s) \end{cases}$$

把方程组中的每一个方程，相对其输出变量解出，得

$$\begin{cases} \alpha(s) = \dfrac{M_k(s) - M_l(s)}{Js^2} \\ U_{ak}(s) = k_{ak}\alpha(s) \\ U_o(s) = k_a W(s) U_{ak}(s) \\ I_o(s) = k_o U_o(s) \\ M_l(s) = k_l I_o(s) \end{cases}$$

即可得到控制系统除了校正网络的开环传递函数

$$G(s) = \frac{k_{ak} k_o k_l}{Js^2}$$

此式称为控制系统的不变部分。

①控制系统的不变部分特性分析

控制系统中校正网络担负着保证系统稳定性品质，改善和提高系统静态性能和动态性能的重任。它的结构形式的选择和传递函数中零、极点的确定，对确保寻北仪系统达到各项静态和动态性能指标，以及实现控制系统各项设计原则有着重大的影响。与此同时，控制系统中不变部分传递函数的幅频、相频特性曲线，却对校正网络结构形式和零、极点的确定起着很大作用。

通过计算，系统不变部分的传递函数为

$$G(s)=\frac{2\ 062.65}{0.001s^2}\cdot\frac{1}{1\ 894.4}\cdot 0.001\ 82=\frac{1.98}{s^2}$$

分析

$$L(\omega)=20\lg\frac{1.98}{\omega^2}$$

故截止频率

$$\omega_c=\sqrt{1.98}=1.41\ \text{rad/s}$$

相角裕度

$$\gamma=180°-180°=0°$$

系统开环 Bode 图如图 6－27 所示。

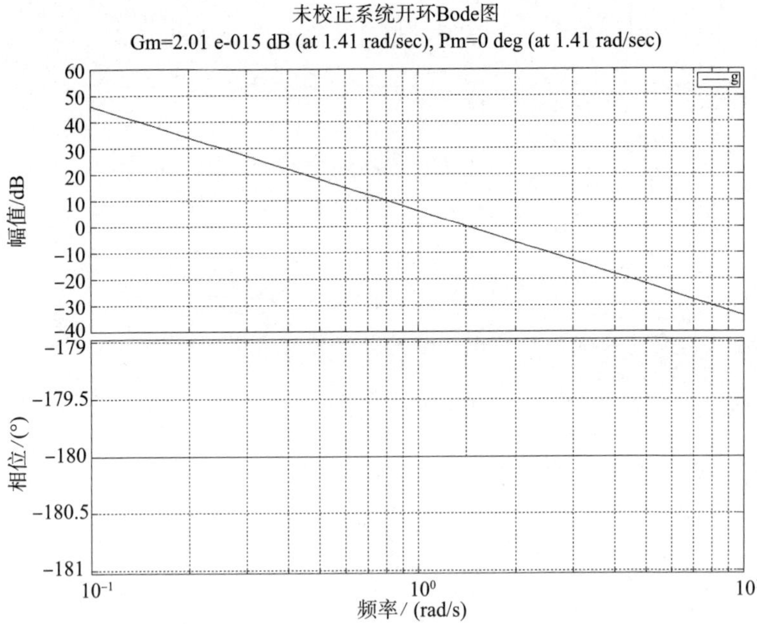

图 6－27　系统开环 Bode 图

系统不稳定，需要校正。

②控制系统校正网络的设计

对于校正网络的设计，目前的控制理论和控制工程中已经给出了很多种方法，在此处只给出工程中最为常用的两种方法：经典设计法及计算机辅助设计法。当然，用不同的方法设计出的校正网络是不同的，但是都要满足设计前系统所提出的各项指标。而且理论上设计出来的网络和实际应用中最终的网络还是有区别的，需要在理论设计的基础上对网络进行试验调整，这样做的主要原因是对数学模型进行近似处理，以及在网络实际实现中对电路进行检验等。

设计之前先要综合考虑整个控制系统的指标要求。

这里首先要考虑系统的通频带，通频带既反映了系统响应速度的快慢，也反映了系统响应范围的宽窄。通频带可使响应速度增快，但也会使系统容易受到干扰的影响，因此通频带要选择恰当，不能太大，也不能太小。通频带是闭环系统频域里的指标，而开环截止频率与它密切相关，因此在设计系统时，对闭环通频带的要求也就转换成对开环截止频率的要求。要抑制高频干扰，开环频率不能太高，这样才能使系统能够依靠自身的特性来衰减高频干扰；但同时系统对于快速响应的要求又要求系统的开环截止频率不能太低，这些要求是相互矛盾的，这就要求在系统设计时加以综合考虑。在本系统中，开环截止频率取约 120 rad/s。

要求控制系统留有一定的裕度，以防止各环节参数变化时，系统失去稳定。这里取系统相角裕度为 55°。

除此之外，还要求系统在单位阶跃下，动态超调小于 30%，稳态误差小于 0.05。

ⓐ控制系统校正网络的经典设计

这里采用串联超前校正。

1）开环增益 k 的选择

$$\Phi(s)=\frac{kG(s)\Big/\left(0.00182\times\dfrac{1}{1894.4}\right)}{1+kG(s)}=\frac{\dfrac{1.98k}{s^2}\times 1040879}{1+k\dfrac{1.98}{s^2}}=\frac{2060940k}{s^2+1.98k}$$

$$E(s) = R(s) - 0.000\,000\,96Y(s) = \frac{1}{s} - 0.000\,000\,96\,\frac{1}{s}\Phi(s)$$

$$= \frac{1}{s}\left(1 - \frac{1.98k}{s^2 + 1.98k}\right)$$

$$e_{sx}(\infty) = \lim_{t\to\infty} e_{sx}(t) = \lim_{s\to 0} s \cdot E(s) = \lim_{s\to 0}\left(1 - \frac{1.98k}{s^2 + 1.98k}\right) = 0 < 0.05$$

故 k 可以根据需要取任何值。

2）引入超前校正

$$G_c(s) = \frac{1}{\alpha}\left(\frac{1+\alpha Ts}{1+Ts}\right)$$

在校正后系统幅值穿越频率处的超前相角为

$$\varphi_0 = \gamma' - \gamma + 10^\circ = 65^\circ = \varphi_m$$

因此

$$\alpha = \frac{1+\sin 65^\circ}{1-\sin 65^\circ} = \frac{1+0.906}{1-0.906} = 20.28$$

则

$$T = \frac{1}{\omega_1} = \frac{1}{\omega_m\sqrt{\alpha}} = \frac{1}{100\sqrt{20.28}} = 0.002\,2$$

$$\alpha T = \frac{1}{\omega_2} = 0.045$$

故超前校正网络的传递函数为

$$G_c(s) = \frac{1+\alpha Ts}{1+Ts} = \frac{1+0.045s}{1+0.002\,2s}$$

为补偿超前校正网络衰减的开环增益，放大倍数需要再提高 $1/\alpha$ 。

3）校正后的传递函数

$$G'(s) = G(s)G_c(s)\frac{1}{\alpha} = \frac{1.98}{s^2}\cdot\frac{1+0.045s}{1+0.002\,2s}\cdot\frac{1}{20.28}$$

$$= 0.098\,\frac{1+0.045s}{s^2(1+0.002\,2s)}$$

并增大开环增益 $k' = 2\,200$。

4）经校正后的系统分析：

求截止频率

$$L(\omega)=\begin{cases}\dfrac{2\,200}{\omega^2}(\omega<22.22)\\[2ex]\dfrac{2\,200\times 0.045}{\omega}(22.22\leqslant\omega<454.5)\\[2ex]\dfrac{2\,200\times 0.045}{0.002\,2\omega^2}(\omega\geqslant 454.5)\end{cases}$$

$$\omega_c=99$$

相角裕度

$$\gamma'=180^\circ-180^\circ+\arctan(99\times 0.045)-\arctan(99\times 0.002\,2)=65^\circ$$

满足设计要求。

ⓑ控制系统校正网络的计算机辅助设计

计算机及其应用软件的发展为现代工程上控制系统的设计提供了很多方便，它比经典控制系统设计方法更容易操作，设计结果多样，并可实时进行控制效能仿真，因此广泛应用于工程设计中。但是，计算机设计的结果往往缺乏对控制系统实际实现的考虑，因此在使用计算机辅助设计控制系统时应设计出多种结果，并在实际实现时选择功能性和经济性最优的一种方案。

假设控制系统校正网络形式为

$$G_c(s)=k\frac{(T_1s+1)}{(T_2s+1)}$$

利用 Matlab 中的 SISO 工具箱，编写控制系统设计程序，就会得到如图 6－28 所示的设计图。

在图 6－28 中可以手动配置系统的零、极点，根轨迹等，在使系统达到一定稳定裕度后微调其他参数，基本就可以得到所需要的校正网络，此处

$$G_c(s)=43\,496\frac{2.5\times 10^{-5}s+1}{0.1s+1}$$

另外，同时还可以仿真观测控制系统特性，如图 6－29 所示。

可以看出，系统的稳定裕度、截止频率、阶跃响应的各项指标均能满足设计要求，理论设计完成。

对于控制系统的设计，以上只是对两种方法进行了简单的介绍，

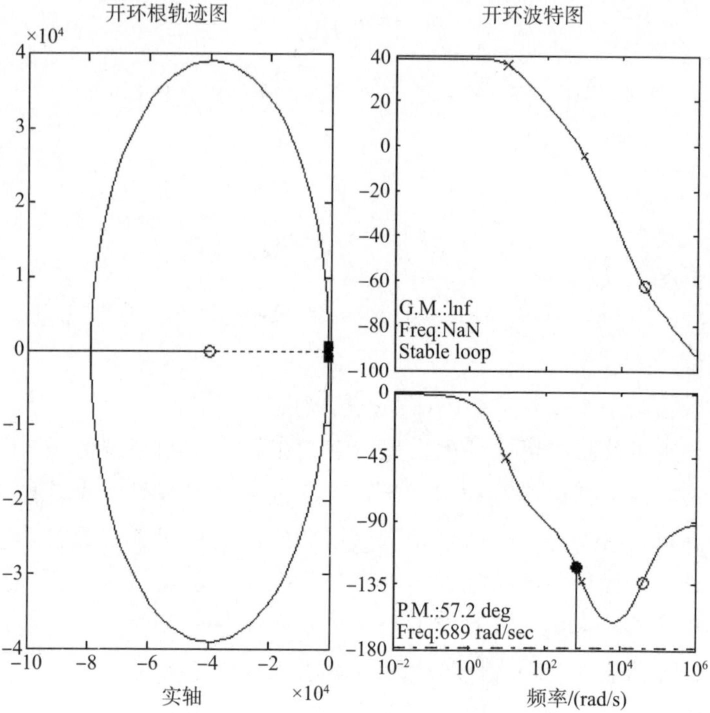

图 6-28 控制系统设计过程图

具体的设计工作要在理论工作基础上做大量的试验，不断地调整参数，使整个系统达到最优，从而保证寻北仪的可靠性及精度。

6.3.4 悬浮支承系统

悬浮技术是集电磁学、控制工程、电路与信号处理、机械等众多学科为一体的机电一体化技术，它的无接触、无摩擦、使用寿命长等优点使它可以应用于高精度的陀螺寻北仪。

可以根据磁场性质的不同，将磁悬浮系统分为两大类：主动磁悬浮系统和被动磁悬浮系统。对于被动磁悬浮系统，其磁场是不可控的，且电磁力由永久磁铁或恒定直流电流作用下的软磁材料提供；而主动磁悬浮系统的磁场是可控的，其磁力由交流线圈产生的磁场

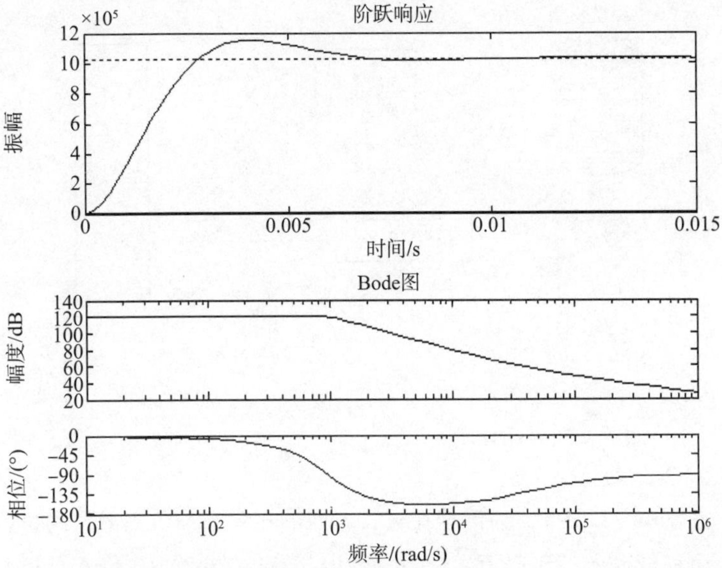

图 6-29　校正后控制系统特性图

提供，或由永久磁铁和交流线圈的混合磁场提供，从而使其吸力可控。因此，磁悬浮陀螺寻北仪使用的是主动磁悬浮系统。

（1）工作原理

如图 6-30 所示，磁悬浮系统是利用电磁力来控制浮球悬浮的空间位置。其工作原理是控制电磁铁绕组的电流，产生与刚体质量等价的电磁力，使得浮球稳定悬浮在平衡位置。由于电磁力与悬浮气隙间存在非线性反比关系，这种平衡并不稳定，一旦受到外界干扰，浮球就会掉下来或被吸上去，因此必须实行闭环控制。采用位置传感器在线获取浮球位置信号，控制器对位移信号进行处理产生控制信号，功率放大器根据控制信号产生所需电流并送往电磁铁，电磁铁产生相应磁力克服重力使得刚体稳定在平衡点附近。

（2）数学模型

①浮球的运动方程

以磁悬浮系统的浮球为研究对象，对其进行受力分析，并建立

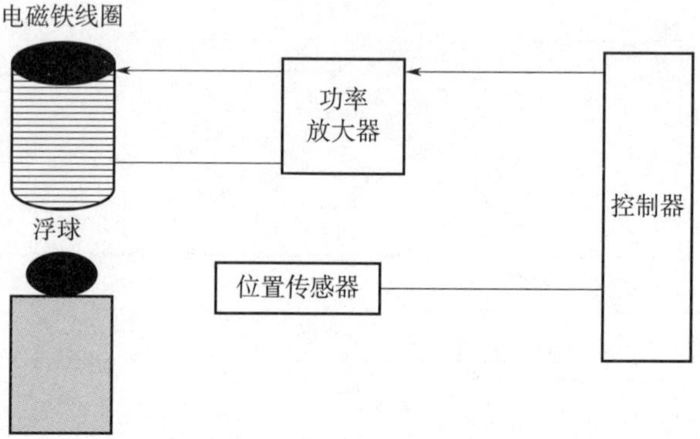

图 6-30　磁悬浮系统原理图

动力学模型。

在图 6-31 中，x 为浮球在竖直方向的相对平衡位置的偏离位移，i 为电磁铁线圈的控制电流，f 为电磁铁对浮球的电磁力。将浮球以及其下固连的陀螺房当单质点来处理，由牛顿第二定律，可以得到

$$m\ddot{x} = mg - f(x,i)$$

这就是浮球的运动方程。

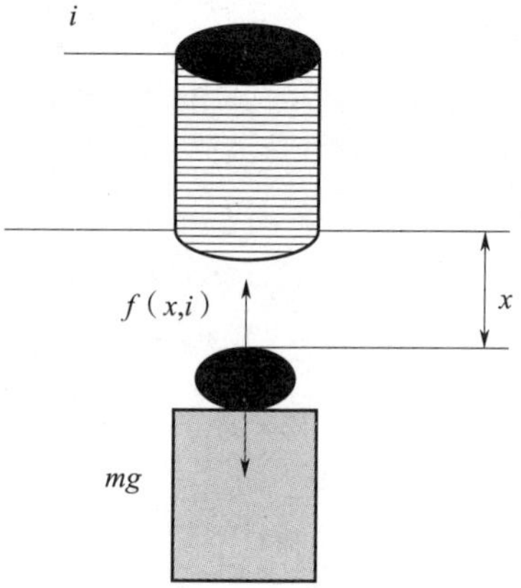

图 6-31　浮球磁场中受力分析图

②电磁力模型

电磁铁与浮球构成磁路，磁路的磁阻主要集中在两者间的气隙上，其中有效气隙磁阻可表示为

$$R(x)=\frac{2x}{\mu_0 S}$$

式中　μ_0 ——空气的磁导率，$\mu_0 = 4\pi\times 10^{-7}\ \mathrm{H/m}$；

S ——电磁铁的极面积；

x ——浮球表面与磁极表面的瞬时间隙。

由磁路的基尔霍夫定理可知

$$N_i = \Phi(x,i)R(x)$$

式中　N ——电磁铁线圈匝数；

i ——电磁绕组中的瞬时电流；

$\Phi(x,i)$ ——铁芯磁通。

$$\Phi(x,i)=\frac{\mu_0 SNi}{2x}$$

当电磁铁在非饱和状态工作时，电磁铁的磁链

$$\lambda(x,i)=N\Phi(x,i)=\frac{\mu_0 SN^2 i}{2x}$$

另外，电磁力可由与它磁场同能量的关系表示为

$$F_{\mathrm{m}}(x,i)=\frac{\partial W_{\mathrm{c}}(x,i)}{\partial x}$$

式中　$W_{\mathrm{c}}(x,i)$ 为磁能能量，并且

$$W_{\mathrm{c}}(x,i)=\int_0^i \lambda(x,t)\,\mathrm{d}t$$

可得电磁力为

$$F_{\mathrm{m}}(x,i)=\frac{\partial\left(\dfrac{\mu_0 SN^2 i^2}{4x}\right)}{\partial x}=\frac{\mu_0 SN^2}{4}\left(\frac{i}{x}\right)^2$$

令 $k=\dfrac{\mu_0 SN^2}{4}$，则有

$$F_{\mathrm{m}}(x,i)=k\left(\frac{i}{x}\right)^2$$

可知，电磁吸力 F 与气隙 x 成非线性的反比关系，这正是磁悬浮系统不稳定的根源。

③绕组回路的电学方程

根据电磁感应定律，可知电磁铁绕组回路的电压 u 与电流 i 的关系为

$$u = Ri + \frac{\mathrm{d}\lambda}{\mathrm{d}t} = Ri + \frac{\mathrm{d}}{\mathrm{d}t}[L(x,i)i]$$

式中，$L(x,i)$ 为绕组中的瞬时电感，可表示为

$$L(x,i) = \frac{N\Phi(x,i)}{i}$$

故

$$L(x,i) = \frac{\mu_0 SN^2}{2x}$$

可得电学方程为

$$u = Ri + \frac{\mu_0 SN^2 i}{2x}\dot{i} - \frac{\mu_0 SN^2 i}{2x^2}\dot{x}$$

由上可知，磁悬浮系统垂直运动的动力学方程由下列数学方程描述

$$m\ddot{x}(t) = mg - \frac{\mu_0 SN^2}{4}\left(\frac{i}{x}\right)^2$$

边界条件为

$$mg = \frac{\mu_0 SN^2}{4}\left(\frac{i_0}{x_0}\right)^2$$

(3) 模型分析

由于系统模型是非线性的，为了便于分析，先要对已经建立的数学模型线性化。

将电磁力 $F_{\mathrm{m}}(x,i)$ 在平衡点 (x_0,i_0) 附近进行泰勒展开，并忽略高阶项

$$\begin{aligned}F_{\mathrm{m}}(x,i) &= F_m(x_0,i_0) + F_x(x_0,i_0)(x-x_0) + F_i(x_0,i_0)(i-i_0)\\&= F_{\mathrm{m}}(x_0,i_0) + k_x(x-x_0) + k_i(i-i_0)\\&= F_{\mathrm{m}}(x_0,i_0) + k_x\Delta x(t) + k_i\Delta i(t)\end{aligned}$$

式中　$F_m(x_0, i_0)$——在平衡点处（气隙为 x_0，电流为 i_0）浮球的电磁力；

k_i——电流变化单位量时电磁力变化的值；

k_x——气隙变化单位长度时电磁力变化的值。

式中，$k_i = \dfrac{\mu_0 SN^2 i_0}{2x_0}$，$k_x = -\dfrac{\mu_0 SN^2 i_0^2}{2x_0^3}$。

在电磁铁绕组中，电压 u 的变化 Δu 为

$$
\begin{aligned}
\Delta u(t) &= u(t) - u(t_0) \\
&= R(i_0 + \Delta i) + \frac{\mu_0 N^2 S}{2x(t)} \frac{\mathrm{d}(i_0 + \Delta i)}{\mathrm{d}t} - \frac{\mu_0 N^2 S i(t)}{2x^2(t)} \frac{\mathrm{d}(x_0 + \Delta x)}{\mathrm{d}t} - Ri_0 \\
&= R\Delta i(t) + \frac{\mu_0 N^2 S}{2x_0} - L\frac{\mathrm{d}\Delta i(t)}{\mathrm{d}t} - \frac{\mu_0 N^2 S i_0}{2x_0^2} \frac{\mathrm{d}\Delta x}{\mathrm{d}t} \\
&= R\Delta i + L_0 \Delta \dot{i} - L_x \Delta \dot{x}
\end{aligned}
$$

式中，L_0 表示平衡点处的电感，有

$$L_0 = \frac{\mu_0 SN^2}{2x_0}$$

$$L_x = \frac{\mu_0 SN^2}{2x_0^2} i_0$$

综上，可得

$$
\begin{cases}
m\ddot{x} = k_i \Delta i + k_x \Delta x \\
\Delta u(t) = R\Delta i + L_0 \Delta \dot{i} - L_x \Delta \dot{x}
\end{cases}
$$

取状态变量为 $[\Delta x, \Delta \dot{x}, \Delta i]$，则磁悬浮系统的线性化状态方程为

$$
\begin{bmatrix} \Delta \dot{x} \\ \Delta \ddot{x} \\ \Delta \dot{i} \end{bmatrix} = \begin{bmatrix} 0 & 1 & 0 \\ \dfrac{k_x}{m} & 0 & \dfrac{k_i}{m} \\ 0 & \dfrac{L_x}{L_0} & -\dfrac{R}{L_0} \end{bmatrix} \begin{bmatrix} \Delta x \\ \Delta \dot{x} \\ \Delta i \end{bmatrix} + \begin{bmatrix} 0 \\ 0 \\ \dfrac{1}{L_0} \end{bmatrix} \Delta u(t)
$$

$$
\boldsymbol{y} = \begin{bmatrix} 1 & 0 & 0 \end{bmatrix} \begin{bmatrix} \Delta x \\ \Delta \dot{x} \\ \Delta i \end{bmatrix}
$$

系统的传递函数为

$$\frac{\Delta x(s)}{\Delta u(s)}=\frac{\dfrac{k_i}{mL_0}}{s^3+\dfrac{R}{L_0}s^2-\dfrac{Rk_x}{mL_0}}$$

系统的特征方程为

$$s^3+\frac{R}{L_0}s^2-\frac{Rk_x}{mL_0}=0$$

根据劳斯-赫尔维茨稳定判据：使线性系统稳定的必要条件是系统特征方程中的各项系数为正数。而本系统中一次项缺项，零次项系数为负，故系统不稳定，需要设计控制器加以校正。校正网络的设计可参考光电力反馈控制系统校正网络的设计方法，很容易得到网络参数，此处不再赘述。

6.3.5 计算机采集与控制

（1）基本功能

高精度磁悬浮寻北仪作为一种智能化程度较高的科学仪器，友好的人机交互和操作特性是必不可少的，计算机采集及控制系统便成为完成此功能的核心部件。计算机采集及控制电路更重要的功能是完成系统所要求的 A/D 采样及 D/A 输出控制、各种 I/O 开关量控制、各种算法及浮点计算、大容量数据存储读写、RS232/422 通信及控制等基本功能。

计算机采集及控制系统需要实现的基本功能和指标如下。

①模拟量输入及输出指标

1）4 路 A/D，24 位分辨率；

2）电压输入范围为：$-10\ \mathrm{V}\leqslant V_{\mathrm{in}}\leqslant +10\ \mathrm{V}$，双极性输入；

3）输入信号前级有跟随处理，后级采样含数字滤波；

4）零位稳定性要求：不大于 5 mV；

5）零位重复性要求：不大于 5 mV；

6）线性度要求：优于 5×10^{-4}。

②DA 端口输出指标

1）4 路 D/A，16 位分辨率；

2）电压输出范围：0 V$\leqslant V_{in}\leqslant$+10 V；

3）零位稳定性要求：不大于 5 mV；

4）零位重复性要求：不大于 5 mV；

5）线性度要求：优于 5×10^{-4}。

③通信接口

3 路隔离 RS422/RS232 通信接口，波特率 1 200～460.8 kbit/s 可编程，RS422 或 RS232 工作模式采用切换设置。

④专用键盘接口

专用键盘采用 6 键式，分别为上、下、左、右、回车、返回。其中上、下、左、右键控制输入纬度值变化，线缆长度大于 35 cm。

⑤显示屏

显示屏为 T128×64 点阵的汉字图形型液晶模块（128×64 点阵的汉字图形型）。

⑥通用 I/O 接口

16 路通用 I/O 接口（14 路输出型 I/O，2 路经光耦隔离输入型 I/O）。

⑦中文菜单界面

支持国标 GB 2312 码简体中文字库的二级菜单显示和操作。

（2）硬件电路的基本原理

基于 DSP 的计算机采集及控制系统，采用的是 TI 公司 2000 系列的浮点 DSP（TMS320F28335）的嵌入式主控制器电路方案。如图 6-32 所示为计算机采集与控制电路组成及接口原理框图，硬件电路主要由 DSP 主控核心和模拟电路两部分组成。其中 DSP 主控核心为一个最小计算机系统，主要为 DSP 正常运行的最小系统电路，其中包括外扩 SRAM 和 FLASH、I/O 驱动电路、键盘电路、液晶显示电路和 RS232/422 通信电路等；模拟电路主要完成 16 CH/24 bit模数转换电路和 4 CH/16 bit 数模转换电路设计；DSP 主控核心

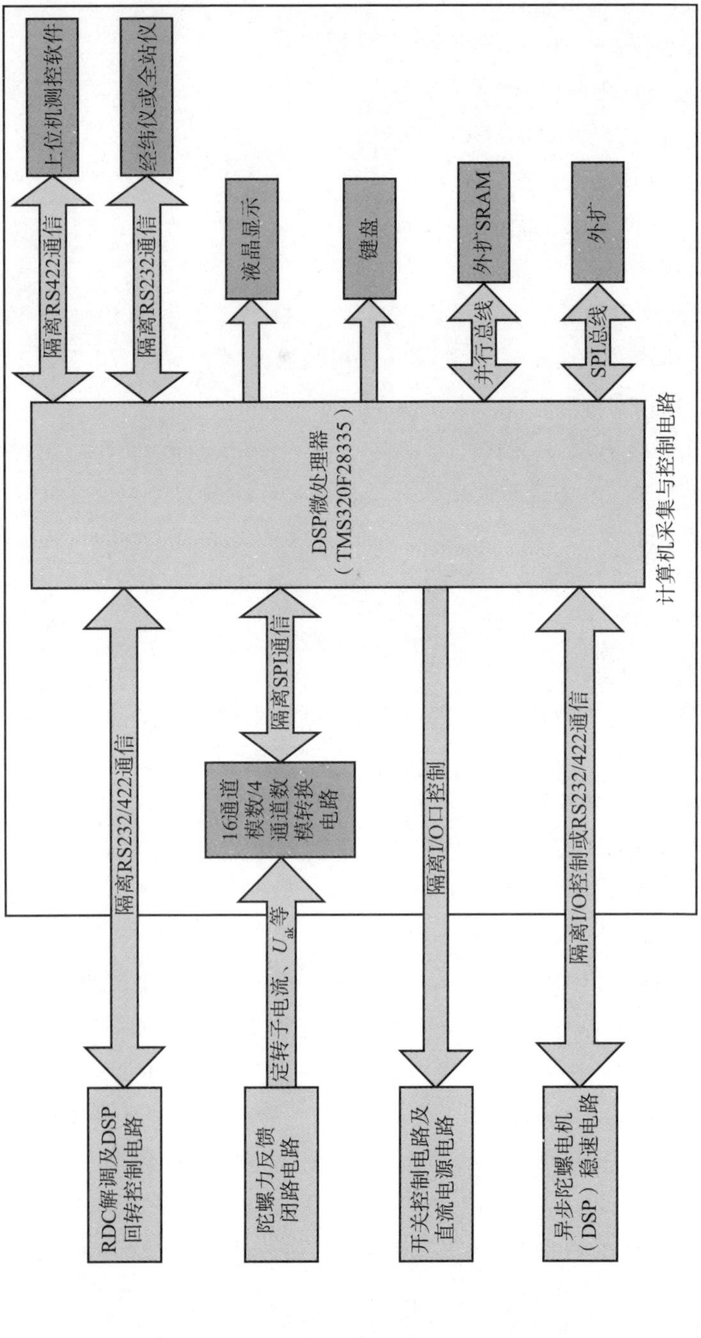

图 6－32　计算机板系统组成及接口原理框图

和模拟电路之间采用150 Mbit/s带宽数字通信方式隔离。

为了尽可能降低系统间的相互干扰，基于DSP的计算机采集及控制电路系统采用了浮地设计技术，与各单板间的连接尽量采用光耦或数字隔离设计。

由图6-32中可以看出：与陀螺力反馈电路间的数据转换（定转子电流及U_{ak}采样、定子电流激磁、定转子电流大小控制、放大倍数切换等），采用与DSP主控核心电路之间的SPI总线进行数字隔离方式通信；与RDC解调及回转控制电路之间采用RS232/422通信获取精确的回转角度，以及进行精密位置伺服控制；与异步电机DSP稳速控制电路间采用隔离I/O启停及软启动控制（并预留RS232/422通信接口，用于更复杂的控制）；与开关电源电路及直流电源板采用隔离I/O控制。

计算机采集与控制电路按功能及电源隔离性要求可以分为三部分，分别为：

1）DSP微计算机核心电路（采用5 V/1 A电源系统），主要包括外扩总线型512K×16位SRAM存储器、外扩8 Mbyte串行FLASH存储器、外扩SD/MMC卡接口、6键键盘接口、液晶显示模块接口电路、16路通用I/O接口，另板载引出16路12位分辨率模数转换输入；

2）数字隔离A/D数据采集与D/A输出电路（采用±15 V/100 mA电源系统），主要包括4路24位分辨率模数转换电路，4路16位分辨率数模转换电路；另板载引出扩展用的12路24位分辨率模数转换电路和8路I/O功能；

3）3路隔离RS232/422通信接口电路（采用5 V/200 mA电源系统），波特率1 200～460.8×10^3 bit/s可编程，RS422或RS232工作模式采用切换设置。

（3）软件程序的设计

本系统微处理器/控制器采用TMS320F28335芯片，对它的软件编程主要涉及相关底层外设接口模块和控制模块的驱动程序编写，以及与寻北流程相关的算法程序的移植和联调。程序的调试采用 TI 公司的 Code Compose Studio V3.3 集成开发环境，主要编程语言为 C 语言，以提高开发效率，便于程序移植。

①软件架构

软件架构采用经典的前后台软架构方式，计算机电路开机上电后，首先完成系统的各种寄存器、外设配置、系统定时器及串口中断的初始化任务，然后进入主循环 while (1)。

此时前台主要完成 I/O 控制、液晶显示、键盘扫描、寻北算法、数据存取与计算等无实时性的工作任务；后台采用了一个优先级最高的定时器主中断（频率 1 kHz），应用此中断频率定时扫描 SPI 总线获取 A/D 的采样数据和操作 D/A 输出控制电压指令。此外还设置了 3 个优先级较低的 SCI 串口收发中断，由于每一个 SCI 接口均有 16 级 FIFO，故中断响应时间很短，且不会发生漏收漏发现象。

②底层驱动软件编写

程序相关底层外设驱动程序的主要工作有：

1）与各单板之间的基本 I/O 控制功能（分别包括陀螺电机稳速电路、RDC 解调及 DSP 回转控制、陀螺力反馈电路、CY 变换与控制电路）；

2）与模数转换芯片 ADS1258 和数模转换芯片 DAC8814 的 SPI 接口的驱动程序的设计；

3）对外部存储器的读写控制（SRAM 采用 DMA 总线、SD 卡，DataFlash 采用 SPI 接口）；

4）与 RDC 解调及回转控制电路之间的 RS232/422 通信协议的驱动程序的设计（SCI-B 接口）；

5）与异步电机 DSP 稳速控制电路之间的 RS232/422 通信协议的驱动程序的设计（SCI-A 接口）；

6）与经纬仪之间 RS232/422 通信协议的驱动程序的设计（SCI-C 接口）；

7）与万年历时钟芯片 X1226 通信的驱动程序的设计（I2C 接

口)；

8）液晶显示及键盘等人机接口的驱动程序的设计（I/O口)；

9）二级中文菜单的驱动程序的设计；

10）开源文件系统 FatFs R0.07e 的移植，以实现对 FAT16/32 文件的读写支持；

11）其他（如与上位机测控软件之间的通信协议设计)。

③中文菜单系统的设计

本计算机采集与控制电路系统采用了全中文菜单系统，这个系统不仅可以选择各种寻北程序进行寻北测试和单功能手动测试，还可以很方便地通过菜单界面设定包括纬度、K 值、仪器零位、大闭路参数、小闭路参数、定转子参数、A/D 和 D/A 增益以及零位等在内的几十项参数，此外还可以开发历史寻北数据查询功能，提高产品的附加值；设置了密码防护措施，有效控制用户程序和工厂测试程序功能的开放程度。软件编写大量使用了结构体和模块化程序设计思路，提高了程序的可读性和移植性。

菜单采用二级结构，详细内容如表 6-3 所示。

表 6-3　菜单系统

一级菜单	二级菜单	说明	备注
1. 用户程序	1）自动寻北	同菜单名	无密码进入
	2）纬度设定	同菜单名	无密码进入
	3）时间设定	同菜单名	无密码进入
	4）经纬仪通信	同菜单名	无密码进入
	5）数据查询	同菜单名	无密码进入
	6）其他功能	同菜单名	无密码进入
	7）返回	返回至默认主菜单	无密码进入
2. 自动测试	1）单位置寻北	同菜单名	需密码进入
	2）三位置寻北	同菜单名	需密码进入
	3）四位置寻北	同菜单名	需密码进入
	4）五位置寻北	同菜单名	需密码进入

续表

一级菜单	二级菜单	说明	备注
	5）全方位寻北	同菜单名	需密码进入
	6）其他寻北	同菜单名	需密码进入
	7）返回	返回至默认主菜单	需密码进入
3. 手动测试	1）马达测试	测试马达启动及转速显示	需密码进入
	2）测角测试	显示随动装置的当前位置角度	需密码进入
	3）回转测试	进行随动装置的位置伺服控制	需密码进入
	4）经纬仪通信	与经纬仪通信测试程序	需密码进入
	5）ADC 测试	进行模数转换的精度测试	需密码进入
	6）DAC 测试	进行数模转换的精度测试	需密码进入
	7）COMA 测试	串口 A 的通信测试	需密码进入
	8）COMB 测试	串口 B 的通信测试	需密码进入
	9）COMC 测试	串口 C 的通信测试	需密码进入
	10）SD 测试	SD 卡读写及 FAT 文件系统测试	需密码进入
	11）I/O 测试	I/O 功能测试	需密码进入
	12）ADC 精度测试	ADC 精度测试程序	需密码进入
	13）返回	返回至默认主菜单	需密码进入
4. 参数设定	1）纬度设定	设定当地纬度，分辨率 0.01°	需密码进入
	2）COMA 设定	串口 A 的波特率设定	需密码进入
	3）COMB 设定	串口 B 的波特率设定	需密码进入
	4）COMC 设定	串口 C 的波特率设定	需密码进入
	5）ADC 设定	模数转换的采样率和采样延时设定	需密码进入
	6）DAC 设定	数模转换相关参数设定	需密码进入
	7）时间设定	设定系统时间	需密码进入
	8）零位设定	设定精寻北零位	需密码进入
	9）大闭路 K 值	设定力矩器系数大闭路 K	需密码进入
	10）小闭路 K 值	设定力矩器系数小闭路 K	需密码进入
	11）大闭路参数	设定大闭路等待时间、U_{ak}阈值、采样个数等	需密码进入
	12）小闭路参数	设定小闭路等待时间、U_{ak}阈值、采样个数等	需密码进入

续表

一级菜单	二级菜单	说明	备注
	13）转子参数	设定转子采样大小电阻阻值	需密码进入
	14）定子参数	设定定子电流大小和采样电阻阻值	需密码进入
	15）测角零位	设定测角装置的零位	需密码进入
	16）马达设定	设定马达启动的步长和转速频率	需密码进入
	17）模式设定	设定最大寻北次数	需密码进入
	18）参数复位	所有参数进行重置（包括密码）	需密码进入
	19）返回	返回至默认主菜单	需密码进入
5. 其他功能	1）密码修改		需密码进入
	2）帮助		需密码进入
	3）关于		需密码进入
6. 返回			无密码进入

④寻北算法软件

与寻北流程相关的算法程序主要包括单位置大闭路子程序、单位置小闭路子程序、磁浮解锁子程序、测角及回转子程序、寻北计算算法流程和多位置寻北总流程等。详细流程此处略去。

（4）系统性能情况

计算机采集与控制电路系统与电控箱前面板正确连接，上电后轻按电源开关键，前面板上的液晶屏将会点亮，并进入菜单系统。依次按动面板上的左右（←和→）键、上下（↑和↓）键和确认（Enter）键将可以滚动显示菜单项（反白显示），并可以对菜单的各项功能和操作（如按键响应、滚动显示、进入子菜单项等）进行测试。以下重点介绍一下试样 5 号板的 ADC 测试和 DAC 测试的实验操作步骤和实验结果。

①ADC 测试实验操作步骤和实验结果

按照 LCD 菜单显示，依次选择［手动测试］菜单项下的［ADC 测试］子菜单项，进入后可以看到如图 6－33 所示的界面。

图 6－33 中 A～D 四个 AD 通道对应的电压值为 AD 实际采到的

A:AD 1.000 2 DA 1 V
B:AD 1.000 2 DA 1 V
C:AD 1.000 2 DA 1 V
D:AD 1.000 2 DA 1 V

图 6-33 AD 测试功能界面

电压值，按下键盘上的确认键可以刷新数据；使用键盘上的左右键可以依次对所显示的 A～D 四个 DA 通道的电压值进行反白显示，按下上下键可以对 DA 电压值的每一位数字从 0～10 V 进行设置。相应的应该使用数字表或示波器测量每一路 DA 通道输出的实际电压值，应与 AD 所采到的电压值误差满足对误差的要求（不大于 5 mV）。

详细测试步骤如下。

1）第一步：AD 零位稳定性测试。

加电 10 min 后，将 A、B、C、D 四个通道 AD 接地，按下键盘上的确认键刷新数据，并记录 0.5 h 内（不少于 20 组）四个通道的 AD 采样电压数据，在 Excel 中进行数据处理，测试 AD 转换零位稳定性，要求各通道的零位稳定性（1σ）不大于 0.005 V。

相关测试数据及结果如表 6-4 所示，满足设计的零位稳定性（1σ）指标要求。

表 6-4 ADC 测试实验零位稳定性（1σ）测试数据

序号	A 通道电压/V	B 通道电压/V	C 通道电压/V	D 通道电压/V
1	−0.002 8	−0.002 5	−0.002 8	−0.003 9
2	−0.002 4	−0.002 5	−0.002 9	−0.003 9
3	−0.002 2	−0.002 4	−0.002 7	−0.003 7
4	−0.002 4	−0.002 6	−0.002 8	−0.003 9
5	−0.002 5	−0.002 5	−0.002 7	−0.003 7
6	−0.002 5	−0.002 6	−0.002 8	−0.003 8
7	0.002 8	−0.002 4	−0.002 7	−0.003 7

续表

序号	A 通道电压/V	B 通道电压/V	C 通道电压/V	D 通道电压/V
8	−0.002 7	−0.002 5	−0.002 8	−0.003 9
9	−0.002 7	−0.002 6	−0.002 9	−0.004 0
10	−0.002 9	−0.002 7	−0.002 9	−0.003 9
11	−0.002 8	−0.002 4	−0.002 7	−0.003 7
12	−0.002 8	−0.002 5	−0.002 8	−0.003 9
13	−0.002 9	−0.002 5	−0.002 7	−0.003 7
14	−0.002 8	−0.002 4	−0.002 7	−0.003 7
15	−0.003 0	−0.002 7	−0.002 9	−0.004 0
16	−0.002 8	−0.002 6	−0.002 9	−0.004 0
17	−0.003 0	−0.002 6	−0.002 9	−0.003 8
18	−0.002 9	−0.002 5	−0.002 7	−0.003 7
19	−0.003 0	−0.002 6	−0.002 9	−0.003 9
20	−0.002 9	−0.002 7	−0.002 9	−0.004 0
平均值	−0.002 46	−0.002 54	−0.002 81	−0.003 84
零位稳定性（1σ）	0.001 933	0.000 1	6.67×10^{-5}	0.000 1

2）第二步：AD 零位重复性测试。

要求进行 3 次零位稳定性测试，测试时间间隔不小于 1 h，要求 3 次测试各通道平均值之差不大于 0.005 V。

相关测试数据及结果如表 6－5 所示，满足设计的零位重复定性（1σ）指标要求。

表 6－5　ADC 测试实验零位重复性（1σ）测试数据

第 1 次	A 通道零位平均值	−0.002 46 V
	B 通道零位平均值	−0.002 54 V
	C 通道零位平均值	−0.002 81 V
	D 通道零位平均值	−0.003 84 V

续表

第 2 次	A 通道零位平均值	−0.003 44 V
	B 通道零位平均值	−0.003 13 V
	C 通道零位平均值	−0.003 4 V
	D 通道零位平均值	−0.004 39 V
第 3 次	A 通道零位平均值	−0.003 27 V
	B 通道零位平均值	−0.002 93 V
	C 通道零位平均值	−0.003 18 V
	D 通道零位平均值	−0.004 06 V

3）第三步：AD 线性度测试。

首先要分别将 A 通道 DA 与 A 通道 AD、B 通道 DA 与 B 通道 AD、C 通道 DA 与 C 通道 AD、D 通道 DA 与 D 通道 AD 连接在一起。通过电控箱前面板分别给定电压 0 V、1 V、2 V、3 V、4 V、5 V、6 V、7 V、8 V、9 V、10 V；使用数字表测量并记录每一路 DA 通道输出的实际电压值，同时记录各 AD 实际采到的电压值，计算 AD 转换线性度是否小于 5×10^{-4}。

线性度按下面公式验证

$$k_i = \frac{y_i - b_0}{x_i} \tag{6-12}$$

$$\frac{k_{\max} - k_{\min}}{\bar{k}} \leqslant 3\delta \tag{6-13}$$

式中 x_i ——每次 DA 输入的电压测量值；

y_i ——每次 AD 采集到的电压值；

b_0 ——AD 零位，即输入端接地时的 AD 电压值；

k_i ——计算的每次刻度因数。

如果上述测试不满足要求，应进入［参数设定］菜单项下的［ADC 设定］子菜单中的增益参数和偏移参数，重新进行上述测试，直至满足精度要求。

相关测试数据及结果如表 6－6 所示，基本满足设计的线性度

(1σ) 指标要求。

表 6-6　ADC 测试实验线性度测试数据

DA_A	AD_A	DA_B	AD_B	DA_C	AD_C	DA_D	AD_D
−0.000 07	0.000 2	−0.000 03	0.000 4	0.000 23	0.000 2	0.000 06	0.000 1
0.999 89	1.000 2	0.999 98	1.000 02	0.999 85	0.999 7	0.999 98	1.000 2
1.999 9	2	2	2.000 1	1.999 8	1.999 6	1.999 9	1.999 7
2.999 9	2.999 9	2.999 9	3.000 2	2.999 8	2.999 6	2.999 9	2.999 6
3.999 9	3.999 8	4	4.000 1	3.999 8	3.999 5	4	3.999 6
5.000 2	5.000 1	5	4.999 9	5	4.999 8	5	4.999 7
6.000 2	6.000 1	6.000 1	5.999 9	5.999 9	5.999 6	6	5.999 5
7.000 3	7.000 1	7.000 1	6.999 9	6.999 9	6.999 7	7	6.999 4
8.000 3	8.000 2	8.000 2	8.000 1	8	7.999 8	8.000 3	7.999 7
9.000 3	9.000 3	9.000 2	9.000 3	9.000 1	9.000 2	9.000 4	9
线性度	0.000 451		0.000 208		0.000 306		0.000 485

②DAC 测试实验操作步骤和实验结果

按照电控箱前面板上 LCD 菜单显示，依次选择［手动测试］菜单项下的［DAC 测试］子菜单项，进入后可以看到如图 6-34 所示界面。

DA–A=1.00 V
DA–B=1.00 V
DA–C=1.00 V
DA–D=1.00 V

图 6-34　DA 测试功能界面

使用键盘上的左右键可以依次对图 6-34 中显示的电压值按 1 V 的步进值递加或递减操作，设置范围为 0～10.00 V；上下键可以反白选中需要更改的 DA 通道。相应的应该使用数字表测量每一路 DA 通道的实际电压值，应与所设置的 DA 通道的电压值误差满足对误差的要求（不大于 5 mV）。

详细测试步骤如下。

1）第一步：DA 零位稳定性测试。

加电 10 min 后，将四个通道的 DA 均置为 0 V。记录 0.5 h 内（不少于 20 组）数字表上四个 DA 通道输出的电压数据，在 Excel 中进行数据处理，测试 DA 转换的零位稳定性，要求各通道的输出零位稳定性（1σ）不大于 0.005 V。

相关测试数据及结果如表 6 - 7 所示，满足设计的零位稳定性（1σ）指标要求。

表 6 - 7　DAC 测试实验零位稳定性（1σ）测试数据

	A 通道电压/mV	B 通道电压/mV	C 通道电压/mV	D 通道电压/mV
1	−0.284	−0.169	0.191	−0.286
2	−0.276	−0.164	0.186	−0.296
3	−0.289	−0.177	0.164	−0.313
4	−0.279	−0.175	0.166	−0.301
5	−0.306	−0.214	0.131	−0.349
6	−0.296	−0.209	0.132	−0.340
7	−0.298	−0.179	0.156	−0.325
8	−0.288	−0.171	0.154	−0.330
9	−0.292	−0.187	0.161	−0.294
10	−0.287	−0.189	0.161	−0.295
11	−0.314	−0.182	0.157	−0.297
12	−0.304	−0.179	0.158	−0.301
13	−0.298	−0.184	0.141	−0.305
14	−0.301	−0.188	0.142	−0.307
15	−0.261	−0.154	0.178	−0.284
16	−0.275	−0.154	0.181	−0.275
17	−0.283	−0.177	0.170	−0.312
18	−0.297	−0.178	0.175	−0.301

续表

	A 通道电压/mV	B 通道电压/mV	C 通道电压/mV	D 通道电压/mV
19	−0.296	−0.163	0.182	−0.332
20	−0.286	−0.168	0.184	−0.321
平均值	−0.290 5	−0.178 05	0.163 5	−0.308 2
零位稳定性（1σ）	0.017 667	0.02	0.02	0.024 667

2）第二步：DA 零位重复性测试。

要求进行 3 次零位稳定性测试，测试时间间隔不小于 1 h，要求 3 次测试各通道平均值之差不大于 0.005 V。

相关测试数据及结果如表 6－8 所示，满足设计的零位重复性（1σ）指标要求。

表 6－8　DAC 测试实验零位重复性（1σ）测试数据

第 1 次	A 通道零位平均值	−0.290 5 mV
	B 通道零位平均值	−0.178 05 mV
	C 通道零位平均值	0.163 5 mV
	D 通道零位平均值	−0.308 2 mV
第 2 次	A 通道零位平均值	−0.241 25 mV
	B 通道零位平均值	−0.124 4 mV
	C 通道零位平均值	0.247 1 mV
	D 通道零位平均值	−0.271 75 mV
第 3 次	A 通道零位平均值	−0.212 75 mV
	B 通道零位平均值	−0.181 05 mV
	C 通道零位平均值	0.078 5 mV
	D 通道零位平均值	−0.153 25 mV

3）第三步：DA 线性度测试。

通过电控箱前面板分别给定电压 0 V、1 V、2 V、3 V、4 V、5 V、6 V、7 V、8 V、9 V、10 V；使用数字表测量并记录 XP10 接插件（测试孔）对应每一路 DA 通道输出的实际电压值，计 DA 转

换线性度是否小于 5×10^{-4}。

线性度按下面公式验证

$$k_i=\frac{y_i-b_0}{x_i} \tag{6-14}$$

$$\frac{k_{\max}-k_{\min}}{\bar{k}}\leqslant 3\delta \tag{6-15}$$

式中 x_i ——每次设置的电压值；

y_i ——每次输出的记录数据值 ；

b_0 ——DA 零位，即 DA 置为 0 时输出电压值；

k_i ——计算的每次刻度因数。

如果上述测试不满足要求，应重新设计标定 DSP 软件内部 DA 部分的增益参数和偏移参数，重新擦写程序，直至满足精度要求。

相关测试数据及结果如表 6－9 所示，基本满足设计的线性度（1σ）指标要求。

表 6－9　DAC 测试实验线性度测试数据

要求值/V	实测 A 电压/V	实测 B 电压/V	实测 C 电压/V	实测 D 电压/V
0	−0.000 07	−0.000 03	0.000 23	0.000 06
1	0.999 89	0.999 98	0.999 85	0.999 98
2	1.999 9	2	1.999 8	1.999 9
3	2.999 9	2.999 9	2.999 8	2.999 9
4	3.999 9	4	3.999 8	4
5	5.000 2	5	5	5
6	6.000 2	6.000 1	5.999 9	6
7	7.000 3	7.000 1	6.999 9	7
8	8.000 3	8.000 2	8	8.000 3
9	9.000 3	9.000 2	9.000 1	9.000 4
线性度	0.000 117	8.54×10^{-5}	0.000 306	8.81×10^{-5}

（5）方案总结

基于 DSP 的计算机采集及控制电路系统的设计，实现了系统所要求的人机交互界面、AD 采样及 DA 输出控制、各种 I/O 开关量控制、各种算法及浮点计算、大容量数据存储读写、RS232/422 通信及控制等基本功能。

在后续的研究中，将着重于提高测试的智能化水平和测试效率。例如实现在线的实时数据监控及传输功能，然后可以设计上位机测控软件扩展其测量测试功能，充分提高系统自测试、自诊断的智能化水平。

6.4　磁悬浮摆式陀螺寻北仪的误差分析

磁悬浮寻北仪利用磁悬浮技术无接触、无摩擦、高精度的优点来实现高精度的寻北，它是集光、机、电为一体的复杂而庞杂的系统。正因为它的精度预期很高，而且系统复杂，所以它的误差来源就相对更为广泛，即使是很细微之处对最终的寻北结果都可能产生很大的影响。

6.4.1　输出轴的干扰力矩 M_f 带来的误差

尽管采用磁悬浮支撑、无接触光电传感等技术可充分降低输出轴干扰力矩 M_f 的量级（目前实测约在 $10^{-4} \sim 10^{-3}$ 量级），但对于高精度定向系统来说还是不能忽略的。对此，在单速率陀螺的基础上外加精密测角进而构成了双位置或多位置寻北系统。测角系统结构如图6 -35 所示。

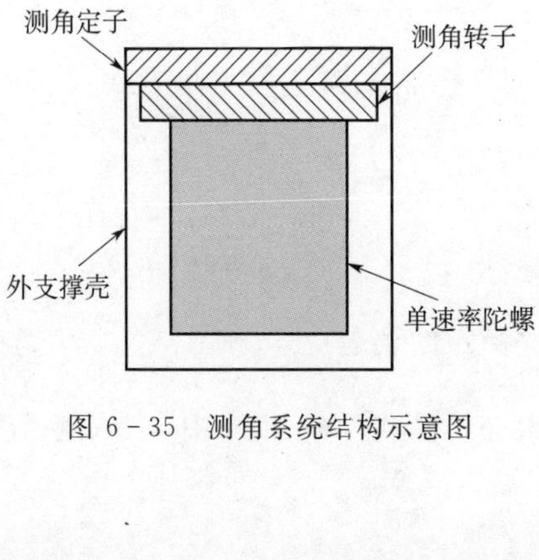

图 6 - 35　测角系统结构示意图

采用两位置法求解，如图 6-36 所示。

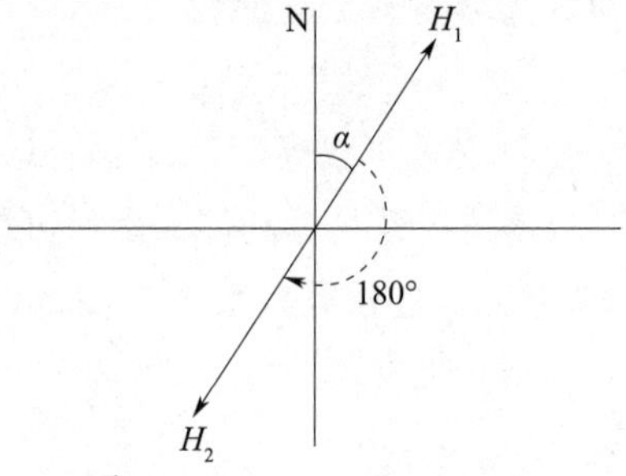

图 6-36 两位置求解示意图

当敏感轴（H 方向）分别处于 H_1 和 H_2 状态下，力矩平衡式如下

$$ki_1 = H\omega_e\cos\varphi\sin\alpha + M_f \tag{6-16}$$

$$ki_2 = H\omega_e\cos\varphi\sin(\alpha + 180°) + M_f \tag{6-17}$$

在式（6-16）和式（6-17）中，i_1，i_2 为计算机采集到的力矩器定子、转子电流值的乘积，ω_e 为地球自转角速度，φ 为当地纬度。假定输出轴干扰力矩 M_f 为常值，则由式（6-16）、式（6-17）可得

$$k(i_1 - i_2) = H\omega_e\cos\varphi[\sin\alpha - \sin(\alpha + 180°)]$$

即

$$k(i_1 - i_2) = 2H\omega_e\cos\varphi\sin\alpha \tag{6-18}$$

此处干扰力矩 M_f 在二位置寻北中被消除。

由式（6-18）可得出陀螺敏感轴（H 方向）与地理北向夹角 α 的计算值

$$\sin\alpha_{计} = \frac{k(i_1 - i_2)}{2H\omega_e\cos\varphi}$$

当 α 较小时，近似可得

$$\alpha_{计} \approx \sin\alpha_{计} = \frac{k(i_1 - i_2)}{2H\omega_e\cos\varphi} \tag{6-19}$$

6.4.2 相关参数标定的误差

在两位置寻北角计算式（6-19）中，力矩系数 k、马达角动量

H 为系统中线性参数，对于固定状态其量值可粗略认为是常值，但这将给高精度定向计算带来不可忽略的误差。由于很难单独给出实际系统中上述参数的精确数值，目前只能通过整机标定拟合出补偿系数 k 。具体标定如图 6-37 所示。

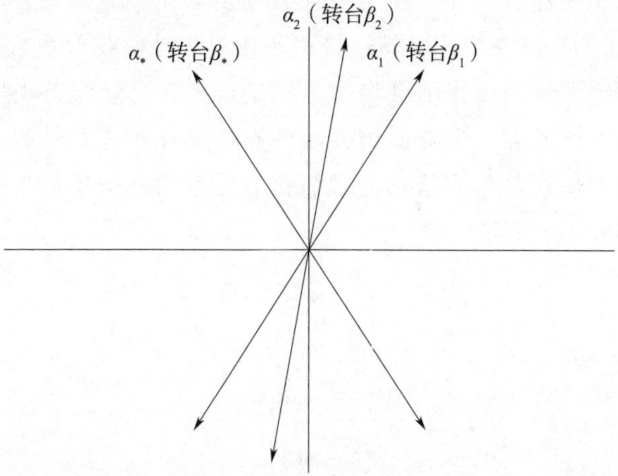

图 6-37　标定示意图

将寻北仪整机固定于精密转台台面中心，将转台分别转至不同角度，并在逐转台读数位置进行多次寻北测试（次数一般为 3～5 次，据固定位置重复性决定）。测试值如表 6-10 所示。

表 6-10　多次寻北测试值

转台读数 β	寻北仪测量值均值 α
β_1	α_1
β_2	α_2
⋮	⋮
β_*	α_*

将寻北测试值 α 对转台读数 β 进行线性拟合，求出一线性系数 k ，在整机中进行补偿。

6.4.3 寻北方案带来的误差

两位置寻北存在一定的缺陷。首先，整机标定利用有限数据拟合 k ，必然存在一定误差；其次，整机在较大输入范围内，可能存在一定的非线性。另外，在某些状态发生变化（尤其是在高低温环境下），如调平状态变化、马达转速变化等，补偿线形系数 k 将发生变化，最终测量、计算结果将产生一定误差，且此误差将随寻北角的增大而线性变大。为降低相关线性参数变化给寻北结果带来的影响，可在两位置寻北的基础上增加粗寻北，从而构成三位置寻北方案，如图 6-38 所示。

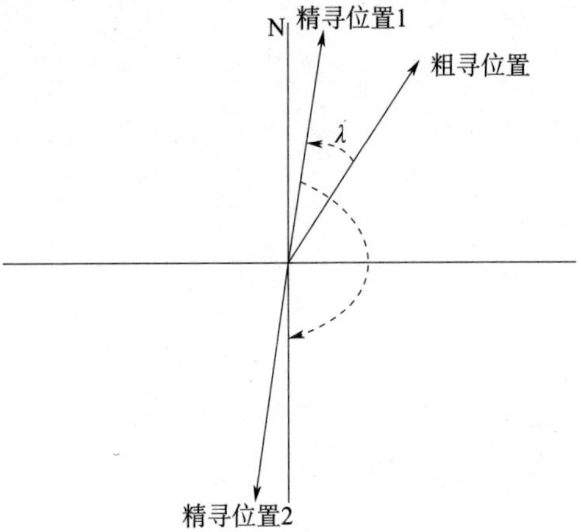

图 6-38 三位置寻北示意图

首先，对于粗寻位置，可以根据经验值给定式（6-17）中的干扰力矩 M_f ，进而通过式（6-17）可粗略计算出此位置敏感轴（H 方向）北向夹角 λ ；通过测角系统监测，将陀螺敏感轴向北向逼近 λ ，在此位置基础上进行前面所述的两位置精寻北过程，得出精寻位置 1 状态敏感轴与北向夹角 γ ，则可传递给出粗寻位置敏感轴与地理北的夹角

$$\alpha_{测} = \gamma + \lambda \tag{6-20}$$

从上述流程可见，三位置寻北的精度主要取决于两位置精寻北精度和回转角精度；在回转测角系统具有一定精度的前提下，两位置精寻北基本可确保敏感轴在地理北向 $\pm 5'$ 之内，充分降低力矩系数、马达角动量等线形系数对寻北结果的影响，从而避免因整机架设方位差异带入的测量误差。

6.4.4　采样带来的误差

电子箱采用 12 位 A/D 采集板，采集范围为 ±5 V，其分辨率为：10/212=2.441 4（mV），即采样误差为 2.441 4（mV）。

寻北计算中定子电流按常值（0.064 A）计算，纬度为 34°，则转子采样误差 1 mV 将对计算寻北角 α 带来的偏差近似为

$$\Delta\alpha \approx \Delta\sin\alpha = \frac{k\,\dfrac{U_{\text{转子}}}{1\ 800}U_{\text{定子}}}{H\omega\cos\phi}$$

$$= \frac{333 \times \dfrac{0.001}{1\ 800} \times 0.064}{4\ 000 \times 0.000\ 073 \times 0.829} = 0.000\ 048\ 912\ \text{rad} \approx 10.1''$$

也就是说，单对转子而言，计算机分辨误差理论上将带来约 24.6″误差，这对于高精度的寻北仪来说是致命的。但是在目前实际寻北程序中，单位置采样点数很大，一般为数万个，这样在大量数据的支持下，误差的数学期望就接近于零，所以可以近似认为计算出的结果就是真北值的无偏估计，也就基本解决了采样分辨率低的问题。

6.4.5　角度回转系统带来的误差分析

欲实现高精度陀螺寻北，就要采用多位置寻北，此时高精度角度测量系统是多位置回转的电气参考。对于两位置寻北，式（6-18）成立的前提是回转 180°足够精确。但实际寻北系统中，尽管已经使回转系统尽可能精确，但仍不可避免会产生一定的误差角，这个误差角的影响就要从寻北公式中去推导。

式（6－19）是在回转严格 180°的情况下的寻北计算公式，当不满足此条件时，用这个计算公式就会带来很大的误差。假定回转的角度为 $180°+\theta$，则式（6－18）就变为

$$k(i_1-i_2)=H\omega_{e}\cos\varphi[\sin\alpha+\sin(\alpha+\theta)] \tag{6-21}$$

由于 θ 很小，故 $\sin\alpha\approx\alpha,\sin(\alpha+\theta)\approx\alpha+\theta$，于是

$$2\alpha+\theta=\frac{k(i_1-i_2)}{H\omega_{e}\cos\varphi}$$

$$\alpha=\frac{k(i_1-i_2)}{2H\omega_{e}\cos\varphi}-\frac{\theta}{2} \tag{6-22}$$

式（6－22）就是考虑回转误差时的寻北计算公式，这样就可以补偿回转带来的误差。

6.4.6 闭路静差的补偿

陀螺闭路系统为力矩无差系统，而对于自准直信号而言为有差系统，稳态自准直静差将会带来两部分影响。

（1）双位置非严格 180°对称关系

为方便分析，假定自准直系统的零位为零（不为零时影响等同）。准直系统零位示意如图 6－39 所示。

由于闭路静差的存在，马达轴 H 在寻北的两个位置并非严格互成 180°关系，而真实夹角为 $180°+\gamma+\gamma'$；此时，利用双位置寻北计算公式求得寻北值将和真实的 H_1 与真北夹角相差 $\frac{\gamma+\gamma'}{2}$（与回转角误差影响类似），故必须对求得的 H_1 方位值进行修正。若没有修正，就会在不同的寻北角度对应不同的闭路静差，而计算误差也就不同，从而导致寻北系统的非线性化。

（2）反射镜与外标镜间的转化

由于闭路静差的存在，寻北计算值仅为 H_1 方位与真北夹角，欲转化为系统可用的内标镜方位，必须加以静差 γ 的修正。

自准直系统的线性度［10 mV/(″)］一般不会发生变化。假定自准直零位为某一数值（如＋B mV），此时壳体归零过程欲保证自准直输出为

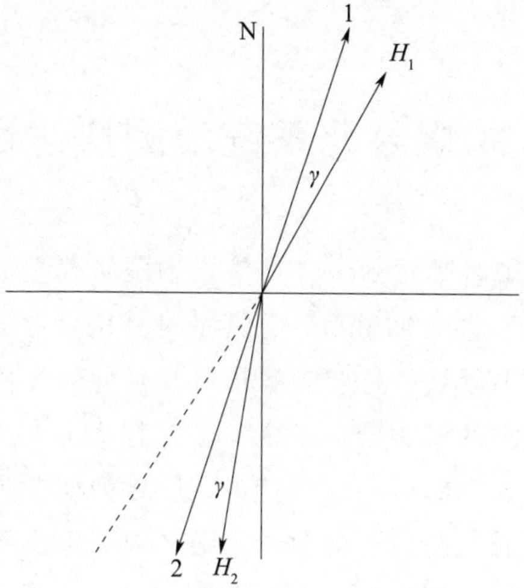

图 6-39　准直系统零位示意图

1—1 位置自准直零位方向；2—2 位置自准直零位方向

零，自准直光轴必将与内标镜成一小角度 γ：$-B$ mV/[10 mV/(″)]。

在此位置实施闭路过程中，自准直输出必为某一数值（如 $+C$ mV，为方便分析，假定 $C>B$），以保证力矩平衡。为补偿闭路静差，在寻北程序中将补偿自准直输出量（此例中为 $+C$ mV），补偿后将得出自准直输出为零位置时（此时反射镜法线方向与自准直光轴所成夹角同应为 γ）反射镜法线与真北夹角，而此夹角也就是内标镜法线与真北夹角。

综上可见，同一位置无论自准直零位怎样变化，通过补偿得到的寻北角度始终为内标镜法线与真北夹角。

第7章　陀螺寻北系统观测快速性的优化

近年来，随着科学技术、经济建设和国防建设的迅速发展，对陀螺定向技术的要求愈来愈高，尤其是对其机动性、快速性方面的要求。例如在军事领域，目前陀螺指北仪是导弹无依托机动发射和各种火炮阵地所需的最关键设备之一，它替代了人工事先标定的北向基准，提高了导弹的机动发射能力，但导弹如要具有二次打击能力，保证机动发射与高精度的要求，则必须进一步提高它的快速性和精度。

本章以陀螺经纬仪为例，介绍实现提高寻北系统快速性的若干思路，主要的途径有：观测操作流程的自动化、优化的陀螺房控制、快速性的解算算法等。

7.1　观测操作的自动化

自动化测量具有省时、省力，避免人为操作、人为读数等误差，数据采集处理精确快速等优点，是陀螺仪发展的趋势。这方面的文献涉及声、光、电、机、数等许多相关的学科领域，并随着陀螺技术、光电技术、精密机械制造技术以及计算机技术等的发展而日趋深化和细化，使陀螺经纬仪向可靠、精密、小型、快速和自动化方向发展。这方面的成果由不同专业的研究人员完成，也代表了当今陀螺仪发展的高新技术方向。

7.1.1　CCD传感器的引入

缩短由于人工操作带来的流程时间，提高仪器的自动化水平，是提高观测快速性的有效手段。陀螺指北仪的寻北测量是通过观察并记录陀螺房运动的摆动幅值和时间来实现的。传统的机械光学式陀螺指北仪，通过一套光学系统将陀螺房的摆动转化为透镜窄缝光标像的运动，依靠人工观测和记录，再代入公式进行计算。由于一次寻北周期较长，人工操作时人眼容易疲劳，从而引入读数误差。

根据现代传感器技术，完全可以引入光电传感器来替代人眼观测，尤其是陀螺经纬仪观测这类一维的场合，可以方便地应用线阵 CCD 传感器来采集光标像的信息。一种典型的基于线阵 CCD 元件的光标信号自动采集模块如图 7－1 所示。光标像通过 CCD 器件的光电转换，由光信号转变为反映光强的电压信号（图 7－2），通过滤波和放大后输出到指北仪主板，经过 A/D 转换后提供给处理器运算，经过一种从光强信号提取光标中心的算法，即可得出这一帧光标像实时的坐标值。

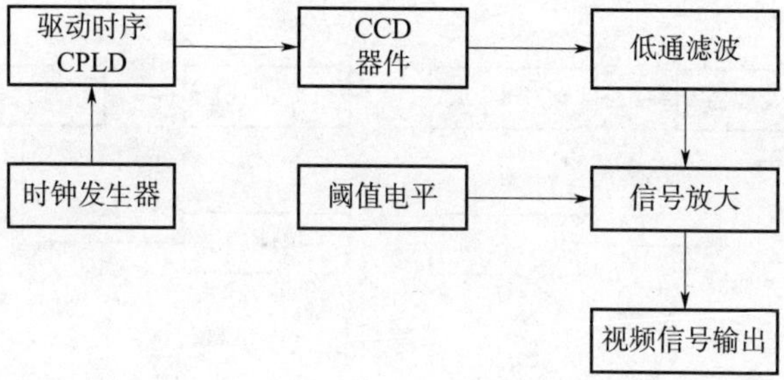

图 7－1　CCD 光电传感器构成

7.1.2　锁放陀螺的自动化

传统的陀螺房升起和放下，靠人工操作，对陀螺房的限位不准常常需要二次或多次操作，大大降低了操作的效率。设计能够自动锁放陀螺房的机构，将有效节省这一步骤的操作时间。

陀螺房自动锁放系统的核心是由一步进电机或直流电机驱动一直线进给机构，再由位置检测的传感器反馈实现开关控制，其工作原理如图 7－3 所示。

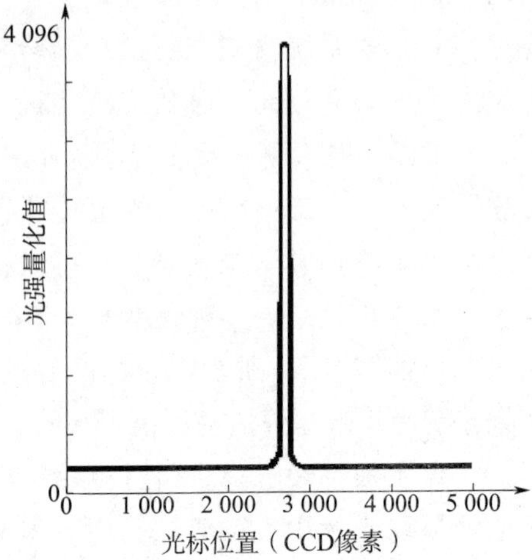

图 7-2　数据采集后量化的光标像

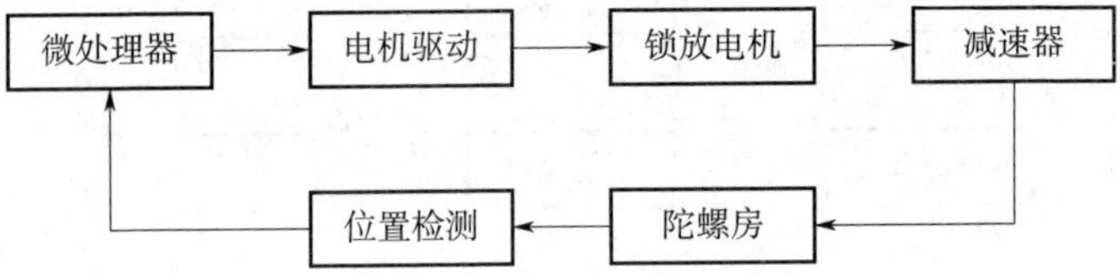

图 7-3　锁放机构原理框图

具体对锁放电机的控制，需要考虑进给的快慢是否对陀螺房有不利的冲击或阻尼，需要视结构的实际情况在行程中进行分段速度控制，做到平稳、准确、一致性好。

7.1.3　快速的初始寻北与对准

陀螺经纬仪实际寻北观测中，由于精密寻北步骤对初始架设方位有一定范围要求，往往需要反复操作陀螺，使用粗略寻北观测和精密寻北观测进行多次观测操作，最终逼近北向真值。这种操作流程需要反复锁放陀螺和多次观测陀螺摆动，多次解算仪器当前北向，占用大量的操作时间，效率较为低下。

在粗略寻北观测操作步骤中，可以利用高精度的磁罗盘来提供方位参考信息，如采用电子罗盘即时地输出北向信息，再辅以可以自动转位的回转机构，就可以实现一次性快速、高效地进入精密寻北步骤的入口状态。只要磁罗盘的精度满足精密寻北观测步骤的初始条件，就可以省下一次操作陀螺的观测时间，有效地缩短该步骤的操作时间。

如图7-4所示，电子罗盘和回转机构组成了系统的粗寻北功能模块，代替传统跟踪逆转点法来实现陀螺仪的粗寻北。如图7-5所示，系统架设好调平之后，电子罗盘开始工作，测得的北向信号反馈给微处理器，根据数据处理的结果通过电机驱动模块驱动步进电机，经过回转机构，将陀螺房的照准部转向近似北向，如此反复后完成粗寻北。在此基础上，再利用相关算法进行精寻北。

图7-4　粗寻北功能模块

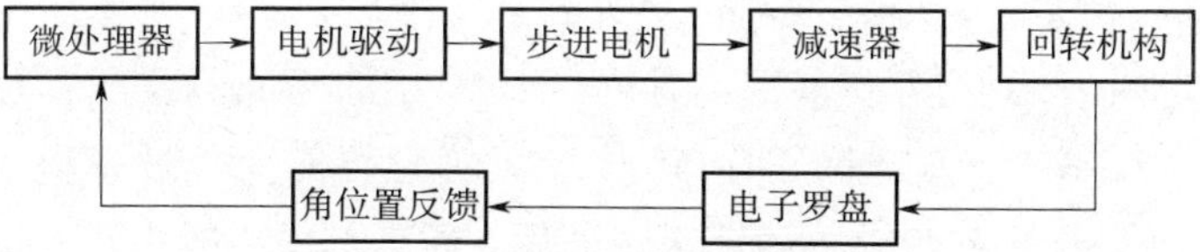

图7-5　数据采集后量化的光标像

7.2 陀螺房的优化控制

7.2.1 步进控制

步进控制的目的是使陀螺在静态摆动下的摆幅减小，使摆动的信号处于光电检测元件的敏感区内，同时在陀螺启动状态下也使摆动平衡位置最终接近于北。步进控制的作用原理是利用悬挂带的反作用力矩，在某一时刻，悬带扭力零位与摆动的逆转点重合，这时悬挂带不受扭，弹性位能为零，如果扭力零位偏北，陀螺受指北力矩作用，具有指向位能，当陀螺摆动半周期时，即达到另一逆转点，由于扭力零位还在前一逆转点位置，悬带受扭，弹性位能最大而动能最小，此时快速一步步进，使悬带零位步进到这一逆转点上，则弹性位能又变为零，而这一新位置的指北位能的绝对值小于前一位置。经几次步进后，陀螺的摆幅减小，使扭力零位最终逼近于北，此时就可以获得一定精度的北向方位，或者进一步进行高精度的自动积分测量。

如图 7 - 6（a）所示，R_1 为参考反射镜的法线，R_1 为摆动的平衡位置。设悬带扭力零位与摆动的逆转点重合，这时悬带不受扭，弹性位能为零，如果扭力零位偏北，陀螺受指北力矩作用，具有指向位能，当陀螺摆动半周期时，即达到另一逆转点 r_2，由于扭力零位还在前一逆转点位置，悬带受扭，弹性位能最大而动能最小。此时快速一步步进，使悬带零位步进到这一逆转点 r_2，则弹性位能又变为零，而 2 的指北位能的绝对值小于 1，此时新的摆动平衡位置为 R_2［图 7 - 6（b)］，而下一逆转点 r_3 的弹性位能变为最大，继续步进到 3，则 3 更接近北。经几次步进后，陀螺的摆幅减小，使扭力零位最终逼近于北，以满足积分测量的要求。

步进测量可以人工手动转动度盘实现步进，也可用电机驱动转位实现自动步进，如德国 GYROMAT 2000 型陀螺经纬仪就采用了自动步进测量技术。

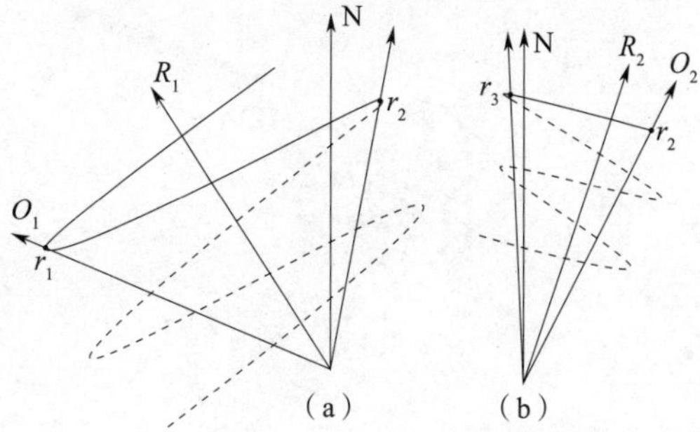

图 7-6　步进控制过程

7.2.2　阻尼控制

电磁阻尼研究的着眼点是以摆式陀螺罗盘为对象，研究如何实现陀螺罗盘相对静止、直观的寻北测量。通过施加大小合适的阻尼力矩，衰减陀螺仪转子的简谐振荡，使其转子轴平稳地停在子午面内，直接指向真北，节省动态测量所必须经历的至少一个振荡周期的时间，从而提高陀螺经纬仪的寻北时间。为了从阻尼力矩与陀螺转子之间的运动规律中找到最佳阻尼，用欧拉公式建立施加电磁阻尼力矩后的陀螺仪系统数学模型，分析不同大小的阻尼力矩与陀螺罗盘在真北子午线附近振荡直至停止的时间两者之间的关系，提出施加阻尼力矩的方法。该方法利用电磁阻尼易于调节的特点，通过改变阻尼系数，分段施加大小不同的力矩，使陀螺转子轴能够快速、平稳地停在被测地点的子午面内。

陀螺仪的工作情况比较复杂，对其施加的阻尼力矩最好能够方便调整大小，满足陀螺仪准确寻北的要求。磁感应阻尼是人们较早运用的一种阻尼结构，较多地用于各种指针式仪表和仪器。图 7-7 为仪表中常见的磁感应阻尼器。仪表在测量时，表针转至应到的读数处，由于惯性并不会立即停下来，为了减少表针摆动时间以利尽快读数，仪表中设此阻尼装置，用来消耗表针及其相关部件的动能，限制其摆动。

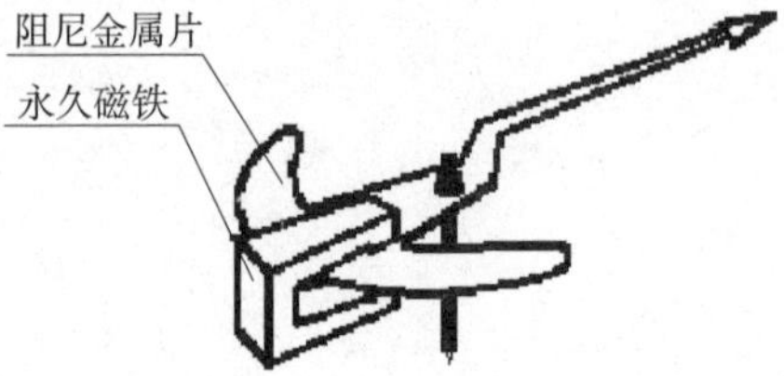

图 7-7　磁感应阻尼器

磁感应阻尼器工作原理如下：当表针摆动时，带动阻尼金属片在永久磁铁的磁场内运动，正对永久磁铁截面的金属片内有磁通变化，会感应出涡流，涡流随阻尼金属片运动时又切割磁力线，受到安培力的作用，各涡流回路的安培力合力与阻尼金属片运动方向相反，从而形成阻尼力矩。当永久磁铁的结构尺寸和磁场强度确定后，这种阻尼力矩的大小只和金属片的运动速度有关，且成正比例关系。

由于阻尼力矩的大小不便于调整，与理想的阻尼方式有差距，因此需要改造阻尼的结构。为了能将永久磁铁对力矩大小的决定因素换为容易改变的形式，将永久磁铁换为电磁铁。电磁铁的磁场强度通过工作电流很容易控制，磁场强度的强弱与阻尼力矩的大小成正比关系，这样就可以通过调节流入电磁铁的工作电流来调整阻尼力矩的大小，得到方便可控的阻尼力矩形式。

该类方案的最终目标在于实现陀螺经纬仪的静态测量，即当陀螺仪转子轴达到稳态时，进动速度正好等于子午面的旋转速度，相对静止在子午面内，这样直接指出真北方向。最终目的是通过静态测量，节省以往动态测量所必需的陀螺仪振荡时间，进一步缩短陀螺仪的测量时间。

要想实现陀螺仪从动态过渡至稳态的过程较短，又能够到位准确，关键在于施加的阻尼力矩。阻尼力矩过小，陀螺转子轴依然会在真北附近振荡，不过为减幅振荡，虽然陀螺轴最后停在子午面内，也能指北，但测量时间包含振荡时间，因此还有缩短时间的空间。阻尼力矩过大，陀螺轴的进动速度太慢，达到子午面的时间更长，不能缩减测量时间。所以阻尼力矩大小是否合适，施加阻尼的时间等至关重要，最好选择控制容易、调节方便的电磁阻尼。

为实现上述目标，整个陀螺经纬仪应包括一个电磁阻尼器，以及控制电磁阻尼开断和大小的控制电路。何时施加阻尼以及阻尼的大小需要依据陀螺仪的运动情况进行判断，所以还需要一些测速和测角度的传感器及时、准确地将陀螺仪的位置和转速等运动情况收集起来，通过信号调理电路转换为计算机可识别的信号，传送至陀螺仪的控制中心，作为陀螺仪控制部分发出控制信号的判断依据，如图 7－8 所示。

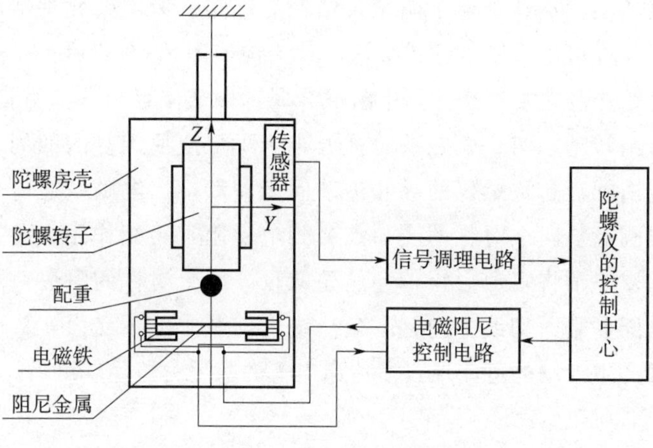

图 7－8　陀螺经纬仪的阻尼系统

为防止在开始施加阻尼力矩的瞬间，造成悬挂体单边受力，引起较大的抖动，电磁阻尼装置中的电磁铁应对称设置在阻尼金属的四周。这样电磁阻尼在开断的时候四周同时有受力的变化。

要想实现陀螺仪系统理想的稳态，唯有准确地施加阻尼力矩。要找到准确的依据，就需要建立系统动态数学模型和误差模型，根据陀螺仪施加不同阻尼力矩而过渡到稳态的情况，通过分析找到一种最佳的阻尼效果。由于陀螺仪自旋轴不仅参与长周期的进动，同时还做振幅特别小的章动，另外还受到空气阻尼、摩擦力矩等作用，其运动规律比较复杂，影响其寻北的因素较多。

磁感应阻尼是各种指针式仪表和仪器中运用较多的一种阻尼结构，主要功能用来消耗表针及其相关部件的动能，限制表针摆动，以利尽快读数。磁感应阻尼使用永久磁铁，一旦机械结构尺寸确定，其阻尼大小即确定，不便调整。电磁阻尼是针对磁感应阻尼的缺点进行改进后的阻尼形式。它根据磁感应阻尼的工作原理，以电磁铁替代永久磁铁，将磁场强度这一参量变为可调，从而调节阻尼力矩大小，改善了磁感应阻尼的性能。

如果阻尼金属片受力不均会导致在旋转过程中产生振动，引起陀螺仪晃动，不利于整个陀螺仪结构的稳定。考虑到此种情况，电磁阻尼装置可以采用对称式结构，其结构如图 7 - 9 所示。陀螺仪中的阻尼结构较之要复杂。图中阻尼金属片做成圆盘形状，由轴支撑，可以自由转动。四个电磁铁对称分布于阻尼金属圆盘的四周。工作时，金属圆盘随陀螺仪的寻北进动同步转动，当电磁铁通电后，阻尼金属圆盘从四个对称的受力点受到电磁阻尼力矩作用，通过金属圆盘的支撑轴将阻尼力矩传递给陀螺仪。四个对称的阻尼力方向为沿金属圆盘表面切线方向，圆盘法线方向基本上不受力，从而大大降低了产生章动的可能性，使传递出去的阻尼力矩稳定可靠。

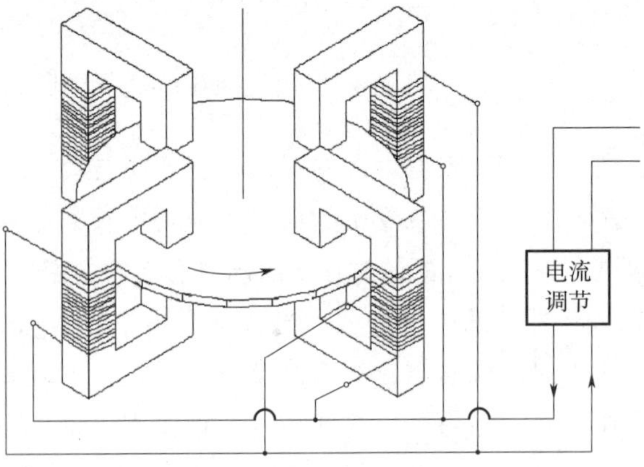

图 7 - 9　电磁阻尼器的对称结构

7.3　快速性的寻北算法

陀螺经纬仪在传统寻北测量的初始对准过程中，常使用逆转点的算法，但该方法在人工测量时容易受干扰、不省力、对操作人员的要求高、精度较低。对陀螺寻北仪使用 CCD 传感器进行机器视觉的改造，并辅以中天法解算北向，可以很好地实现仪器操作的自动化，精度也比逆转点法更高。但是，中天法要求陀螺的摆动行程必须达到一个完整的摆动周期，并不适合强调快速性的初始寻北过程。因此，研究陀螺经纬仪实用的快速性算法具有重要意义。

7.3.1　不完整周期的中天算法

从中天算法的线性表达式来看，从数学依据上看中天法实质上是把靠近平衡位置的部分曲线近似看成直线，其斜率由前后半周期的时差和整周期的比例大小确定，该比值乘以幅值即可以得到偏离平衡位置的大小。

为了提高寻北速度，途径之一是缩短陀螺的寻北周期，如改变陀螺电机的角动量、改变悬挂陀螺房悬挂参数等。可以看到悬丝式陀螺寻北仪陀螺房的运动可近似看做是简谐摆，陀螺仪在一次测量中的摆动是周期振动，对于特定的仪器在固定的地点，这一周期是一个常数，无法改变；另一个途径就是利用现代传感技术，对陀螺仪的摆动运动进行高速采集，对序列数据进行分析解算，在不足一个完整周期内得出结果完成寻北测量。

传统的在一个完整周期内完成的算法，其参与运算的数据主要来源于几个便于人工观测的特征点，两个逆转点用于计算幅值，三个计时点用于计算周期差值，一共五个特征点才可以完整描述一个简谐振动。而利用传感器和 DSP 技术，可以对大量的序列数据进行实时的采集和运算，而不仅仅只是五个数据。利用这一优势，对于模型已知为简谐振动的序列数据，可以方便地得到运动曲线以及速度曲线，进而得到速度最大点、速度零点这两个新的特征点。添加了速度特征点，理论上就可以在最少 1/4 个周期内得到陀螺运动的摆幅 a_m 和不跟踪摆动周期 T 等信息，应用传统的中天法公式即可计算寻北结果。

应用不完整周期中天法，要求在测量中陀螺光标至少穿过逆转点一次、传感器刻度零点一次和速度最大点一次，至少需要 1/4 个周期。理论上，光标速度最大点即为陀螺摆动平衡位置，速度零点即为逆转点。如图 7 - 10 所示，由运动曲线的特征计时点，可以得到陀螺运动过零刻线前半周期 T_1；由速度曲线的特征计时点，可以求得陀螺运动不跟踪摆动周期 T，从而可以求得 $\Delta t = T - 2T_1$

$$T_1 = t_2 - t_1 = (t_4 - t_3) + 2(t_2 - t_4) \tag{7-1}$$

$$T = 2(d_2 - d_1) = 2[(d_4 - d_3) + 2(d_3 - d_1)] \tag{7-2}$$

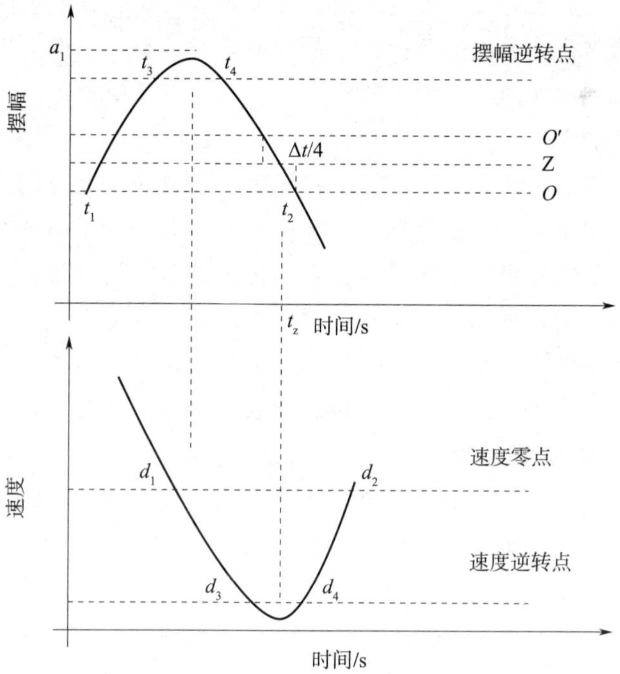

图 7 - 10　不完整周期中天法原理

因为理论上速度曲线的峰值处就是摆动的平衡位置 Z，在时间轴上可以用查询的方法，取速度曲线中 d_3、d_4 两个特征点中间位置 t_z 时刻对应的幅值坐标，与幅值坐标 a_1 相减就得到摆幅 a_m。根据中天法公式代入 a_m 和 Δt 可以得到北向结果。

7.3.2　1/4 周期的积分法

利用简谐运动的原理，可以在未满一个测量周期的情况下实现陀螺运行情况的预测。1/4 周期测量方法要求光标运行必须经过一次转角最大点、一次照准部零点和一次光标速度最大点，在这种情况下，才能精确确定曲线。图 7-11 中 a 为光标运动曲线，b 为由光标曲线计算出的光标运动速度曲线。R 为平衡位置，O 为陀螺仪刻度盘零刻线位置，O' 为以 R 为中心的 O 的对称位置。速度曲线中速度值为零的点 A 就是光标曲线中转角最大点，点 B 就是光标曲线中平衡位置 R。

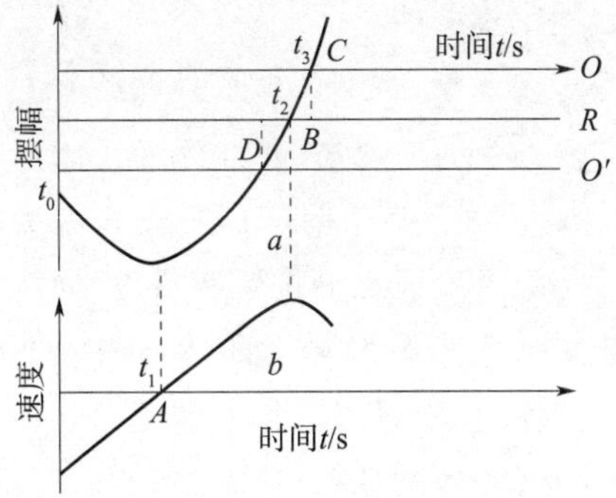

图 7-11　1/4 周期内的陀螺运动

由简谐运动理论可知，陀螺周期 $T=4(t_2-t_1)$，光标运动曲线穿过 D 点的时间为

$$t_D=t_2-(t_3-t_2)=2t_2-t_3 \tag{7-3}$$

则 1/4 周期计算的真北值可用积分法表示为

$$a_k = 2C\frac{1}{T}\int_{t_1}^{t_3} f(t)\mathrm{d}t + 2C\frac{1}{T}\int_{t_1}^{2t_2-t_3}[2f(t_2) - f(t)]\mathrm{d}t \qquad (7-4)$$

在智能化数字采集的寻北系统中，积分法的实现一般采用离散计算，即求得每一帧信号与时间间隔的乘积，再进行求和，即将式（7-4）的算法转换为按采样周期的间隔进行求和运算。

实际应用中，如果在固定纬度进行反复测试，周期 T 可以使用事先标定的数值带入，可以去除曲线拟合的部分误差，获得更高的精度。

7.3.3 数据库法

数据库法的应用理论基础在于陀螺灵敏部的规律性摆动特征，灵敏部的摆动周期受陀螺参数和地理纬度影响，在同一地区基本不变；而摆动幅值由于受到操作人员手工或自动化的下放速度和熟练程度以及外界振动的影响呈现出明显的变化；此外，灵敏部摆动的平衡位置理论上是固定不变的。

因此可以对陀螺仪灵敏部摆动过程中所经过的位置信息和时间信息进行采样，并实时与库中数据进行查询、比较，从而计算出最后的结果。这些特征信息主要指照准部零点、平衡点、照准部零点相对于平衡点的对称点及峰值点的位置和对应时间信息。

图 7-12 中曲线 a 为灵敏部运动曲线，曲线 b 为运动的速度曲线。速度曲线 A 点为参考位置，即照准部零点，需事先标定；B 点为运动曲线的平衡位置，即摆动速度最大值点；C 点为 A 关于 B 点的对称位置；D 点为峰值点（幅值最大/最小点），即摆动速度为零的点，其中 B 所在位置即为北方向。由寻北算法的理论模型可知，陀螺经纬仪偏离北方向的角度仅与摆幅 a_{m} 和时间差 Δt 有关，其中：a_{m} 的值与 B 点和 D 点的摆幅有关，$a_{\mathrm{m}} = a_{\mathrm{B}} - a_{\mathrm{D}}$。而 Δt 的计算与灵敏部经过 A、B、C 三点的时间有关，因此图 7-12 中 A、B、C、D 四点即为该方法在计算过程中所需的关键点。其中，A、B、D 的位置和经过该点的时间均可在灵敏部摆动过程中通过对数据的分析获

得，而 C 点的位置和时间信息需根据计算得出。根据灵敏部摆动曲线的对称性，以及 A 与 C 关于 B 点的对称关系，计算公式如下

$$C = B - (A - B) = 2B - A \tag{7-5}$$

$$t_C = t_2 + (t_2 - t_1) = 2t_2 - t_1 \tag{7-6}$$

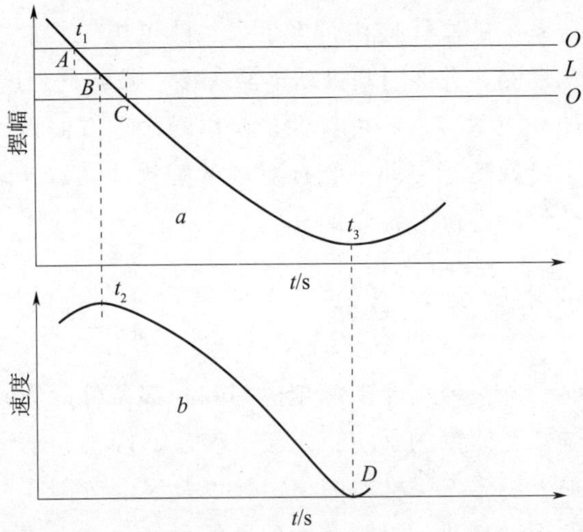

图 7-12　辨识原理

因此，当陀螺仪灵敏部至少一次经过 A、B、D 三点，记录其位置和时间信息后，开始调用数据库从上至下依次查询。若记录的值与当前数据相匹配，即将当前条目的值作为最终结果输出显示并跳出数据库；若与当前数据不匹配，则继续查询下一条，直到找到相匹配的数据得出结果并跳出数据库为止。但当库中数据量较少时，会出现无匹配数据的情况，这时将不能得出寻北结果。为了避免该情况的发生，程序会在没有匹配数据时自动调用中天法进行计算，以保证本次测量的寻北精度。当库中数据足够多时，这种情况发生的概率将会很小。

第8章　陀螺寻北系统环境适应性设计

陀螺寻北系统的军民应用，多集中在隧道施工、矿山开采、大地测量、资源勘测、各类陆基机动车辆或移动武器平台这类条件下，这就对设备的环境适应性、可靠性、使用寿命等方面提出了较高的要求。本章主要就陀螺寻北系统针对动基座扰动、磁屏蔽两个方面影响的适应性设计进行了简要介绍。

8.1　抗动基座扰动方法

陀螺寻北系统振动可能来源于内部和外部条件的影响。内部的影响包括：陀螺经纬仪的马达由定子、转子、端盖和轴承等组合件组成，由于加工、装配、材料的稳定性以及温升等因素的影响，造成较高的温度梯度变化，引起较大的随机质量位移，使其中心位置发生变化，从而引起马达转子转动不平衡，产生强迫力矩，引起陀螺马达振动，即陀螺经纬仪产生振动。更为重要的振动是来自外部的影响所产生的基座扰动：主要有车辆发动机、电机和变速箱产生的高频干扰振动，人员扰动和阵风引起的低频干扰，地基沉降带来的近似常值扰动，以及其他振动传递来的干扰等。

以上各种振动源的影响，以陀螺经纬仪为例，会使得陀螺的运动除正常摆动之外，还附加章动运动，以致陀螺定向时存在偏差。地面振动幅度不大时，对陀螺经纬仪的测量精度影响不会很大，但明显的振动会对其测量产生一定程度的影响。

振动的影响对捷联式寻北仪的作用更加显著，是不得不考虑的误差项。在多数应用场合中，要求寻北仪在纬度$\pm 70°$范围内的测角精度达到1 mrad（0.057°）。已知当寻北精度为1 mrad时，要求测量地球自转水平分量的测量精度达到10^{-3}数量级。纬度为$\pm 45°$时，地球自转水平分量为 0.185 1 rad/h，这就要求陀螺必须能够测量 0.185 1 mrad/h 的小角速度。由于寻北仪中陀螺固联在基座上，陀螺不仅敏感地球自转的水平分量，而且还敏感通过基座传递过来的全部绕其敏感轴的角运动干扰，因此这也就意味着基座的任何微小的扰动都将严重影响寻北仪的寻北精度。

本节就以捷联式寻北仪的动基座误差问题作为主要研究对象。影响寻北仪精度的主要误差源有陀螺仪误差、加速度计误差、外界扰动及观测噪声等。双位置法寻北可以消除陀螺仪常值漂移和加速度计零偏的影响；陀螺仪和加速度计刻度因数误差、陀螺仪随机漂移及与重力加速度一次项有关的漂移，可通过温控和缩短采样时间的方法加以抑制；观测噪声对寻北精度的影响可通过滤波的方法减弱。而对于外界扰动形成的基座运动对寻北精度的影响，处理方法较多，但目前尚无公认的理想解决方法，本章介绍其中几种应用较为广泛的数据处理方法。

8.1.1　传统方法抗干扰

降低基座扰动影响的主要方法有滤波、采用加速度计或倾斜传感器进行补偿和连续转动等。连续转动方法对机械系统设计质量有很高的要求，测试精度由机械不稳定性和转动陀螺时所产生的噪声确定。为提高捷联寻北仪抗动态干扰能力，工程中常采用简单的平均值滤波方法对陀螺和加速度计输出数据进行处理。该方法的优点是能在一定程度上减少动态干扰的影响；缺点是一些明显不合理数据（如采样过程中因干扰引起的突变信号）也被平均在结果中，使数据的准确性降低。卡尔曼滤波器由于需知道干扰的准确模型，因此在实际使用中尚存在很多局限性。陀螺和加速度计输出的有用信号为直流信号，由于扰动信号的频率一般为 0.1～35.0 Hz，低通滤波效果并不明显，其原因是低通滤波在低信噪比情况下，不仅对信噪比改善不大，而且还模糊了位置（时间）信息。有的文献中阐述的模型可利用加速度计消除常值低频干扰的影响，但这种模型未考虑基座平移运动对加速度计的影响。当干扰为近似平稳随机过程，如发动机振动引起的高频干扰时，采用滤波方法效果明显。但实际的基座扰动多为时变的随机信号，当其非平稳性较显著时滤波的效果将明显下降。

8.1.2 小波变换法抗干扰

李氏指数（Lipschitz exponent）α（又称奇异指数），是表征函数局部奇异性的一种度量，函数越光滑，α 值越大。在多尺度下，小波变换的模极大值与李氏指数的关系为

$$\lg \mid W_a f(t) \mid \leqslant \lg k + \alpha \lg a \tag{8-1}$$

式中 k——一个与所用小波函数有关的常数。

由式（8-1）知，若信号 $f(t)$ 在一点或一个区间的 α 值大于 0，则随尺度 a 的增大，模极大值也增大，反之则减小。并且已经证明，一般信号的李氏指数大于 0，冲激函数的李氏指数 $\alpha = -1$，白噪声的李氏指数 $\alpha = -1/2-\varepsilon$。

一方面，小波变换幅值随尺度的衰减性与信号的一致及点态李氏正则性相关；另一方面，如果信号没有突变点，则小波变换不存在极大值。这两点构成了小波去噪的理论依据。根据这一思想，马拉特（Mallat）提出利用模极大值重构原信号，并证明模极大值重构法可以重构近似程度非常好的原信号。耶鲁大学的科伊夫曼（Coifman）和斯坦福大学的多诺霍（Donoho）提出了直接基于阈值决策的子波域非线性去噪法（C-D 方法）。针对待处理信号的特征，综合这两种去噪方法的特点，有学者提出软阈值和模极大值相结合的去噪法。

C-D 算法能得到原信号的近似最优估计，且采用软阈值法所得到估计信号至少同原信号同样的光滑、算法简单、实用性很强。软阈值法表示为

$$w_f = T_s(w_f, T) = \begin{cases} \operatorname{sgn}(w_f)(\mid w_f \mid - T), & \mid w_f \mid \geqslant T \\ 0, & \mid w_f \mid < T \end{cases} \tag{8-2}$$

式中，w_f 为信号在各尺度下的小波变换系数，$T=\sigma\left[2\ln(n)\right]^{1/2}$ 为全局阈值，$\sigma=\mathrm{MAD}(w_{fj,k})/0.674\ 5$ 为噪声的标准差的估计，$\mathrm{MAD}(w_{fj,k})$ 为 $w_{fj,k}$ 的绝对偏差中值。

图 8-1（a）是在阵风下陀螺 y 轴输出的脉冲数（加速度计所感测的信号特点与陀螺相似，只是信号大小有区别）。图 8-1（b）是采用椭圆低通滤波器的滤波效果及频谱图。从频谱图中可以看出，噪声幅值衰减很小，滤波前方位角 $\varphi=5\ 752.4$ mrad，滤波后 $\varphi=5\ 750.2$ mrad，与真值 $\varphi=5\ 739.7$ mrad 仍有较大误差。

图 8-2 是采用 Daubechies 4 阶小波对图 8-1 的原始信号进行 5 尺度分解，采用软阈值去噪后的信号及频谱图，d_i（$i=1$，2，3，4，5）表示分解的层数。从图 8-2 中可以看出，干扰频率集中在 1 Hz 左右，经过小波重构后扰动频率的幅值有一定的衰减（比低通滤波衰减得大），但是干扰信号依然较大，计算方位角 $\varphi=5\ 747.4$ mrad 也不能满足指标要求。

对信号进行小波分析，说明出现以上现象的原因。图 8-3 是干扰信号在各尺度下的小波分解系数，图 8-4 是各尺度下小波变换的模极大值（图中把非模极大值的小波系数置 0，从而可以清楚地看到模极大值出现的时刻），从中可以看到以下两个重要现象：

1）大尺度上模极大值出现的时刻均是干扰出现的时刻，且小波变换系数的极大值并不随尺度的增大而减小；

2）小尺度上的模极大值比较密集，并随尺度的增加部分衰减。

因此，采用软阈值去噪法只能把模极大值随尺度增大而减小的干扰去除，对随尺度增大而增大或不变的扰动作为信号保留下来，没有完全去噪，因此必须采取其他措施。

结合小波分解结果及有用信号的特点进行分析可以得出以下结论：

1）有用信号是平稳信号，并且不随时间上下波动，没有奇异点或突变点，因此不存在能被小波检测出的极大值；

2）小波变换的模极大值出现的地方均是干扰存在的地方，因此

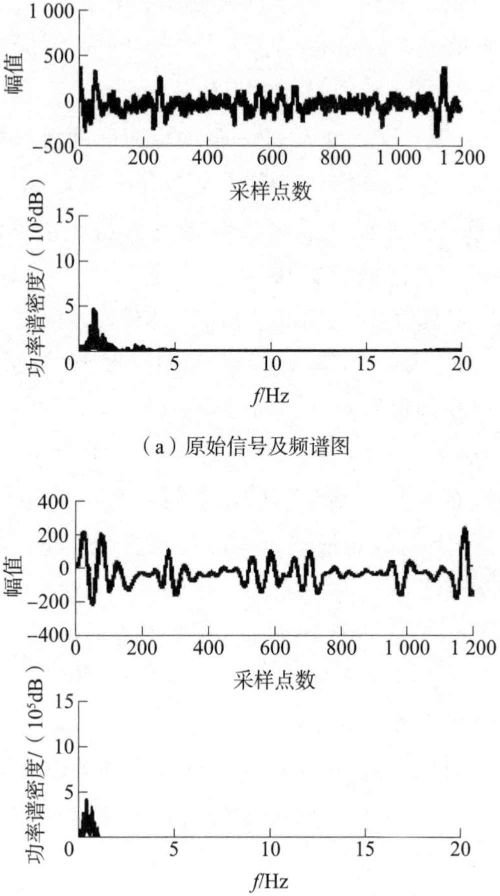

（a）原始信号及频谱图

（b）低通滤波后的信号及频谱图

图 8－1　陀螺信号及频谱图

需要对所在区域进行处理。

有文献把模极大值所在区域中的数据直接剔除，该方法在干扰持续时间比较短的情况中有很高的精度。但在野外工作环境中，干扰可能一直伴随着整个采样过程，因此其局限性是明显的。据此且受软阈值方法启发，直接把检测出的模极大值置 0。图 8－5 为各种重构信号的比较，从图中可见，一方面信号依然不平稳且存在较大

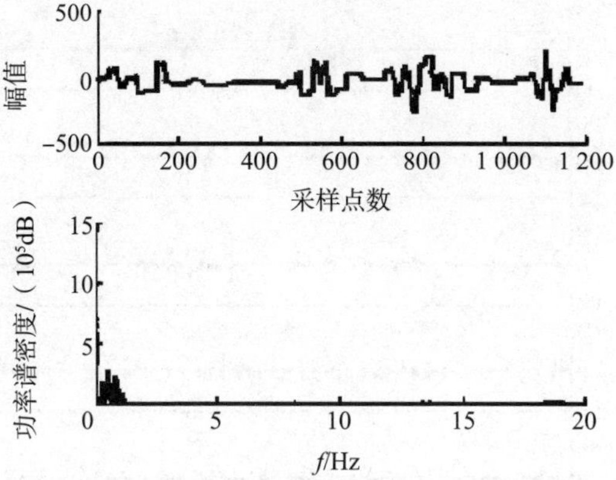

图 8－2　采用软阈值重建信号及频谱图

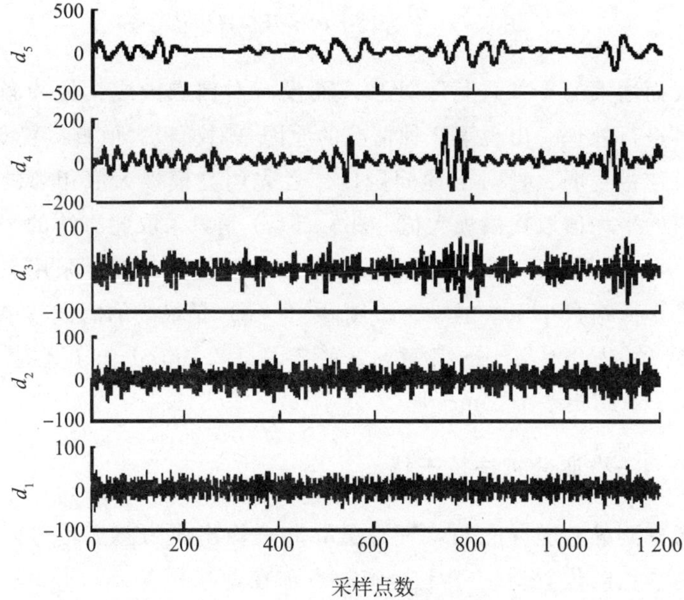

图 8－3　信号小波分解图

干扰，另一方面 0～100 采样点之间的数据小于真实有用信号200～400 采样点之间的数据。出现第 1 种情况的原因是只对模极大值随尺

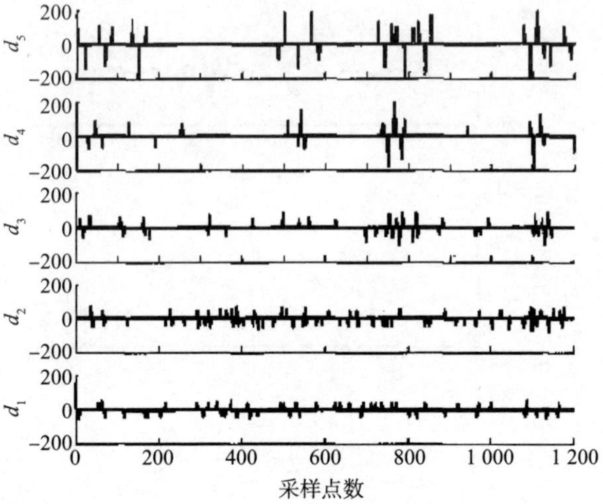

图 8-4　各尺度下的信号模极大值

度增大而增大的干扰进行了处理，而没有对白噪声或其他冲激扰动的信号进行处理。出现第 2 种情况的原因是对模极大值直接置 0，导致部分信号变弱。针对上述问题，作者先用与模极大值相邻的非模极大值的平均值取代模极大值［图 8-5(c) 是只采取此方法的去噪效果，$\varphi=5\ 744.5$ mrad］，然后，在模极大值去噪基础上采用软阈值法消去李氏指数小于 0 的噪声。图 8-5（d）是最终的滤波效果，可以看到效果令人十分满意，$\varphi=5\ 741.2$ mrad，与真值 $\varphi=5\ 739.7$ mrad相差 1.5 mrad。

8.1.3　B-小波分析法抗干扰

考虑到静基座寻北时，理论上寻北仪输出应为直流信号，因此信号奇异点的位置对应于干扰施加点。在此采用 C. K. Chui 等提出的具有广义线性相位的紧支撑基数样条 B-小波对陀螺仪和加速度计的信号进行处理。在滤波的同时，利用多尺度小波变换模极大值的变化趋势对信号波形特征进行提取，确定奇异点的位置。

根据多分辨率分析的理论，对能量有限信号 $f(t)\in L^2(R)$ 进行

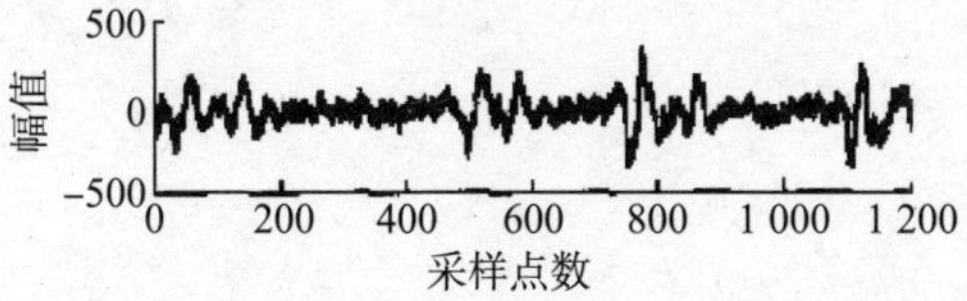

（a）原始信号

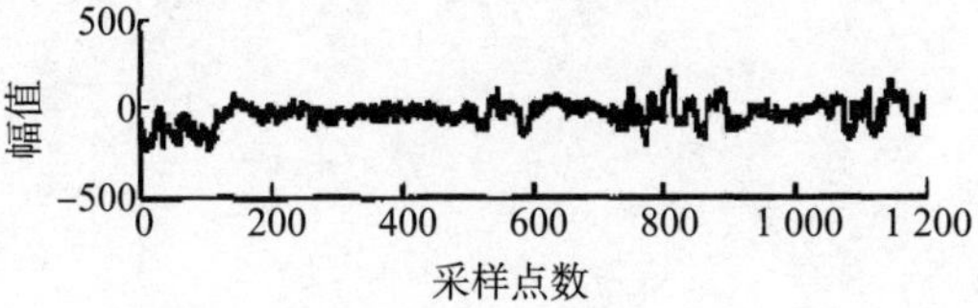

（b）模极大值置0

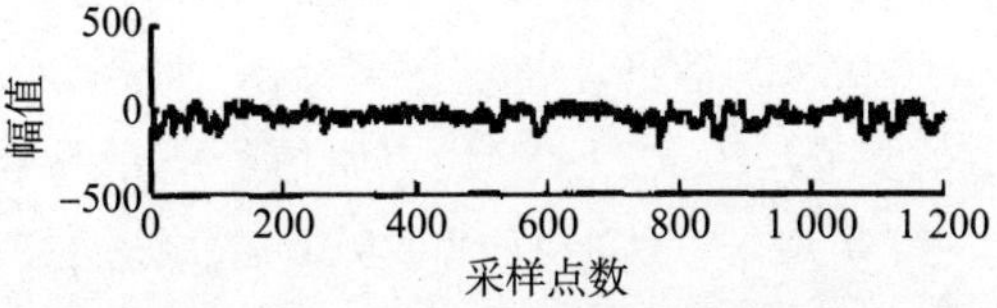

（c）相邻的非模极大值的平均值代替模极大值

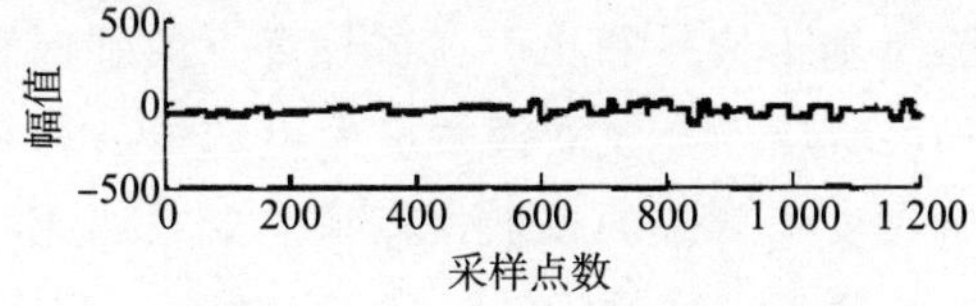

（d）在（c）基础上进行软阈值去噪

图 8－5　各种重构信号比较

多尺度小波分解，等价于将信号投影到 Hibert 空间 $L^2(R)$ 中具有不同的时间和频率分辨率的相互直交（正交）的闭子空间 W_j 和 V_j 中

$$f = f_0 = f_N + d_N + d_{N-1} + \cdots + d_2 + d_1 = \sum_{j=1}^{N} d_j \quad (8-3)$$

式中，$f_j = \sum_k (f, \varphi_{j,k}), \varphi_{j,k} \in v_j$；$d_j = \sum_k (f, \psi_{j,k}), \psi_{j,k} \in W_j$；$j \in \mathbf{Z}$，$W_j$ 代表小波空间，与其相应的是尺度子空间 V_j。

$$\begin{cases} W_j = \mathrm{clos}_{L^2(R)}(\psi_{j,k}), k \in \mathbf{Z} \\ V_j = \mathrm{clos}_{L^2(R)}(\varphi_{j,k}), k \in \mathbf{Z} \end{cases} \tag{8-4}$$

式中

$$\begin{cases} \psi_{j,k}(t) = 2^{-j/2}\psi(2^{-j}t - k) \\ \varphi_{j,k}(x) = 2^{-j/2}\varphi(2^{-j}x - k) \end{cases} \tag{8-5}$$

即由尺度函数 $\varphi(x)$ 和小波函数 $\psi(x)$ 的平移和伸缩分别构成 V_j 和 W_j 中的 Riesz 基，而

$$L^2(R) = \sum_{j \in \mathbf{Z}} W_j = \cdots + W_{-1} + W_0 + W_1 + \cdots \tag{8-6}$$

$$V_j = V_{j+1} + W_{j+1} \tag{8-7}$$

式中，W_{j+1} 对应 V_j 中的高频部分，V_{j+1} 对应 V_j 中的低频部分。随着尺度 j 的增大，W_j 中信号的频率分辨率增加，时间分辨率降低。

从式（8-3）中可以看出，若仅保留 f_N，而令 d_j 为 0，可实现对应于尺度 N 的带宽为 $B^f/2^N$（B^f 代表原信号 f 的带宽）的低通滤波；令 f_N 为 0，可实现带宽为（$1-2^{-N}$）B^f 的高通滤波。若令 d_j 中的特定部分为 0，则实现相应频段的带通滤波。要实现更细致频段的滤波，可采用小波包算法。

而小波消噪是基于信号和噪声在多尺度下的不同表现，即随着尺度 j 加大，噪声对应的小波变换模极大点的密度和幅值会显著减小。这样，在大尺度下剩余的模极大点将主要是属于信号的。以此为基础，可以采用由粗到精的策略跟踪各尺度下小波变换模极大值，找出属于信号的部分，并将属于噪声的部分去除。噪声在各个不同尺度上的表现也是不相关的，因此，对相邻尺度上的信号分量进行相关处理，也可有效地消除噪声。

波形特性提取通常包括信号突变点位置的检测和突变点性质的辨识。信号突变点位置的检测可以通过利用具有广义线性相位的小波对信号进行多尺度变换，并检测各尺度上的模极大点或过零点实现。信号突变点的表现具有局部性，且关于突变中心局部奇对称或偶对称。若用一个局部奇对称或偶对称的信号与突变信号作卷积，并在突变中心点附近的局部范围内观察卷积结果，则有如下规律：

局部奇对称的信号之间或局部偶对称的信号之间作卷积，结果为局部偶对称的信号；局部奇对称的信号与局部偶对称的信号作卷识的结果则为局部奇对称的信号。

具有广义线性相位的小波是局部奇对称或偶对称的，小波变换的内积形式也可看做是一种卷积形式，因此小波变换的局部模极大点或过零点能表现出信号的局部突变性质。这和采用对称平滑函数（如 3 次中心样条函数或高斯函数）的一、二阶导数作为小波函数对信号进行多尺度分析的结果类似。对突变点性质的辨识可以通过计算李氏指数实现。李氏指数是表征信号局部特征的一种度量。小波变换模极大值和李氏指数 α 之间的关系可用下式说明

$$|WT_{2^j}f(t)| \leqslant K2^{j\alpha} \quad (1 \leqslant j \leqslant N) \tag{8-8}$$

式中　K——与所用小波函数有关的常数。

式（8－8）说明，对于具有不同李氏指数的局部奇异点，其小波变换系数的模极大值将随尺度 j 的改变而变化。因此，可以从小波变换模极大值的变化状况反推信号在奇异点处的突变程度和类型。

8.1.4　神经网络法抗干扰

神经网络是近年来新兴的一门学科，在导航系统中可被用来对非线性数据进行建模。目前已有数十种神经网络模型，可用来实现函数逼近、数据聚集、优化计算等功能。神经网络的一般模型如图 8－6 所示。

图 8－6 中，I_1，I_2，I_3，I_4 代表神经网络的输入，O 代表神经网络的输出。如果输入和输出存在着如下的函数关系

$$O = f(I_1, I_2, I_3, I_4) \tag{8-9}$$

则函数 f 非常复杂，不能用数学表达式明确地表示出来。而神经网络具有强大的函数逼近能力。只要给出函数的输入和输出的样本，输入样本对函数的输入空间具有遍历性，通过学习及适当调整各种神经元之间的连接权值，神经网络就能很好地逼近函数方程。

由于神经网络具有强大的函数逼近能力，因此如果应用神经网

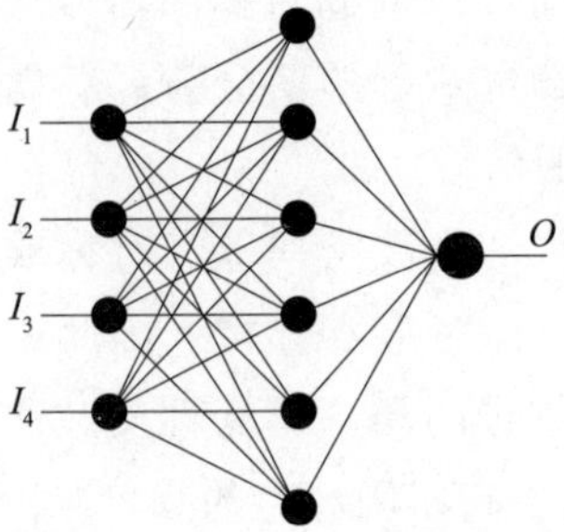

图 8-6　神经网络结构

络逼近寻北仪的输出曲线，从而去除冲击干扰，应用低通滤波器减弱低频干扰的效果，能得到较好的滤波效果。组合滤波器结构如图 8-7 所示。其滤波过程为：在采集寻北仪输出信号的同时，应用神经网络对输出信号作一步预测；判断寻北仪输出是否为冲击干扰信号，若不是，则应用此信号在线训练神经网络，输出采用实际输出，否则输出采用神经网络的一步预测值，将输出信号送至低通滤波器。

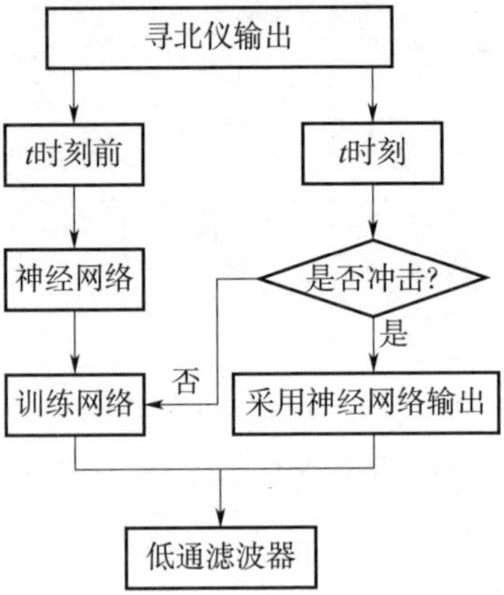

图 8-7　组合滤波器结构

8.2　磁屏蔽设计

8.2.1　磁屏蔽的必要性

陀螺寻北系统尤其是陀螺经纬仪，其保障高精度的基础就是陀螺的运动不受外界干扰，没有多余的干扰力矩。因此在陀螺灵敏部的设计中，为了防止磁性力矩对其干扰，除尽量避免选用磁性材料制造仪器零件外，最有效的办法是在陀螺灵敏部周围采用高磁导率的磁屏蔽罩，用于隔绝外磁场，从而降低磁性力矩。

所谓磁屏蔽的目的，通常是保护电子线路免于受到诸如永磁体、变压器、电机、线圈、电缆等所产生的磁场的干扰，或者自身屏蔽强的磁干扰源使它免于干扰附近的元器件功能。

8.2.2　磁性材料及其性能

自然界中有电的良导体，如各类金属材料；也有导磁性能好的材料，如硅钢、坡莫合金等。按导磁性能的好坏，大体上可将物质分为两类：磁性材料（也称为铁磁材料）和非磁性材料，其各自的性能如表 8－1 所示。

磁屏蔽体由磁性材料制成，衡量材料导磁能力的参数是磁导率，通常以数字来表示相对大小。真空磁导率为 1，屏蔽材料的磁导率为 200～350 000；磁屏蔽材料的另一个重要参数是饱和磁化强度。磁屏蔽材料一般分为三类，即高导磁材料、中导磁材料和高饱和材料。

高导磁材料的磁导率在 80 000～350 000 之间，经热处理后其饱和场可达 7 500 Gs（1 Gs＝10^{-4} T）；中导磁材料通常和高导材料一起使用，其磁导率为 12 500～150 000，饱和场 15 500 Gs；高饱和材料的磁导率为 200～50 000，饱和场可达 180 00～21 000 Gs。表 8－2 为几种常用磁性材料的磁导率。

表 8-1　磁性材料与非磁性材料

	磁性材料	非磁性材料
材料名称	铁、钴、镍、钆及其合金	汞、铜、硫、氯、氢、银、金、锌、铅、氧、氮、铝、铂等
导磁性	$\mu_r \gg 1$，高导磁性，在磁场中可被强烈磁化	$\mu_r \approx 1$，不能被强烈磁化
磁饱和性	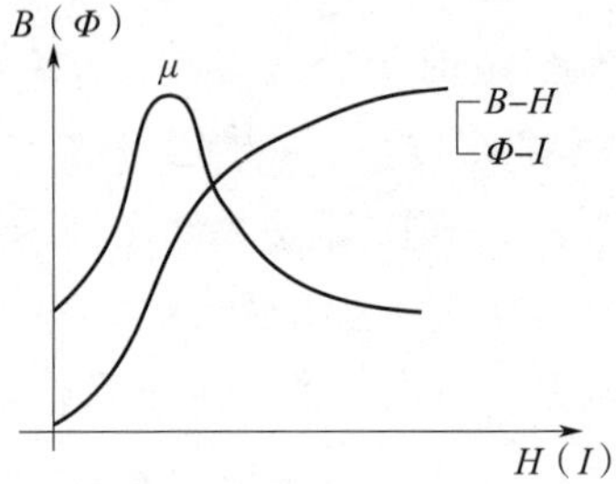	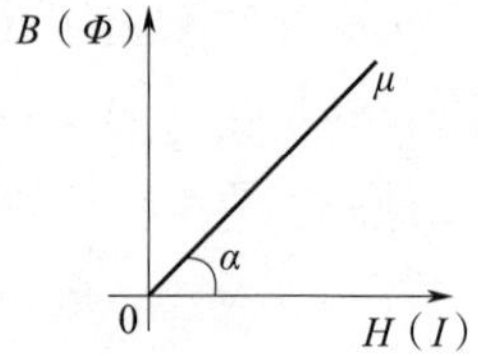 1. $B(\Phi)$ 正比于 $H(I)$，无磁饱和现象。 2. $\mu = B/H = \tan\alpha$ 为一常数，μ 不随 $H(I)$ 的变化而变化
磁滞性	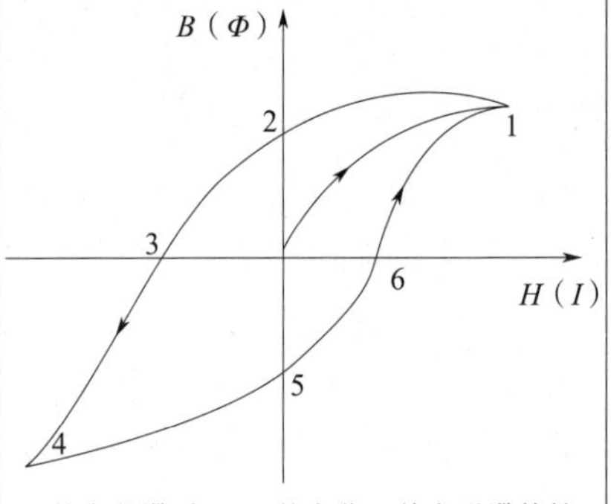 B 的变化滞后于 H 的变化，故名磁滞特性	无磁滞性

表 8-2　几种常用磁性材料的磁导率

材料名称	铸铁	硅钢片	镍锌铁氧体	锰锌铁氧体	坡莫合金
相对磁导率 $\mu_r = \mu/\mu_0$	200～400	7 000～10 000	10～1 000	300～5 000	2×10^4～2×10^5

对于屏蔽体来说，所选择材料的类型对其性能和成本影响极大。磁屏蔽材料要根据各自的特性进行选择，特别是磁导率和磁饱和性能。由于在变更低频磁场方向的效能，所以高磁导率材料（比如含

80％的镍合金 Mumetal，它是一种高磁导率铁镍合金）是经常使用的屏蔽材料。这些合金可满足 MIL－N－14411C 部分 1 和 ASTMA753－97 样式 4 的要求。可得到的合金相对较薄的厚度为 0.02～0.125 in，并极易被有经验的屏蔽加工者加工出来。

当需要在极小空间内降低磁场时，一般使用这些典型合金。在需要提供比要求更高功能屏蔽时，或是磁场强度（在较高场强时更为典型）需要具有更高饱和值材料时，这些材料常被选中。

在屏蔽目标仅需要稍微减少场强时，或是当场强足以使高磁导率屏蔽体饱和时，超低碳钢（ULCS）可能是最佳的选择。这些较低成本材料的碳含量典型小于 0.01％；与其他钢相比，其有较高的磁导率和极优的饱和性能。这些材料具有较小的柔韧性，并比硅钢较容易制造，这就使得在大面积屏蔽项目中容易安装和以同样的方式加工出小型组件。超低碳钢可与高磁导率材料一起使用，以为需要高饱和保护和高衰减等级建立最佳的屏蔽体。

对于低温用的屏蔽体，Cryoperm10（为德国 Vaccumschmelze GmbHg 公司的注册商标）是一种最佳选择。与 Mumetal 一样，Cryoperm10 也是一种高磁导率镍铁合金，它是经特殊加工而成的，以提供在降低温度时使磁导率增加的性能。标准的屏蔽合金（比如 Mumetal）在低温时就失去了其大部分磁导率，但是 Cryoperm10 在温度由 77.3 K 到 4.2 K 时磁导率却增加了 10 倍。表 8－3 为最常用的屏蔽材料的磁导率饱和值的比较。

表 8－3　常用的屏蔽材料的磁导率饱和值的比较

材料	饱和性能/Gs	磁导率	
		μ（最大）	μ（40）
Amumetal（80％镍）	8 000	40 000	60 000
Amunickel（48％镍）	15 000	150 000	12 000
Cryoperm10	9 000	250 000	65 000
超低碳钢	22 000	4 000	1 000

8.2.3 屏蔽体的设计

大部分屏蔽体设计的理想模型是基于圆形或无限长的圆柱体几何形状。在实际应用中，所给定屏蔽体的实际形状由器件结构和屏蔽体自身的可利用空间所决定。在设计屏蔽体时，要了解的重要问题是，要使磁力线旋转 90°是困难的。但是，圆形屏蔽体，比如要改变圆柱体或是具有圆形角的盒体的磁力线的方向要比改变具有方形角的屏蔽体容易一些。类似地，对于包容已进入屏蔽材料的磁力线并改变其方向，圆角要比尖角容易一些。保持可提供低磁阻路径的屏蔽体形状尽可能简单或提供磁场运动的“最低磁阻路径”是很重要的。

屏蔽体的尺寸在屏蔽效率和成本方面的重要性极大。屏蔽体的有效半径越小，其整体性能就越好。但是，设计屏蔽体的目的是使其包络试图屏蔽的组件和空间，并应该靠得很近。由于材料占屏蔽体设计的大部分成本，因此较小屏蔽体就可以在较低成本下获得较优的性能。

只要可能，屏蔽体应与所有壁靠近，以避免场泄漏。这种结构（即使是矩形）也是最接近于圆形的，它可以建立一个半闭合的磁路。另外，全部箱体可在所有轴上获得屏蔽特性，这样就可以保证最好的屏蔽性能。当需要特殊的性能和进出口时，可移动的盖板、罩和门均可组合到屏蔽体设计中去。

在利用盖板、罩和门时或使用两块或多块板构建屏蔽体时，在多块板间保持磁连续性和电接触是很重要的。可通过机械式（利用摩擦组件）或焊接保持磁连续性。在拐角或连接过渡处，使用焊接可获得最佳性能。维持表面间的连续性就可以保证磁力线连续沿其低磁阻路径前进，这样可以提高屏蔽效能。在交流场，保持磁连续性就是允许较高的感应电流屏蔽；在直流场，对于适当的磁力线分路，连续性也是重要的。

如果不能靠近屏蔽体的一端或两端，要特别注意开端的长-直径比。屏蔽体的这种长-直径比至少应为 4∶1，以避免“端接效应”和磁力线穿透屏蔽体范围。经验法则是，屏蔽体需要延伸到器件的外部，这样可以用与开孔半径相等的部分进行保护。由于增加了屏蔽体的长度，同时保持直径不变，就可以用无限长圆柱体模型进行近似。当圆柱形或矩形屏蔽体需要大的开孔时，垂直于屏蔽体壁的管可用于由于开孔而引起屏蔽体磁场强度的减少。管的长度应正比于所屏蔽的开孔的直径。

在设计过程早期就考虑上述问题，可使这些主要设计参数对屏蔽体的成本影响较小。但是，这些因素要比材料本身对屏蔽体性能的影响要大。这样，在设计屏蔽体时，通常需要最先保证这些基本参数。

8.2.4　屏蔽体厚度的计算

以下是一些常用量的定义。

1）Gs——磁通密度的单位，相当于每平方厘米面积上有一条磁力线通过。

2）磁通量——由磁场产生的所有磁力线的总和。

3）饱和磁场——材料磁感应强度渐趋于一恒定值时对应的磁场。

4）B——屏蔽体中的磁通密度（Gs，1 Gs$=10^{-4}$ T）。

5）d——屏蔽体直径（当屏蔽体为矩形时指最长边的尺寸）。

6）$H_{\circ}$——外场强度（Oe，1 Oe$=\frac{1\,000}{4\pi}$ A/m）。

7）μ——材料磁导率。

8）A——衰减量（相对值）。

9）t——屏蔽体厚度。

10）磁场强度——屏蔽体中磁场强度，用下面公式估算

$$B = 2.5dH_{\circ}/2t$$

如用厚度为 0.060 in 的材料制成直径为 1.5 in 的屏蔽体，在

80 Gs的磁场中其内部磁场为 2 500 Gs。

屏蔽体厚度可用以下公式估算

$$t = Ad/\mu$$

如用磁导率为 80 000 的材料制成直径为 1.5 in 的屏蔽体，当要求实现 1 000/1 的衰减量时，屏蔽体的厚度为 t=1 000×1.5/80 000 =0.019 in。

厚度设计还应综合考虑性价比的因素，一般屏蔽材料的磁导率应不低于 80 000，否则就要增加厚度以达到同样的屏蔽效果，这将会导致费用的增加。

当场强很强时，厚度的选取应使材料工作于磁导率最大的场强下。如当材料的磁导率在场强为 2 300～2 500 Gs 时磁导率最大，则所需厚度为（单位：in）

$$t = 1.25dH_o/B$$

如直径为 1.5 in，长度为 6 in 的屏蔽体置于 80 Gs 的磁场中，所需的厚度是 0.060 in。磁场衰减率可用下式估算

$$A = \mu t/d$$

用此式对上面的数据计算可得到，当材料磁导率为 350 000 时，其衰减率为 1 4000。

被屏蔽空间内磁通密度为

$$B = H_o/A$$

同样利用以上数据，则被屏蔽空间的磁场为 0.005 7 Gs。

8.2.5 屏蔽体的生产工艺

一种好的屏蔽体设计要涉及加工过程，其可提供所需要的结构和特性。在过去，大部分磁屏蔽体是用标准的精密片状金属加工技术通过剪切、穿孔、成型和焊接加工出来的。现在，利用先进的激光切割系统，个别部件的剪切和计算机化的数字控制冲孔都由一步激光切割技术所代替。主要的屏蔽元件的一步加工技术可使加工时间更快，降低加工成本，而无须采用高成本的加工方法。特别是对

于型材和特殊设备（比如专用切割和系列化设备），这种过程可为屏蔽设计者提供更大的灵活性。

利用母材并使用缝隙和连接点的氩弧焊或叠层缝隙的点焊，就可以组装多个屏蔽元件。氩弧焊可使组装的屏蔽体得到最佳化的磁连续性，它可用于使用高屏蔽性能方面。对于大部分应用，与氩弧焊相比，法兰和叠层连接的点焊可获得更高级的磁连续性。

为使典型的屏蔽合金（如 Mumetal）达到最佳性能，还要进行特殊的被称为氢退火的热处理循环。一旦所有加工过程完成，就可以进行退火过程。但在退火以后，对屏蔽体进行的冲击和振动试验，将降低材料的性能。严格遵守所规定的退火周期，不但能保证获得最佳磁屏蔽性能，而且还可以将未退火材料的磁导率平均提高 40 倍。

8.2.6　磁屏蔽设计的其他要点

1）开始设计前要正确估算干扰场的大小和频率，其次，正确评价能承受的干扰场的大小。

2）用以屏蔽很强的磁场时，可采用多层屏蔽的结构。如果可能，两层屏蔽体间保留 1/2 in 的间隙。

3）在屏蔽如真空泵产生的强磁场时，要采用多层屏蔽结构。其中，内层用低磁导率材料，中间层用中磁导率材料，外层用高磁导率材料。

4）用单层结构屏蔽诸如 CRT 等及其敏感的设备时，应在离设备 5 in 处形成一个完整的屏蔽体；当设备体积很大时，只需对关键部分如磁轭等部位进行屏蔽即可。

5）对于极低场的要求，通常采用 3 层屏蔽的方式，其中外层屏蔽用高磁导率材料，在内外屏蔽层间是 Cu 层。在 Cu 层上通以强的交流电流可对内屏蔽层消磁，同时 Cu 层还可以屏蔽静磁场的干扰。

6）对于磁屏蔽结构，在材料厚度允许的时候可采用搭接点焊，交接尺寸至少 3/8 in。在直径发生变化或结构有拐角的地方，应采用氦弧焊。

7）使用片状材料的要点：在屏蔽小元件时，刚性结构加工应用都不方便，这时片状材料是一个很好的选择，但要注意为减少磁散射发生，结构中应避免出现尖锐的拐角；如果结构上需要开孔或缝，则应力求其边角采用圆弧形式。

8）当屏蔽圆柱形物体时，每一层的搭接尺寸不少于 3/4 in，而且第一层的接口位于 180°的位置，则下一层的接口位于 90°的位置，再下一层又位于 180°的位置……

9）为了提高屏蔽效果，每两层屏蔽间保留 3～4 倍于薄片厚度的空间。

10）因为薄片材料具有极高的磁导率，因此使用中应避免对其连续螺旋状卷绕，否则将有可能在屏蔽体中产生相当于磁极的结构。

11）当在薄片材料上钻孔时，应确保是在正确的加工片状金属的条件下进行，而不是在普通的金属加工条件下操作，因为普通的操作方式会产生螺丝起子效应，导致薄片发生弯曲，从而减小材料的磁导率，导致屏蔽效果的降低。

8.2.7 寻北系统磁屏蔽的退化与校验

由于一般磁屏蔽的材料为软磁合金，它既有高的磁导率和防护品质，又有对碰撞特别灵敏的缺点，同时还有剩余变形，因此当仪器使用时间较长时，会发生自然老化、磁导率减小，特别是有碰撞变形时屏蔽效果显著减少，这时如果定向，外磁场将有部分进入灵敏部，与灵敏部存在相互作用力，从而影响陀螺方位角，因此必须定期检测磁屏蔽的防护稳定性。就悬带式陀螺仪而言，一种最简单的间接检测方法，就是将悬带上夹沿东、南、西、北四个方向定位，分别观测陀螺仪的悬带零位，然后根据零位差 K 便可判断陀螺仪磁屏蔽防护质量的稳定性。

第 9 章　陀螺寻北系统的应用

陀螺寻北系统在国民经济以及军事各领域都有着广泛的应用。使用陀螺寻北系统获取方位信息时，依据行业特点和约束条件的不同，有很多种不同的观测手段和作业流程。方位的传递和瞄准是其中最为常用和基础的环节，许多陀螺寻北系统的典型应用都需要应用该项技术。

9.1　各类典型寻北应用

9.1.1　隧道工程中心线的测量

在矿山、交通等行业的施工和建设过程中，隧道的盾构挖掘（shield tunnel）由于在地面下进行，北向信息的获取是工程能否顺利开展的基础。在隧道等挖掘工程中，坑内的中心线测量一般采用难以保证精度的长距离导线。特别是进行盾构挖掘时，从立坑的短基准中心线出发必须有很高的测角精度和移站精度，测量中还要经常进行地面和地下的对应检查，以确保测量的精度。然而在密集的城市地区，因不可能进行过多的检测作业而使确保测量精度遇到困难。如果使用陀螺经纬仪可以得到绝对高精度的方位基准，而且可减少耗费很高的检测作业（检查点最少），是一种效率很高的中心线测量方法，典型的中心线测量如图 9－1 所示。

9.1.2　测绘存在通视障碍时方向角的获取

地面测绘有时也存在通视障碍，无法观测某些参照开展作业的情况，该条件下不能从已知点取得方向角时，则可以采用天文测量

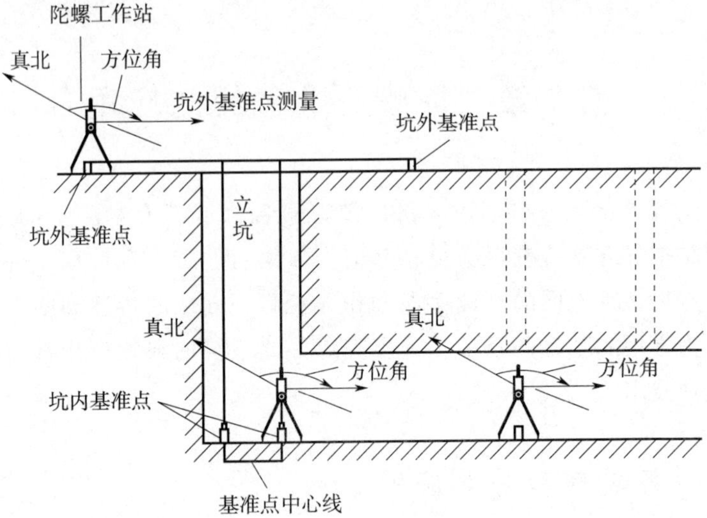

图 9-1　盾构挖掘的中心线测量

或陀螺经纬仪测量的方法获取方向角。与天文测量比较，陀螺经纬仪测量的方法有很多优越性：对天气的依赖少，与云的多少无关，无须复杂的天文计算，在现场可以得到任意测线的方位角从而容易计算闭合差。典型测量如图 9-2 所示。

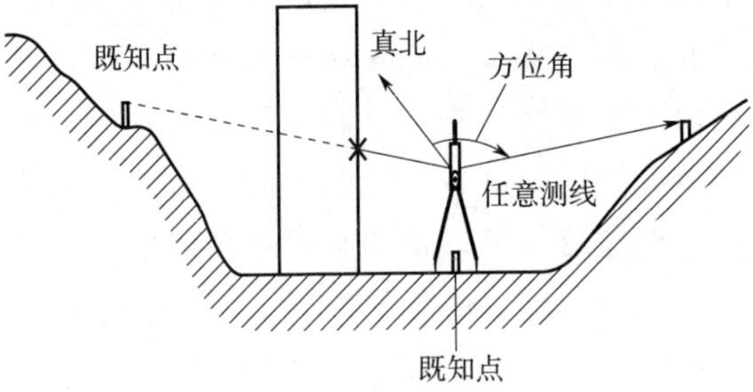

图 9-2　通视障碍时的方向角获取

9.1.3 建筑日影计算所需的真北测定

所谓日影计算是指在建筑设计过程中，由于城市或近郊地区对高层建筑有日照或日影条件的高度限制，因此在建筑物设计和申报审批时，要进行日影计算并附加日影图。准确的日影图，以冬至日太阳时的 8 点至 16 点为基准，因此离开现场的计算和绘图时就需要知道准确的真北方位。为了计算、绘制图面所需要的高精度真北方向，常使用陀螺经纬仪进行测量，从而可以在不受天气、时间影响的情况下获得真北信息。

9.1.4 军事中武器系统的瞄准

陀螺寻北系统在军事测地作业中可以发挥巨大的作用，即为火炮、导弹等武器系统赋予基准射向而进行的测量作业。获得北向信息是统一射击指挥和确定火炮、导弹发射诸元的基础，但是受测地器材等条件的限制，常规作业方法使得测地保障在一定程度上制约了武器威力的有效发挥。如在炮兵部队测地作业中，不论是控制测量还是连测炮兵战斗队形，获取较高精度方位的方法有以下几种：根据成果资料查取或计算方位、诱导方位、天文测定方位，它们在实际作业中均有较大的局限性，在一定程度上影响了测地作业的速度和精度。陀螺寻北系统的引入，解决了全天候精确方位获取难题，极大地完善了作业方法，利于作业方法的综合实施，使快速准确的测地保障成为现实。

9.1.5 国防工业设备测试需要

国防工业的诸多设备存在大量定向方面的需求，例如：惯性导航设备需要建立室内北向基准，惯导试验转台的零方向或轴向需要指向一定的方向；射频仿真实验室的天线（多达几百乃至上千个）需要分布在球形阵面上，并要求指向球心，有些需要真北方位，球心转台零方向需要对准球形阵面零位置；惯导试验产品需要确定真北方向；惯导试验转台需要检测转动的精度。随着我国国防、航空及载人航天事业的发展，这些领域和学科都迫切需要高精度的定向测量技术支持。

9.2 方位信息的瞄准与传递

9.2.1 方位基准与方位基准装置

在需要经常性使用北向信息进行参照的场合，常常需要对方位信息进行保存，建立各类方位基准，如各类仪器设备棱镜方位角、地标方位角，转台的安装北向等，这些基准的北向误差，将直接影响工作的质量，如惯性仪表测试准确度、工程建设方位准确度等，精度常常要求高达角秒级以上。

方位基准装置的形式，通常采用可以方便与经纬仪、准直仪等光学设备瞄准的基准棱镜、平面镜、固定地标等形式。

高精度方位基准的建立，传统的方法是采用引入天文北向至基准的手段。但这类方法在实际使用中较为繁琐，受到很多条件的限制。如某实验室需在建筑内部的专用房间（如图 9－3 所示）架设瞄准棱镜，用于提供北向基准。棱镜安装稳定后，棱镜法线与天文北向夹角需要在夜间通过天文测量、计算、校准后，由室外通过光学设备引入室内棱镜上，从而确定棱镜法线与天文北向的夹角。因房间进深较深，多处转弯，所以需要多点转换引入，非常繁琐，引入过程还将产生设备误差和操作误差。北向基准测量引入过程，需要多人多天才能完成。

基准建设标定后，在长期使用过程中，还可能因地震、地形应力释放、工程施工振动、人为误动等因素使原标定基准发生变化，因此必须定期检测。并且，棱镜基准误差的实际大小，后期只能用同样的天文方法重复验证，缺乏其他验证方法。

而陀螺寻北系统的应用，丰富了方位基准的标定和检测手段，

图9-3　棱镜

应用的方式也变得更加灵活。在任意时间和环境，都可以快速高效地对方位基准进行标校。

9.2.2　自准直技术

准直的含义就是以平面镜或立方镜的镜面法线提供一条方位基准，用经纬仪或全站仪照准镜面，合理设置仪器位置并调整其视准轴方向，使仪器的视准轴与镜面的法线重合，则经纬仪或全站仪的视准轴方向即代表了该方位基准。

所谓自准直就是利用光学成像原理使物和像都在同一个平面上的方法。例如，自准直望远镜［如图9-4（a）所示］是利用无限远的物经平面镜反射仍成像在无限远这个成像原理实现自准直的；又如，自准直显微镜［如图9-4（b）所示］则是利用位于球面镜球心处的物经球面镜反射仍成像在球心处这一原理来实现自准直的（也可利用位于平面镜表面上的物仍成像在表面上，位于球面镜顶点的物仍成像在球面顶点等成像原理）。

综上可见，要实现自准直，首先要将分划板照明，于是在自准直仪的物方便形成分划板的像，这个像对于放在自准直仪前面的平面镜或球面镜来说则是“物”。根据“物和像都在同一个平面上”这一原则，反射回来的光将在物镜的像面上形成分划板刻线的自准直

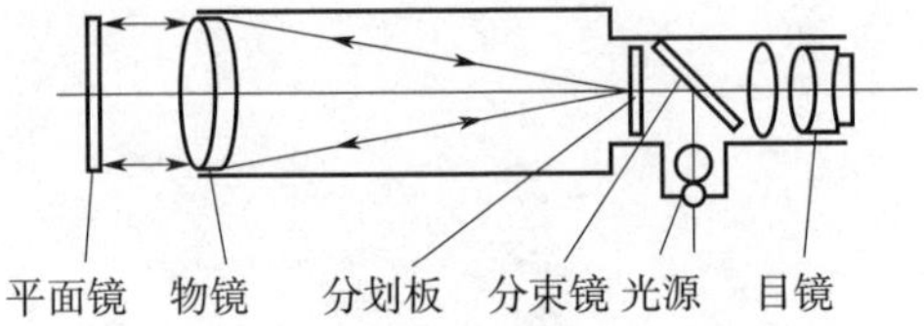

（a）自准直望远镜

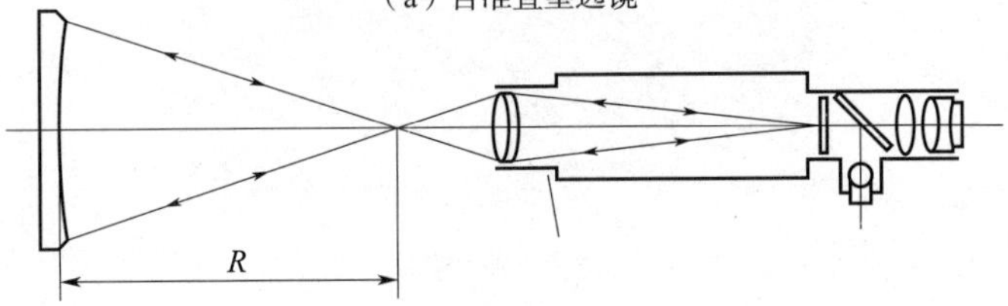

（b）自准直显微镜

图 9－4　自准直望远镜和自准直显微镜的光路

像，而且自准直像与分划板刻线本身位于同一平面，因此通过自准直目镜看去，二者是同样清晰的。

自准直目镜是一种带有分划板及分划板照明装置的目镜。一般自准直目镜不能单独使用，与望远物镜配合使用可构成自准直望远镜，与显微物镜配合使用则构成自准直显微镜。它们统称为自准直仪。

常见的照明方式有三种，相应地就有三种自准直目镜。现以组成自准直望远镜为例，分别介绍如下。

（1）高斯式自准直目镜（简称高斯目镜）

光源（乳白灯泡或小灯泡加毛玻璃）经与光轴成 45°角放置的分束板反射照明分划板，它经物镜成像在无限远，再经平面镜反射回来，又在分划板上生成其自身的像。成像光线透过分束板射向目镜，眼睛通过目镜观察，既可看到分划板上的刻线，同时又可看到刻线的自准像。如图 9－4 所示的光路即为高斯式自准直目镜、自准直望远镜和自准直显微镜的光路。

如果平面镜与自准直望远镜的视轴（分划板刻线中心与物镜后节点连线）垂直，则刻线自准像的中心与刻线自身的中心重合。

这种自准直仪的主要缺点是分划板只能采用透明板上刻不透光刻线的形式，不能采用不透明板上刻透光刻线的形式，因而像的对比度较低，且分束板的光能损失大，还会产生较强的杂光。

（2）阿贝式自准直目镜（简称阿贝目镜）

光源通过照明棱镜（加长的小直角棱镜）照明分划板的一小部分。在分划板的这部分局部镀铝，并在铝膜上刻出一透光十字线，被照明后，从物镜看去为一亮十字线。

它经物镜和平面镜后返回的自准像，必须成在分划板上不被棱镜遮挡的透明部分，才能从目镜中看到。如果平面镜垂直于物镜光轴，则亮十字线本身和它的自准像将对称位于物镜光轴与分划板交点的两侧。

阿贝目镜的分划板刻线形式之一如图 9-5 所示。分划板的中心位于光轴上，透光十字线与十字刻度线对称位于此中心的两侧。如果平面镜垂直光轴，从目镜将看到亮十字线自准像中心与十字刻度线中心重合。图 9-5（b）中虚线表示照明棱镜的位置。

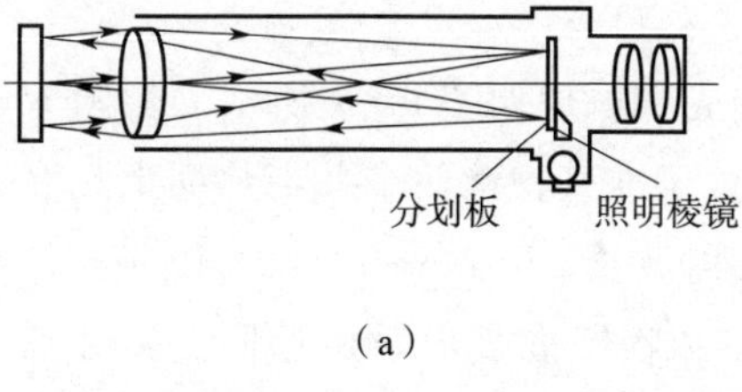

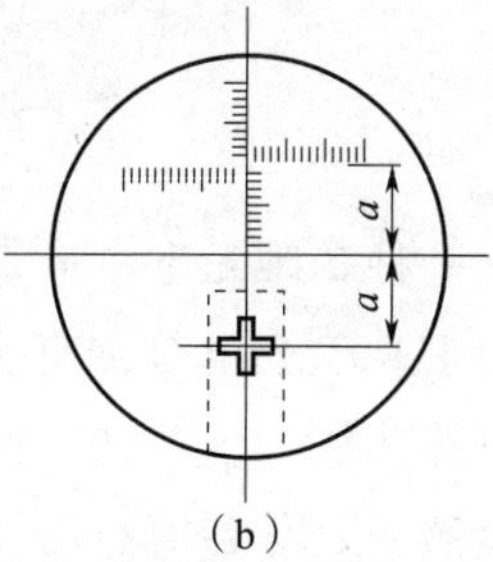

图 9-5　阿贝自准直望远镜及其分划板刻线形式

阿贝目镜的特点是射向平面镜的光线不能沿其法线入射，否则看不到亮十字线像。阿贝目镜大大改善了像的对比度，且目镜结构紧凑，焦距较短，容易做成高倍率的自准直仪；其主要缺点是直接瞄准目标时的视轴（十字刻度线中心与物镜后节点连线）与自准直时平面镜的法线不重合，且视场被部分遮挡。

（3）双分划板式自准直目镜

如图 9－6 所示，被照明的第一块分划板上的透光十字线，顺序经过分束棱镜（反射）、物镜、平面镜、物镜、分束棱镜（透射）后，成像在第二块分划板上。如果平面镜垂直于自准直望远镜的视轴，则亮十字线像的中心与第二块分划板的刻线中心重合。因此要求两块分划板都准确位于物镜焦面上，而且二者刻线中心应位于同一条视轴上。

这种自准直目镜能实现视轴与平面镜法线重合，且像的对比度好；但光能损失较阿贝目镜大，结构较复杂。其中，若一块分划板有垂轴方向移动，则会造成自准时平面镜法线与视轴不重合，故可靠性不如高斯目镜。

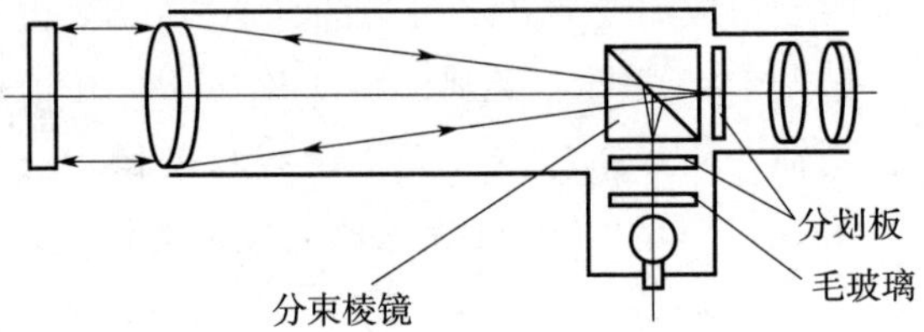

图 9－6　双分划板式自准直望远镜

一种二维光电自准直仪的光学原理如图 9－7 所示（德国 Moller 公司 HR 型光电自准直仪）。位于准直物镜两个共轭焦面上相互正交的目标狭缝，由发光二极管发射波长 660 nm 的光，经传光光纤和聚光镜照明，分别通过分束棱镜和物镜准直出射后返回，又分别成像在与目标狭缝共轭的两个线阵 CCD 探测器上。其中所形成的一路目标狭缝像光强分布如图 9－8 所示。两路 CCD 接收信号分别经 A/D 转换成数字信号，再经微电子电路组件精确完成数字信号处理，由液晶屏实时显示，USB、RS－232 接口可将两路测量数据传输到计算机分别进行 X 轴和 Y 轴两个方向的对准。

二维光电自准直仪采用了电子细分技术，使其达到 0.01″的对准精度。首先，对线阵 CCD 的 1 728 个像素信号进行信号滤波和降噪

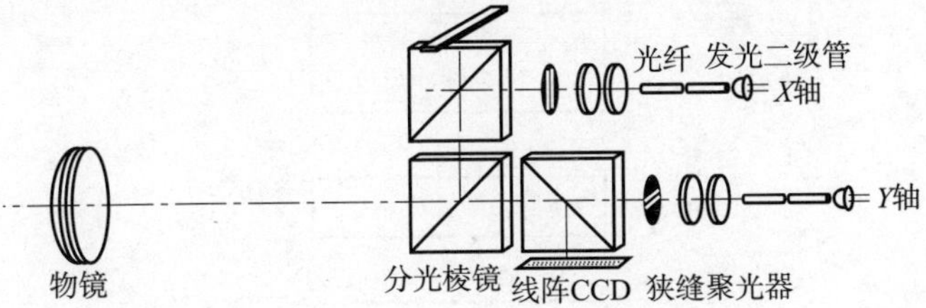

图 9-7　二维光电自准直仪光学系统

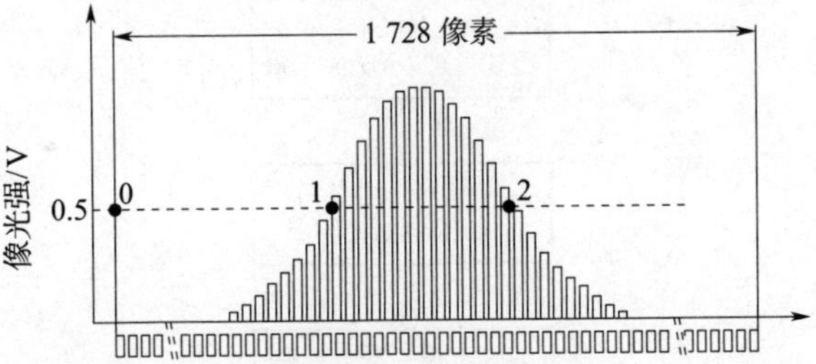

图 9-8　光强分布图

处理，然后通过自动增益控制电路，保证其幅值稳定。其次，对信号进行 4 倍频处理，得到 6 912 脉冲当量。再经图 9-8 中 0—1 和 0—2 的 2 倍频处理得到 13 824 个脉冲当量，以及 32 倍频处理得到 442 368 个脉冲当量，相当于将每一个像素进行了 256 电子细分。若线阵 CCD 的一个像素为 10 μm，则 1 个数字信号细分后对应的量为 0.039 μm，按准直物镜焦距 804 mm 折算后得 0.01″。狭缝像成像在线阵 CCD 接收器上电子细分原理如图 9-9 所示。

图 9-10 所示是电子细分方法实现光电对准测角的一个例子。图中光电自准直仪的一维光电对准光路，当反射镜垂直于光轴时，在线阵 CCD 上得狭缝像的光强分布的对称中心，而当反射镜对光轴发生微小角度 α 的偏折，则可在线阵 CCD 上精确测得狭缝像光强分布对称中心的偏移量 Δy，除以准直物镜焦距得到反射镜的偏折角 α。

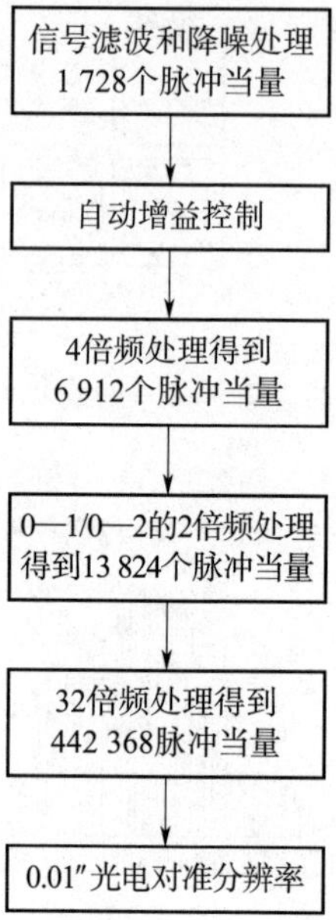

图 9-9　狭缝像成像在线阵 CCD 接收器上电子细分原理

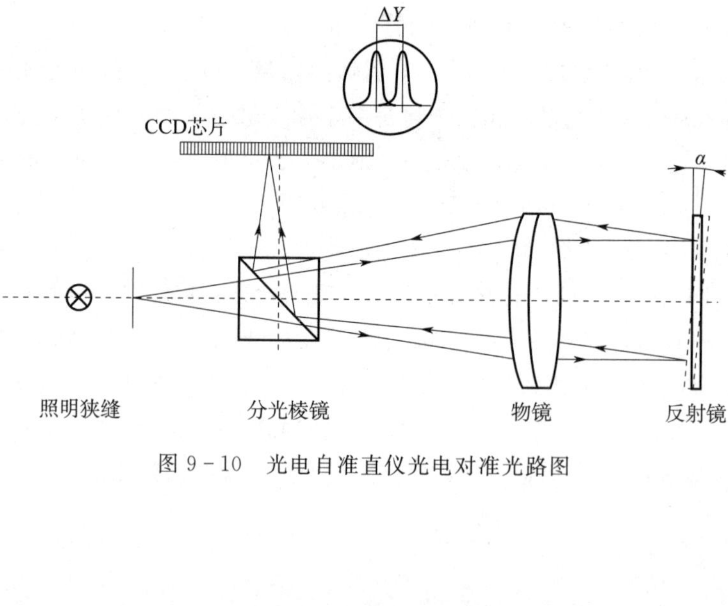

图 9-10　光电自准直仪光电对准光路图

9.2.3　方位的对准与传递

在方位信息的利用过程中，除了目标方位角的测量，方位的对准与传递也是重要的技术内容之一，其主要手段就是通过基准装置与望远镜系统以及望远镜系统之间的多重准直。

采用自准直测量一般使用带有自准直灯的经纬仪或全站仪，如徕卡 T3000A 电子经纬仪等，这些仪器在传统经纬仪的基础上加装了自准直灯。自准直灯发射的绿光经视准轴内成 45°角的半透镜反射到平面镜（立方镜）的镜面；调整仪器位置并对望远镜调焦，直至在镜面中能清晰地观测到绿色十字丝像；再微调螺旋，使镜筒内的十字丝与镜面上的绿色十字丝像的中点重合。此时自准直灯光沿镜面法线入射并按原路返回到视准轴内，实现了自准直，如图 9 - 11 所示。

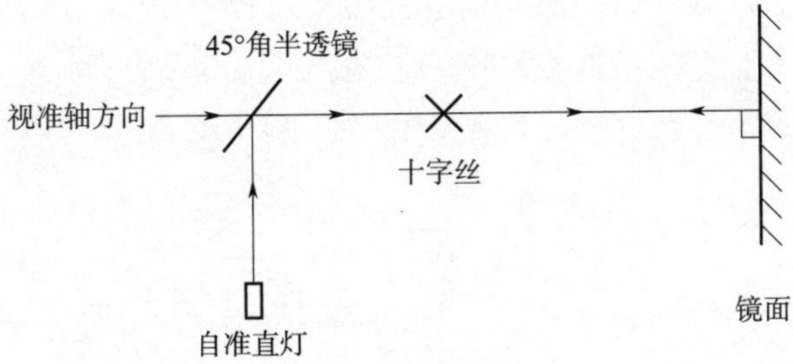

图 9 - 11　测量原理

方位信息的传递环节，目前主要依靠双台经纬仪对向观测的方法来实现，即利用平行光管原理，把经纬仪或全站仪对无穷远调焦，以照亮的经纬仪十字丝作为观测目标，两台经纬仪分别在度盘左右位置实时同步进行互相照准观测读数。

此法优点是：当观测一个夹角时可控制两个方向目标成像在无穷远，无须调焦，因此不含调焦误差；由于分别在度盘左右观测，所以可以基本消除十字丝偏差影响。

此方法在应用过程中应注意以下几点：

1）起始和最终目标最好采用平面镜，采用野外观测标志时，尽量使调焦在无穷远处；

2）事先通过调焦观察，尽量使两台仪器对准望远镜中心区域，以避免两台仪器对准望远镜边缘时，两台仪器相互对无穷远照准产生的平行视准线发生畸变；

3）一个角度半测回观测过程中不得调焦，以便消除调焦误差；

4）一方对准好对方十字丝时，意味着另一方也已对准好，因此一方可提前设置度盘和望远镜，等待另一方照准观测并读数，以便加快观测速度；

5）最好采用准直经纬仪，采用非准直经纬仪时，要采用施加光源措施；

6）要选用对向照准时望远镜无穷远成像质量好的仪器，注意个别类型仪器对向观测十字丝成像不在无穷远附近。

这种高精度方向传递联测方法操作流程如图 9－12 所示：把方向 XA 的方位角高精度传递到 YB，或更远，可采用同步对向观测法进行高精度方位角联测，其观测过程如下：

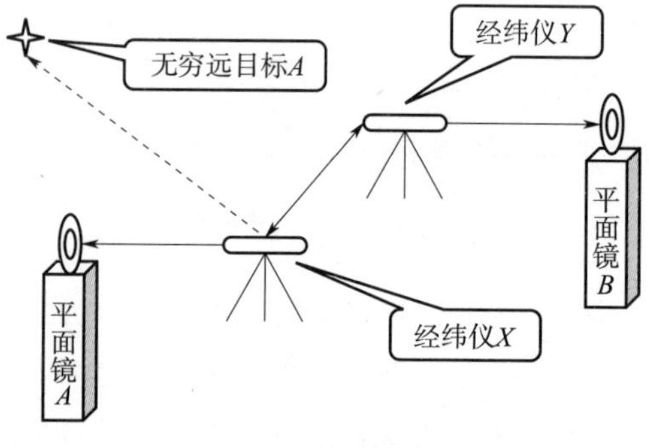

图 9－12　经纬仪方向传递同步对向观测示意图

1）两台经纬仪在盘左位置分别观测各自平面镜；

2）两台经纬仪在盘左位置对向观测；

3）两台经纬仪在盘右位置分别观测各自平面镜；

4）室内两台经纬仪在盘右位置对向观测；

5）重复 1）～4）步骤，连续观测 N 个测回。

图 9-13 所示为双台经纬仪同步对向观测时的视线示意图，其中 X_1—Y_3 方向为仪器 X 对准仪器 Y 十字丝无穷远成像方向，X_1—Y_2 方向为仪器 Y 望远镜中心无穷远成像方向，反方向也一样。

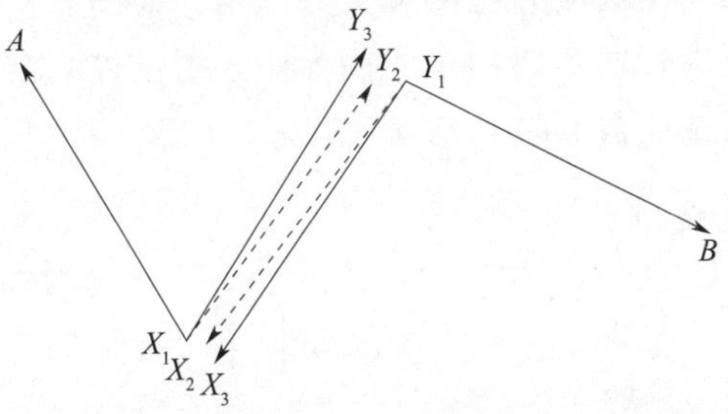

图 9-13　经纬仪同步对向观测时的视线示意图

设盘左的观测值为 L，盘右的观测值为 R，照准的十字丝偏差为 Δ，并忽略其 $2C$ 影响，则

$$YB = XA + \frac{L_{XY} + \Delta_Y - L_A + R_{XY} - \Delta_Y - R_A \pm 180}{2} + \frac{L_B - L_{YX} - \Delta_X + R_B - R_{YX} + \Delta_X \pm 180}{2} \pm 180$$

$$= XA + \frac{L_{XY} - L_A + R_{XY} - R_A \pm 180}{2} + \frac{L_B - L_{YX} + R_B - R_{YX} \pm 180}{2} \pm 180$$

对于多测站的方位传递测量的方位角计算和导线测量计算机基本类似。另外，对于根据方位基准对实验室的转台和产品的定向也是类似的。

应当指出，对于大地和天文方位角传递测量，应顾及子午线收敛角改正，这样必须概略测定导线边长，以便改正。

9.2.4　典型应用

（1）室内定向基准测定

为惯导产品和检测设备定向，往往需要在室内建立高精度方位或子午方向基准，常用测量方法是采用北极星任意时角法测定天文方位角，也就是通过观测任意时刻的北极星的水平度盘位置并记录观测时刻，来测定被测方向的天文方位角。如图 9－14 所示，可利用两台经纬仪进行同步对向观测的方法，把室外测定的天文方位实时传递到室内基准台上的平面镜面法向方向。

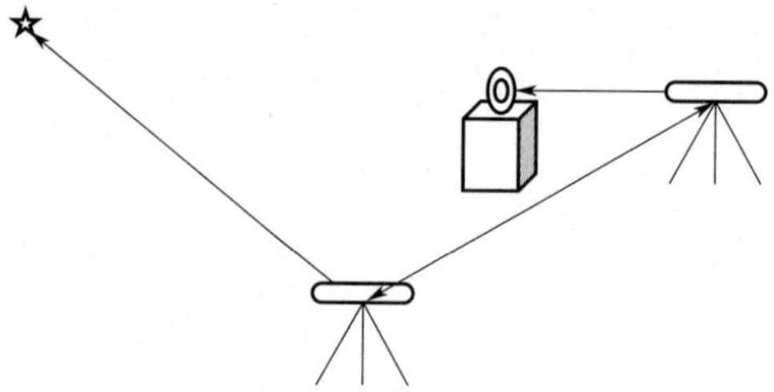

图 9－14　天文定向观测示意图

实测中可采用如下程序：

1）室内经纬仪在盘左观测平面镜；

2）在盘左位置上室内外经纬仪相互对准观测；

3）在盘左位置上，观测北极星并记录时刻；

4）继续在盘左位置上观测北极星并记录时刻；

5）继续在盘左位置上观测室内经纬仪；

6）换盘右位置上室内外经纬仪相互对准观测；

7）然后在盘右位置上，观测北极星并记录时刻；

8）继续在盘右位置上观测北极星并记录时刻；

9）继续在盘右位置上观测室内经纬仪；

10）室内经纬仪在盘右位置观测平面镜；

11）转入步骤 1)，重复 N 次测回。

(2) 转台零位置测定

如图 9－15 所示，实验室的某转台水平度盘零位置方向需要对准某阵面设施中心零位置，因此首先需要测定其差值。利用分别设置在转台中心和地面的两台经纬仪进行对向观测，测定方位点到地面准直经纬仪的角度，以及地面准直经纬仪到转台中心方向和转台产品安装面的法方向的角度，从而可确定转台零位置的阵面方位。

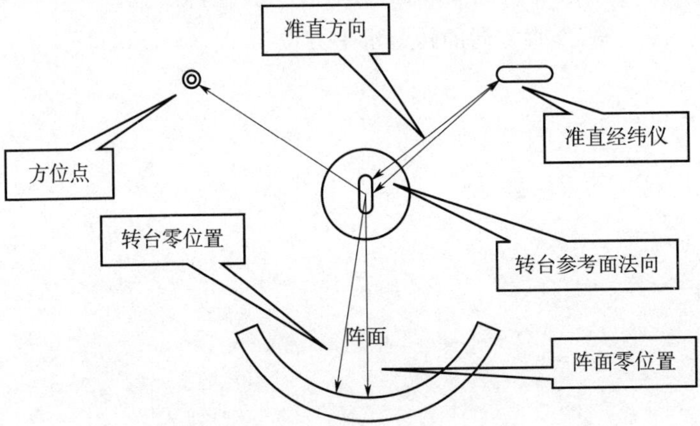

图 9－15　转台零位置测定示意图

具体的测试过程如下：

1) 分别在转台中心和转台旁边的坚实地面上安置经纬仪；

2) 分别在度盘左右位置观测已知方位点和地面经纬仪方向；

3) 在地面经纬仪上分别在盘左右位置观测转台中心经纬仪方向；

4) 卸下转台中心的经纬仪，把转台转到面向地面经纬仪方向，并把转台产品安装面法向对准地面经纬仪；

5) 在产品安装面 3～4 个位置上放置镜面，利用准直原理，用地面经纬仪观测镜面法向；

6) 计算转台零位置的方位角。

计算过程为

$$\delta A = A_F + (L_2 - L_F) + (L_Z - L_1) - A_Z$$

式中　δA——转台零位置的方位角；

A_F——方位点的阵面方位角；

L_F——方位点的度盘位置观测值；

L_1——中心经纬仪方向的度盘观测值；

L_2——地面准直经纬仪方向的度盘观测值；

L_Z——转台产品安装面法向的度盘位置观测值；

A_Z——准直方向的转台水平方位。

附录 A GYROMAT 2000/3000 型陀螺经纬仪简介

德国 WBK 矿山测量研究所研制的 GYROMAT 型陀螺经纬仪（图 A-1），是国外较有代表性的寻北系统产品，其定向精度可达到 ±3″（1σ），基本代表了国际陀螺经纬仪研制的最高水平。

图 A-1 GYROMAT 陀螺经纬仪

（1）技术指标

GYROMAT 陀螺经纬仪技术指标如表 A-1 所示。

表 A-1 GYROMAT 陀螺经纬仪技术指标

技术指标＼工作模式	1	3	2
定向精度/mG	1	5	10
定向时间/min	10	5	2
测量回合数	20	30	40
工作温度/℃	-20～+50		
工作纬度/（°）	不大于 80		

（2）外形尺寸

GYROMAT 陀螺经纬仪各部件如图 A－2 所示，尺寸如下：

1）质量：11 kg；

2）外形：直径 215 mm；

3）包装箱：12 kg，350 mm×350 mm×720 mm；

4）三角架：8 kg，ϕ300 mm，最小高度 1 000 mm。

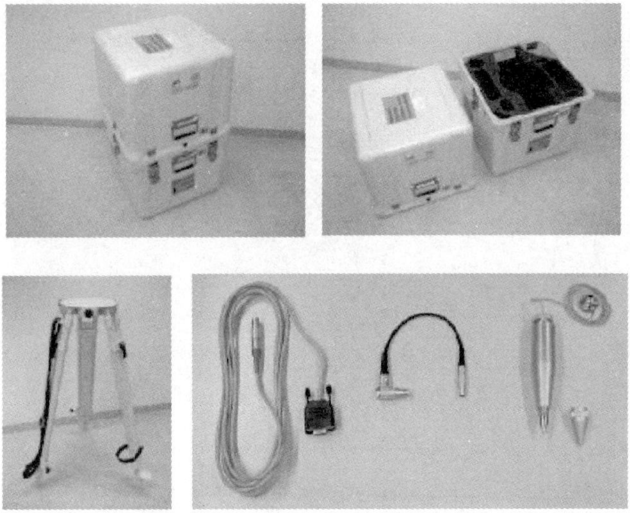

图 A－2　GYROMAT 陀螺经纬仪部件

（3）系统组成

GYROMAT 陀螺经纬仪的系统组成如图 A－3 所示。

（4）工作原理简介

GYROMAT2000 陀螺经纬仪的自动化程度很高，操作简单。在测站架设脚架，安装好仪器，精确对点，联结经纬仪与陀螺仪之间的数据传输电缆，打开电子经纬仪和陀螺仪，精确整平仪器，设置点名，输入当地概略纬度，选择需采用的测量程序进入测量状态，经过下述四个阶段的测量流程，即可完成陀螺仪的寻北。再使用经纬仪精确照准目标，就可以得到被测目标的方位角。

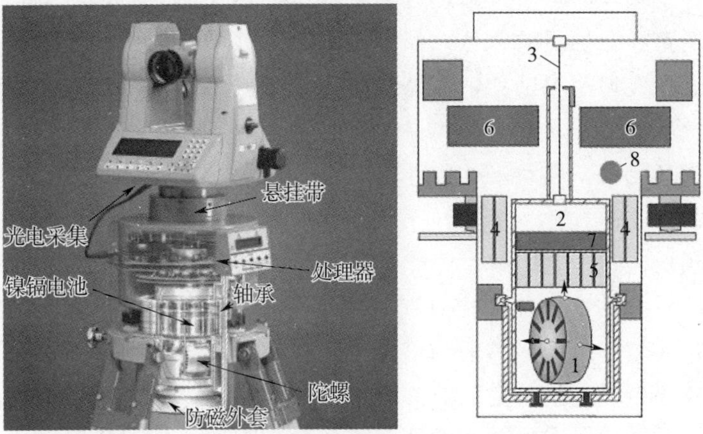

图 A-3　GYROMAT 陀螺经纬仪的组成系统

1—陀螺电机；2—陀螺房；3—悬丝；4—轴承；5—电池组；
6—采集电路；7—电源电路；8—光源

①步进寻北（粗找北）过程

步进寻北是一个粗找北的过程，通过逐次递减，寻找北方向的接近点，从而将仪器的零刻划线转移到该点，用时约为 2 s。在这个过程中，陀螺经纬仪壳体将粗略地对准到真北方向上，偏差约＜1 G。工作过程为：陀螺马达开始转动并达到所需的角速度，此时悬丝陀螺将被释放，即陀螺限位装置与陀螺脱开，悬丝陀螺处于自由状态，在北向驱动力矩的作用下陀螺产生进动，其进动轨迹通过镜子的反射光反射到光敏传感器上，传感器将电信号传输到处理器，处理器计算出粗略的北向偏差，驱动跟踪马达使陀螺经纬仪的壳体转动，并锁定在粗北位置。

②测定悬丝零位

陀螺悬丝的零位对最终的寻北结果将产生直接的影响。由于各种原因，每次测量中悬丝的零位不尽相同，所以在每次测量中均需对悬丝的零位进行测量，时间约为 1 s。工作过程为：陀螺仪锁紧陀螺限位装置并使陀螺马达停转，释放悬丝陀螺，悬丝陀螺进行小幅振荡，并最终静止于一点，这个点被认为是仪器的零位。由于悬丝零位的存在，仪器的零位（仪器的零刻划线）不同于悬丝陀螺的振荡零点。在振荡的过程中，处理器对一个振荡周期内的光电信号进行积分，计算出仪器零位与振荡零点所成的角度，即悬丝的零位。锁紧悬丝陀螺，启动陀螺马达转入下一个阶段。

③预定向过程

预定向过程时间约为 2 s。粗指北已经使仪器粗略地指向了真北（精度约＜1 G），在此位置上，悬丝陀螺启动后被释放并振荡，随着阻尼过程悬丝陀螺振荡的幅度逐渐衰减。处理器根据光电信号的情况计算出每次实施阻尼的时间，并尽快使悬丝陀螺的振荡幅度满足精寻北的要求。由于悬丝陀螺的振荡幅度逐渐衰减，仪器壳体将更加精确地对准真北。阻尼的过程使仪器北向偏差最终＜0.05 G，此时阻尼过程结束。图 A－4 所示是 GYROMAT 2000 的阻尼过程。

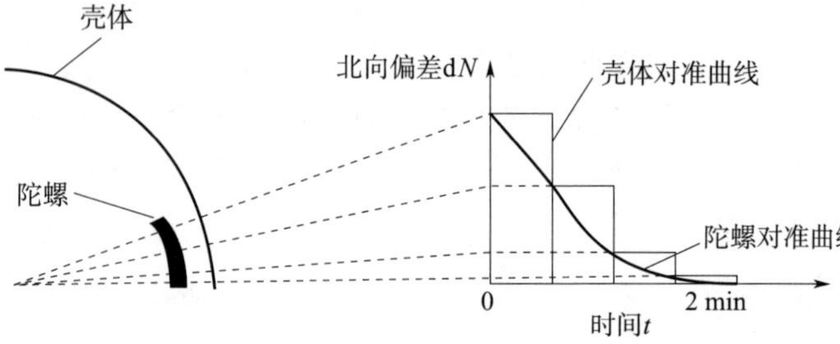

图 A－4　GYROMAT 2000 阻尼过程

④精确定北（测量壳体北向剩余偏差）过程

这是一个精寻北的过程，用时约 2.5 min，处理器将计算出壳体的剩余北向偏差。在阻尼过程结束后，可以看出此时壳体北向偏差已经很小，这部分偏差称为北向剩余偏差。处理器通过积分计算，得到陀螺振荡中心点的精确值，即振荡中心与壳体的夹角，从而得到壳体剩余北向偏差，精度≤1 mG。在进行积分时，处理器会把陀螺经纬仪的壳体紧紧锁在仪器基座上，壳体不再转动。

参考文献

［1］ 煤炭科学院唐山分院．陀螺经纬仪——基本原理、结构与定向［M］．北京：煤炭工业出版社，1982.

［2］ 张国良．陀螺经纬仪定向［M］．徐州：中国矿业大学出版社，1988.

［3］ 于来法．陀螺定向测量［M］．北京：解放军出版社，1998.

［4］ 王洪兰．陀螺理论在工程测量中的应用［M］．北京：国防工业出版社，1995.

［5］ GJB 2783—1996 地地导弹惯性定位定向系统通用规范［S］．

［6］ 郭富强，于波，汪叔华．陀螺稳定装置及其应用［M］．西安：西北工业大学出版社，1995.

［7］ 张煜烽，陈家斌，朱朝喆，等．神经网络在捷联式寻北仪中的应用研究［J］．北京理工大学学报，2001 (3).

［8］ 郭喜庆．基于机电一体化技术的新型寻北系统的研究与应用［D］．长春：中国科学院长春光学精密机械与物理研究所，2002.

［9］ 闫光杰．陀螺经纬仪的运动模型及其分析［C］//第七届全国力学会议论文集，2002.

［10］ 王悦勇．基于外测岸标的潜地导弹瞄准精度鉴定方法研究［D］．长春：中国科学院长春光学精密机械与物理研究所，2002.

［11］ 张若玉．全自动陀螺经纬仪的研究及实现［D］．天津：天津大学，2003.

［12］ 梁俊宇，陈家斌，谢玲，等．基于 B-小波提高寻北仪抗基座扰动的能力［J］．北京理工大学学报，2003 (1).

［13］ 任明荣，刘星桥，陈家斌，等．小波去噪技术在捷联寻北仪中的应用［J］．北京理工大学学报，2004 (7).

［14］ 高茂林．陀螺寻北装置研究［D］．西安：西北工业大学，2006.

［15］ 张金梅，林玉池，董桂梅，等．陀螺经纬仪快速寻北的算法研究［J］．电子测量技术，2008 (7).

后　记

方位地理信息的获取和决定，即寻北活动，早已成为人类生活的重要组成部分，更是航天、航空、航海、兵器、通信、运输、能源等诸多国防活动及其装备的重要组成部分，是现代信息化多维战争精确对准、快速攻防、机动打击的核心技术，也是国民经济建设、能源矿产探寻、水文地质资源测量、桥梁涵洞开凿的关键技术。

方位地理信息的获取和决定方法很多，但由于陀螺惯性技术的全方位、全天候、全时空、完全自主、不受干扰、输出信息实时性强等特点和优势，陀螺寻北技术已成为不依赖外部条件就能够直接测定真北方向的寻北定向技术。它已成为惯性技术中重要的分支，其相关技术报道不少，但是系统和较为全面地介绍陀螺寻北技术及其应用研究、制造、试验、标定的专辑和专著一直匮乏，不能满足技术发展和应用形势的需求。

《陀螺寻北技术》是以北京航天控制仪器研究所为主导，由《导航与控制》编辑部牵头，组织了国内具有雄厚理论基础和研究、制造和应用实践经验的北京航空航天大学、哈尔滨工程大学、海军装备部系统所、西安航天精密机电研究所、西安苍松电机厂和北京自动控制设备研究所的多位教授、专家，经过三年的认真收集编撰、资料查询、研讨查证后完成的。在此向给予支持和帮助的所有学者、专家和同仁表示最诚挚的感谢和深深的敬意。感谢中国航天科技集团公司科技委主任包为民院士对出版本书的热情推荐；感谢中国航天科技集团公司电子技术研究院任德民常务副院长为本书撰写前言；感谢《导航与控制》杂志社陈效真研究员在本书出版过程中一直的奔走忙碌；感谢北京航天控制仪器研究所惯性仪表研究室严小军主任和张沛晗高工对本书的编撰整理所付出的辛劳和智慧。

陀螺寻北技术是一门光、机、电多学科应用技术，涉及数学、物理、试验、工程应用等诸多学科的理论与制造、测试知识，与一般基础科学有着较大区别。编者虽竭尽全力，但因知识面的局限，在编撰过程中难免还会有不尽人意之处。但正所谓“击石乃有火，不击元无烟”，希望本书的出版，能起到抛砖引玉的作用，能成为大家共同研讨、共同答疑解惑的开端。

愿我国陀螺寻北技术与事业借此得到更大、更快的发展！

夏　刚